教育部人文社会科学研究
青年基金项目（项目编号：17YJC790144）研究成果

新形势下食品安全治理体系

编著：
汪普庆　龙子午

主要参编者：
狄　强　叶金珠　李旻晶　黄　恩　吴素春
王纯阳　柳蓉薇　杨赛迪　孔小妹

WUHAN UNIVERSITY PRESS
武汉大学出版社

图书在版编目(CIP)数据

新形势下食品安全治理体系/汪普庆,龙子午编著.—武汉:武汉大学出版社,2021.5(2022.4 重印)
ISBN 978-7-307-22060-7

Ⅰ.新… Ⅱ.①汪… ②龙… Ⅲ.食品安全—安全管理—研究—中国 Ⅳ.TS201.6

中国版本图书馆 CIP 数据核字(2020)第 273034 号

责任编辑:林 莉 沈继侠　　责任校对:李孟潇　　整体设计:韩闻锦

出版发行:**武汉大学出版社** (430072 武昌 珞珈山)
(电子邮箱:cbs22@ whu.edu.cn 网址:www.wdp.com.cn)
印刷:武汉邮科印务有限公司
开本:720×1000 1/16 印张:15.75 字数:283 千字 插页:2
版次:2021 年 5 月第 1 版 2022 年 4 月第 2 次印刷
ISBN 978-7-307-22060-7 定价:49.00 元

编者简介

汪普庆，男，湖北洪湖人，2009年毕业于华中农业大学，获管理学博士，现任武汉轻工大学管理学院副教授，硕士生导师，工商管理系主任，校级科技创新团队负责人，主要研究方向为：食品安全与供应链管理，中非农业技术合作。近年来出版学术专著4部，曾在《农业经济问题》《农业技术经济》等权威、核心期刊和国际学术期刊上发表学术论文30余篇，其中EI检索2篇；主持参与国家级和省部级课题10余项，其中，主持国家自然科学基金项目1项，教育部人文社科项目1项，湖北省教育厅项目2项；先后赴爱尔兰、澳大利亚和美国访学。近年来担任中国技术经济学会高级会员、湖北省工业经济学会理事和湖北省创业研究会会员等社会兼职。

龙子午，1972年9月生，男，湖南临湘市人，中共党员，中南财经政法大学管理学博士，现任武汉轻工大学管理学院教授，硕士生导师，主要研究方向为投融资管理、涉农企业发展和科技金融。先后获湖北省师德先进个人、武汉轻工大学师德标兵、优秀教师等荣誉称号，2016年入选武汉黄鹤英才计划；湖北省会计专业硕士联盟秘书长，中国农村财经研究会理事，湖北省会计学会常务理事，武汉市会计学会常务理事，湖北工业经济学会理事。国家级一流专业——会计学专业负责人，湖北省一流专业——会计学专业负责人，湖北省精品资源共享课负责人，校级科技创新团队负责人。主持承担过国家社科基金、教育部人文社科基金、湖北省科技厅重大软科学项目等十余项纵向课题。

序

武汉轻工大学食品安全管理团队组建的宗旨是：（1）通过我们的科研，解决食品安全与品质切实问题来造福百姓。（2）通过我们的工作，为学院和学校的学术及学科发展作出贡献。（3）通过我们的合作，让团队每位成员的事业发展受益而实现人生的价值。

这本书是体现我们团队工作宗旨的一个特别的项目。中国食品消费者对食品安全有很多担忧，当然有很多担忧从科学角度来看是没有必要的。只有通过长期的科普教育才能减轻社会上这些非科学而不必要的担忧。但是消费者的担忧也确实反映了食品工业实际的食品安全问题。为了解决这些实际问题，企业必须从不同的层面着手：科学与技术，法律与管理和文化与伦理层次。这本书不是从科学与技术的层面研究食品安全，而是着重于后两个层面。

我们团队的优秀成员各自有其专长。狄强博士在第一章为读者详细介绍了中国食品安全的概况。在第二章，龙子午对全球食品安全概况作了透彻的阐述。叶金珠博士在第三章分析了中国食品安全法律法规在企业食品安全管理中的重要性。第四章是关于国际食品安全法律法规的介绍，汪普庆博士充分指出中国企业应从中得到的启示。黄恩博士在第五章总结了中国企业可以采用的国际认定系统。第六章，李旻晶博士从食品安全文化的层次阐述了中国食品企业应怎么样才能通过企业文化来推动食品安全管理。最后，通过对中国食品安全的展望提出了许多对食品安全管理有益的见解。

望各位读者从这本书中受益。让我们共同为消费者食品安全而继续努力。

王纯阳

2020 年 10 月

前　　言

当前，我国人均 GDP 已经超过 1 万美元大关，已经进入食品消费结构加快转型升级阶段，民众生活水平和生活方式都发生了很大的变化，对食品的消费需求呈现出多样化、差异化和个性化的特征，人们不仅要求吃饱吃好，而且要吃得安全，吃得营养，吃得健康，对优质、安全、生态、特色农产品和食品的需求快速增长。近年来，我国食品安全水平不断提升，但问题多发、频发，形势仍处于严峻状态，食品安全保障之路任重道远。

2015 年 6 月 12 日，美国南达科他州立大学（South Dakota State University）的王纯阳教授正式被武汉轻工大学聘为湖北省楚天学者讲座教授。王纯阳教授，博士毕业于美国爱荷华州立大学，曾担任美国南达科他州立大学教育与人文科学学院副院长、农业试验基地副主任；王教授是食品与营养学教授，博士生导师，也是该校营养学博士学科创始人；他长期从事粮食生产与加工及人类营养健康等领域研究，所领导的实验室是全世界最早从事大豆异黄硐研究的实验室之一。与此同时，武汉轻工大学经济与管理学院相应地组建了“王纯阳食品安全研究团队”，其核心成员有：龙子午、汪普庆、李旻晶、狄强、叶金珠、黄恩、陈倬和吴素春等教师。

自食品安全研究团队成立以来，王教授多次来学校进行学术交流与指导，为师生作学术讲座，举办座谈会，参加研究生毕业论文开题和答辩，并带领团队成员到食品企业进行调研。我们先后走访了武汉如意情集团公司、武汉如意情生态园、双汇集团漯河总部及武汉分公司、湖北周黑鸭管理有限公司等，深入了解了食品企业的生产流程，特别对其食品安全控制的方法、制定和技术进行了详细调查。

作为国际上食品营养与安全领域的专家，王教授一直以来非常关注中国食品安全，希望通过自己的专业知识和研究经历，促进中美食品安全领域的学术交流，为提升中国食品安全保障水平而尽自己一份力量。鉴于此，经过多次讨论和调研之后，王教授建议研究团队先合作完成一本著作，并亲自拟定研究提纲，同时强调要突出从国际视角来看食品安全问题，尤其从中美对比的角度来看食品安全问题及其解决之道。于是，本书在王教授的指导之下，由团队成员分工协作完成。

本书的主要内容如下：

第一章为中国食品安全概况，介绍了食品安全的概念和发展背景、我国食品安全问题产生机理以及食品安全监管体制改革进程等。第二章为全球食品安全概况，先回顾全球食品安全典型事件，再介绍了全球主要的食品安全监管模式及其监管体制现状，最后介绍了国内外食品安全监管支撑技术的研究进展。第三章为中国食品安全法律和法规，介绍了中国食品安全立法的演进过程和中国食品安全法律法规体系。第四章为国际食品安全法律和法规，介绍了国际食品法典委员会组织结构、工作方式、程序，以及主要职责与作用等，再介绍美国、欧盟、日本和加拿大等发达国家或地区的食品安全法律和法规。第五章为国际食品安全管理认证系统，介绍了国际质量认证 ISO 9000、国际食品质量认证系统 ISO 22000、全球食品安全倡议（GFSI）和中国食品质量标准认证体系。第六章为食品安全文化，介绍了食品安全文化的概念、特征和基本要素，借鉴食品安全文化经验，阐释食品安全文化历史阶段及作用，分析食品安全文化的现状与问题等。第七章为食品安全展望。

作　者

2020 年 9 月

目　录

第一章　中国食品安全概况

第一节　食品安全的概念和发展背景

一、食品与农产品的概念和分类

1. 食品的定义和分类

对于食品的定义，最直观的理解就是食品是人类食用的物品，然而要想准确地对其定义和分类却并不是非常容易的事，本书在综合大量文献和实际的背景下对食品的定义和分类进行全面解读。

《中华人民共和国食品安全法（2018年修正）》第十章第150条对食品的定义是“食品，指各种供人食用或者饮用的成品和原料以及按照传统既是食品又是中药材的物品，但是不包括以治疗为目的的物品”。根据国家质量监督检验总局发布的《28类产品类别及申证单元标注方法》，对申领食品生产许可证企业的食品，分为28类：粮油加工品，食用油，油脂及其制品，调味品，乳制品，饮料，方便食品，饼干，罐头食品，冷冻饮品，速冻食品，薯类和膨化食品，糖果制品，茶叶及相关制品，酒类，蔬菜制品，水果制品，炒货，食品及坚果制品，蛋制品可可及咖啡产品，食糖，水产制品，淀粉及淀粉制品，糕点，豆制品，蜂产品特殊膳食食品，其他食品。

2. 农产品的定义

农产品是来源于农业的初级产品，即在农业活动中获得的植物、动物、微生物及其产品，主要强调的是农业的初级产品。实际上农产品也有广义与狭义之分，广义的农产品是指农业部门所生产出的产品，包括农、林、牧、副、渔等产业所生产的产品。由于农产品是食品的主要来源，也是工业原料的重要来源，因此，可将农产品分为食用农产品和非食用农产品，食用农产品包括可食用的各种植物、畜牧、渔业产品及其初级加工产品。

3. 农产品与食品的联系与区别

农产品和食品既有联系也有一定区别，农产品包括直接食用农产品、食品原料和非食用农产品等，而大部分农产品需要再加工变为食品，因此食品是农产品这一农业初级产品的延伸与发展，这就是农产品与食品的天然联系。两者的联系还体现在质量安全上，农产品质量安全问题主要产生于农业生产过程中，比如农药化肥的使用往往会降低农产品质量安全水平，食品的质量安全水平首先取决于农产品的安全状况。

再者，农产品是直接来源于农业生产活动的产品，属于第一产业的范畴；食品尤其是加工食品主要是经过工业化的加工过程所产生的食物产品，属于第二产业的范畴。加工食品是以农产品为原料，通过工业化的加工过程形成，具有典型的工业品特征。食品与农产品的区别主要在于，食品生产周期短，批量生产，包装精致，保质期得到延长，运输、储藏、销售过程中损耗浪费少等。这就是农产品与食品的主要区别。

二、食品安全的相关概念

1. 食品质量

国内外对食品质量概念的界定存在一定差异。国外学者大多将食品质量定义为决定食品特性的一组属性的集合，这些属性主要包括食品安全性、营养性、外观评价、包装和处理过程等。而国内对食品质量概念的界定，大多是根据《质量管理体系基础和术语》中关于质量的定义发展而来。一般的，将食品质量定义为食品的特性及其满足消费的过程。综合相关文献的研究，本书根据研究内容和范围的要求，将食品质量定义为：决定食品特性的食品安全属性、营养属性、外观属性和处理属性的集合。

2. 食品安全

根据国内外对食品安全内涵和目标的分析，将食品安全的概念定义为：“以不损害食品生产效率为前提，协调食品供给与环境效率之间的关系，满足人们不断提高的食品质量安全需要，改善并增进食品生产与消费的社会福利水平。”食品安全概念的内部逻辑关联表现为：首先，食品安全主要包括供给安全与质量安全两个方面内容；其次，食品供给安全是食品质量安全的前提，而食品质量安全又对供给安全产生重要影响。因此在不损害供给效率的基础上提升食品质量安全水平是未来食品安全发展的方向，也是本书研究的重点。

食品安全指食品无毒无害，符合应当有的营养要求，对人体健康不造成任何急性、亚急性或者慢性危害。世界卫生组织对食品安全的定义是：“食品安全是食物中有毒有害物质对人体健康影响的公共卫生问题。”同时食品安全也是一门专门讨论在食品加工、储存、销售等过程中确保食品卫生及食用安全，降低疾病隐患，防范食物中毒的一个跨学科领域。

不同国家在不同的历史时期，食品安全所面临的突出问题和治理要求有所不同。在发达国家，食品安全所关注的主要是因科学技术发展所引发的问题，如转基因食品对人类健康的影响；而在发展中国家，现阶段食品安全所侧重的是市场经济发育不成熟所引发的问题，如假冒伪劣、有害有毒食品等非法生产经营。在我国食品安全问题则基本包括上述全部问题。许多研究文献均指出生产经营者的失信行为是当前中国食品安全风险产生的主要原因，许多食品安全事件都存在着食品生产行为负责人故意污染破坏食品安全的共同特征，而不是生产过程中偶然过失或不可避免的原因造成的食品安全问题。相关食品安全事件的后续调查结果及其造成的后果表明，人为故意污染行为已成为特定时期中国的食品安全所面临的主要挑战。

此外，确保食品安全是企业和政府对社会最基本的责任和必须作出的承诺，食品安全与生存圈紧密相连，具有唯一性和强制性，属于政府保障或者政府强制的范畴。

三、食品安全的发展背景

1. 农产品供给背景

据中国国家统计局公布数据显示，2019 年中国粮食总产量 13277 亿斤，比 2018 年增加 119 亿斤，增长 0.9%，创历史最高水平；2019 年中国粮食播种面积 17.41 亿亩，比上年减少 1462 万亩，下降 0.8%。同期，中国豆类播种面积 1.66 亿亩，比上年增加 1332 万亩，增长 8.7%，其中大豆播种面积 1.40 亿亩，比上年增加 1382 万亩，增长 10.9%。粮食单产水平亦有所提高；2019 年中国粮食单位面积产量 381 公斤/亩，比 2018 年增加 6.6 公斤/亩，增长 1.8%。①

《中国农业产业发展报告 2020》② 显示，我国谷物种植结构调整继续推进；2019 年，稻谷播种面积和产量持续下降；小麦、玉米种植面积下降，单

① 2019 年全国粮食产量 13277 亿斤，创历史最高水平[EB/OL].(2019-12-6)[2019-12-23].http://finance.people.com.cn/n1/2019/1206/c1004-31494132.html.

② 2020 年 6 月 3 日，《中国农业产业发展报告 2020》在北京发布，该报告由中国农业科学院农业经济与发展研究所组织专家编写。

产及总产增长；稻谷、小麦和玉米产量分别达到2.10亿吨、1.34亿吨和2.57亿吨；三大谷物总消费量达到6.12亿吨，较2018年增长0.41%，其中，稻谷消费平稳略增，小麦消费小幅增长，玉米需求整体放缓；贸易方面，稻米出口9年来首次超过进口，小麦、玉米进口呈增长态势。

大豆振兴计划实现良好开局。大豆生产继续回升，产量达到1810万吨，同比增长13.5%；油菜播种面积和产量继续下降，花生产量持续增加。受非洲猪瘟疫情的影响，豆粕饲用消费同比下降11.47%。大豆、油菜籽进口增加，花生净出口放缓。其中，大豆进口量达到8851.1万吨，同比增加0.5%。其他作物产量基本保持稳定，棉花产量下降。马铃薯产量维持在1亿吨以上，出口总量超过50万吨；受自然灾害等不利因素影响，棉花单产同比下降3.1%，总产量下降3.5%，净进口量达到179.8万吨，同比增加16.2%，美棉进口比例显著下降，巴西成为中国最大的棉花进口来源国。糖料、蔬菜、水果产量稳定增长；鲜或冷藏蔬菜出口量同比增长3.5%，按人民币计价出口额同比增长24.9%；鲜、干水果及坚果净进口量由2018年的224万吨增至2019年的348万吨，按人民币计价贸易逆差同比增长63.4%。

猪肉产量大幅下滑，鸡肉产量增长明显。由于非洲猪瘟疫情延续，2019年生猪存栏同比下降27.50%，猪肉产量4255万吨，同比下降21.26%，但从下半年开始生猪存栏量开始环比上升；牛肉产量同比增长3.56%，牛源供求依然趋紧，犊牛价格不断上升；肉羊养殖积极性高，生产规模持续扩大；肉鸡生产大幅增长，白羽和黄羽肉鸡鸡肉总产量同比增长11.40%，产能居历史高位；鸡蛋产能提升明显，产量同比增长5.78%，蛋价及淘汰鸡价格高位盘整；奶业生产结构逐步优化，奶类产量保持增长；水产品产量基本稳定，7大重点流域禁渔期实现全覆盖，国内捕捞量下降明显，全国水产品养捕比达到78：22。

同时，国家非常重视农业的规范化发展，以及农产品的标准化生产，新制定农产品国家标准和行业标准1800多项，农产品国家标准和行业标准总数达4800多项，农产品标准体系逐步建立和完善。

此外，安全优质品牌农产品建设也备受重视，得到大力推进，据统计，截至2014年年底，全国认证无公害农产品近8万个，涉及3.3万个申请主体；绿色食品企业总数达到8700家，产品总数超2.1万个；农业系统认证的有机食品企业814家，产品超过3300个；登记保护农产品地理标志产品1588个；2014年无公害农产品抽检总体合格率为99.2%；绿色食品产品抽检合格率99.5%；有机食品抽检合格率98.4%；地理标志农产品连续六年重点监测农药残留及重金属污染合格率保持在100%。①

2019年全球食品安全倡议组织（GFSI）正式承认中国的危害分析与关键控制点（HACCP）认证制度，获得我国HACCP认证证书的食品企业进入GFSI成员的供应链时，可以免予采购方审核或国外认证，从而降低贸易成本并提升在国际市场的品牌声誉。我国将有超过4000家获得认证的国内食品生产企业直接受益。我国食品安全认证制度首次获得国际主流行业组织承认，表明我国食品安全认证体系在全球食品安全链中的积极作用，有利于我国HACCP认证制度在国内和国际的应用推广，提升我国出口食品安全水平和对外贸易便利化程度，推动我国食品企业加快进入国际主流高端市场。

2. 食品工业发展背景

《2019年中国食品工业经济运行报告》显示：2019年全年食品工业资产占全国工业6.2%，创造营业收入占全国8.7%，实现利润总额占全国10.8%。2019年，全国36881家规模以上食品工业企业实现工业增加值同比增长4.4%，增速同比放缓1.9个百分点，比全国工业5.7%的增速低了1.3个百分点。若不计烟草制品业，食品工业增加值同比增长4.1%。分大类行业看，农副食品加工业，食品制造业，酒、饮料和精制茶制造业增加值同比分别增长1.9%、5.3%和6.2%，烟草制品业增长5.2%，增速同比分别放缓4.0、1.4、1.1和0.8个百分点。分中类行业看，21个中类行业中16个实现正增长。

2019年，食品工业产销率98.8%，同比微减0.3个百分点，产销平衡，衔接水平较高。分行业看，农副食品加工业产品销售率98.5%，食品制造业销售率97.8%，酒、饮料和精制茶制造业96.9%，烟草制品业105.3%。从全国24种主要食品产量来看，18种食品产量增长，6种食品产量下降。成品糖、酱油、包装饮用水保持两位数增长；葡萄酒、罐头、方便面、发酵酒精、白酒、速冻米面食品产量有不同程度的下降。

2019年，全国规模以上食品工业企业实现利润总额6697.1亿元，同比增长6.8%。与全国规上工业企业利润同比下降3.3%相比，食品工业表现出发展的强大韧性和刚需的特征。2019年，规模以上食品工业企业实现营业收入92279.2亿元，同比增长4.5%；发生营业成本71055.3亿元，同比增长4.0%；百元营业收入中的成本为77.0元，同比减少0.4元；主营业务收入利润率为7.3%，同比提高0.2个百分点。收入增速高于成本增速，利润增速又

① 新华社．全国绿色食品总数超2.1万个[EB/OL].(2015-3-19)[2019-8-7].http://www.gov.cn/xinwen/2015-03/19/content_2836219.htm.

高于收入增速，食品工业企业经济效益继续改善提高。从农副食品加工业，食品制造业，酒饮料和精制茶制造业，烟草制品业4大行业来看，利润均保持增长，同比分别增长3.9%、9.1%、10.2%、1.3%。从64个小类行业来看，39个行业利润总额同比增长，25个行业下降。主要行业利润情况如下：稻谷加工利润同比下降10.8%，食用植物油加工同比下降4.4%，肉制品及副产品加工同比增长19.7%，蔬菜加工同比下降11.2%，糕点面包制造同比下降0.2%，白酒制造同比增长14.5%，液体乳制造同比增长59.5%，乳粉制造业同比增长76.3%，卷烟制造同比增长0.8%。

3. 餐饮业发展背景

餐饮行业是食品消费的重要环节，也是本书研究食品安全的重要组成部分。《餐饮产业蓝皮书：中国餐饮产业发展报告（2019）》① 显示，2018年中国餐饮产业收入突破4万亿元，达到42716亿元，比1978年增长近780倍，复合增长率高达18.1%，已经成为仅次于美国的世界第二大餐饮市场。

从消费来看，40年间，餐饮收入占社会消费品零售总额的比重从1978年的3.5%开始快速上升，到1992年超过了5%，到2001年超过10%，近几年稳定在10%~11%的水平，而且，餐饮收入增速在较长时期内高于社会消费品零售增速。这反映了我国居民消费结构从改革开放初期的温饱阶段向小康、富足阶段发展的进程中，饮食消费从自我服务向社会化服务的转变。尽管烟酒食品类支出比重呈现下降趋势，恩格尔系数从改革开放初期的60%下降至2017年的29.3%，但是，居民对社会化餐饮服务需求呈现持续增长态势，外出就餐比例持续提高，人均餐饮消费支出从改革开放时的5.7元增加至2017年的约2850元，增长了474倍，推动了餐饮消费支出持续稳定增长。

从关联产业发展来看，餐饮业是紧密连接生产和消费的产业，具有较高的产业关联度，对包括农业、食品加工制造业、餐厨用品及设备制造业、生产性服务业等在内的上下游相关产业具有直接的带动作用，每年消耗农产品、食品调味品等原材料近2万亿元；同时，餐饮业作为基础消费产业与旅游、文化娱乐、批发零售业等产业都有较强的产业协同效应，特别是在电子商务爆发式增长的时期，餐饮业的体验经济属性使其成为跨界融合的焦点，已经成为旅游休闲产业、文化创意产业、批发零售业的重要协同产业；餐饮业态成为城市商

① 参见2019年7月13日，世界中餐业联合会、社会科学文献出版社、昆明学院在北京共同发布的《餐饮产业蓝皮书：中国餐饮产业发展报告（2019）》，http://www.ce.cn/cysc/newmain/yc/jsxw/201907/13/t20190713_32609496.shtml.

圈、城市综合体、购物中心的重点业态。

40年间，餐饮业在吸纳国有企业下岗职工、农村进城务工人员方面作出了重要贡献。从1978年全行业从业人员约104.4万人，仅占全社会就业的0.26%。到2016年，住宿与餐饮业就业人口持续上升至2488.2万人，统计数据为住宿和餐饮业私营企业和个体就业人员与住宿和餐饮业城镇单位就业人员之和，占统计就业人口的5.1%，其中，住宿与餐饮业私营企业和个体就业人员2218.5万人，占私营企业和个体就业人员的7.2%。考虑因餐饮业发展而带动的农业、制造业、旅游业等相关产业发展和地方经济发展带来的就业机会，其对就业的贡献更大。

4. 食品消费升级背景

《2016中国食品产业发展趋势报告》① 指出，随着人们整体生活水平的提高，消费者生活开支的比重从日常所需的食物或日用必需品逐渐转向体验式的或者着重生活品质提高的非快消类产品或服务上。② 由此而快速成长的品类包括宠物食品，高端酸奶，娱乐，旅游，教育，健身及保健，空气净化以及水处理等。这背后恰好折射了不断成熟的消费者和他们不断变化的消费需求。因此，对国内食品与农业行业及其销售业态来说，传统市场的增长空间受到限制，市场竞争日益加剧。

与此同时，第三产业服务行业的不断发展更加剧了食品领域的市场竞争。比如餐饮行业，各种新兴的业态不断涌现，新老模式更替加速，线上线下的整合为消费者带去更大的便利性，整体餐饮市场以每年超过10%的速度增长，对传统方便食品造成了一定的冲击。电子商务沿袭之前的扩张趋势，以其前所未有的便利性和多样性，迎合并改变着消费者的消费习惯，越来越多的消费者利用碎片时间或者足不出户就能在网上完成所需商品的采购。人流量往线上的转移对传统线下零售渠道来说是一个巨大的挑战。另一方面，电子商务为丰富多样的进口食品和商品提供了一个无限大的线上销售平台，满足了消费者对新产品的好奇和探索的欲望，对传统线下零售渠道和按固定品类划分的食品生产加工厂企业来说也是不小的冲击。

“80后”消费人群因其新兴的消费行为和庞大的购买力而广受关注。这类

---

① 参见2015年11月14日，在上海国际食品博览会上，光明食品集团与荷兰合作银行联合发布的《2016中国食品产业发展趋势报告》。

② 根据《2017年中国居民消费发展报告》，我国居民恩格尔系数为29.39%，改革开放40年来，中国的恩格尔系数大幅下降，第一次进入联合国划分的20%至30%富足区间。

人群在中国约占人口总数的1/3，其对消费增长的贡献不容小觑。作为最为活跃的年龄群体，在任何消费品类上都表现突出。他们注重品质，对新鲜的事物充满好奇心，崇尚健康的生活方式。在食品方面，接近九成的“80后”消费者愿意花费更高的价格购买健康的食品和高档的食材，他们其中更高比例的人愿意购买进口或有机食品，花更多的时间在超市的生鲜区域浏览购物。对于食品厂商来说，这意味着约25%零售价和利润率的提升，但同时也对供应链提出了更高的要求。“80后”消费群体对食品的消费也更理智，对传统品牌的依赖日益减少，容易受到渠道的影响，挑选性价比高的产品。

同时作为现代社会的正常发展趋势之一，中国人口老龄化趋势越发明显。目前，20岁以下人群以及20—60岁人群呈现持平或微弱的负增长趋势，而60岁以上人口每年以3%的速度增长，占比将在2035年达到中国总人口的27%。除了随之而来的社会问题外，老龄化增速也将对食品和保健品行业提出新的要求。对食品行业来说，老龄的消费者会更加注重食品的功能性和健康性，低糖、降血脂、高纤维类食品将越发受到青睐。

据估测，未来十年，中国的食品消费将增长50%，价值超过1万亿美元。其中主要动力来源于城镇化进程的持续推进和消费者可支配收入的平稳增长。

《2019—2020年食品行业研究报告》显示：2019年，我国国内居民人均可支配收入和消费支出仍保持较快增长，消费结构从生存型消费继续向享受型和发展型消费过渡，食品消费中以高品质、高营养及进口的产品受高端市场消费者青睐，需求持续上升，而以榨菜、泡面为主的低价消费品需求也大幅增长，食品消费层次更加分明。2019年，食品行业营业收入实现持续增长，盈利状况虽略有下滑但整体维持较好水平，行业总体运行平稳。

食品消费方面，随着我国国民经济发展以及人民生活水平的不断提高，城镇居民家庭人均可支配收入稳步提升，2018年和2019年1—9月城镇居民人均可支配收入分别为39251元和31939元；同期城镇居民人均食品消费支出分别为7239元和5640元，同比均有所增长；2018年我国城镇居民家庭恩格尔系数为27.7，较2017年的28.6有所下降。我国国民消费结构正处于升级转型中，即从以吃穿为主的生存型消费，向享受型和发展型消费过渡，居民家庭恩格尔系数逐年降低，而食品消费支出仍稳步上升，为食品行业的长期增长提供支撑，同时，随着城镇化的持续推进，居民消费结构的转变，以及三四线城市消费能力的不断提升，也为食品行业发展带来了新的机遇。2018年开始，我国消费出现结构分化趋势，高端市场消费者对食品质量和营养性有较高要求，对无公害食品和绿色有机食品、进口食品、滋补食品消费量较大；中档市场则以高端消费市场为标杆，同时考虑价格的合理性和产品的质量和营养状况；低档市场消费者和高档消费出现断层，主要以生活必需的食品为主，消费内容相对单一，但中低档产品为刚需，大众消费容量大。消费者从追求产品的附加值回归高性价比，更为注重产品本身的品质。

从居民消费价格指数（Consumer Price Index，CPI）情况来看，2018 年我国 CPI 同比上涨 2.1%，涨幅较上年增加 0.5 个百分点；食品 CPI 同比上涨 1.8%，较上年同期增加 3.2 个百分点，主要是蛋类和鲜果等价格同比大幅增长所致；① 而 2019 年 1—9 月，我国 CPI 同比上涨 2.5%，涨幅较上年同期增加 0.4 个百分点；食品 CPI 向比上涨 6.5%，较上年同期增加 5.1 个百分点，主要是猪肉价格同比大幅增长所致。②

第二节　基于供应链的食品安全问题产生机理

从产生机理角度分析，我国食品安全问题主要源于供应链层面的四个环节，并且每个环节都有相应的食品安全问题发生。这四个环节分别是生产层、加工层、流通层和消费层。其主体分别有农业生产要素供应商、农民、食品加工企业、物流企业、商贸流通企业、餐饮企业和消费者等，每个环节主体的条件和操作行为不尽相同，对食品安全的影响也有所不同。食品安全问题产生机理如图 1-1 所示。③

一、生产层面

在农业生产环节中，农业投入品如农药、化肥及抗生素的滥用使生态平衡遭到破坏。一些病虫的抗药性增强，使得动植物病虫害的防治难度加大，其结果是生产者为了追求产量，往往投入更多的添加剂、农药和化肥，这种恶性循环造成食品中有害化学物质残留问题日趋严重。食品在供应体系的源头受到污

① 2018 年 12 月 CPI 和 PPI 同比涨幅继续双双回落 [EB/OL].（2019-1-11）[2019-3-12]. http://www.chinanews.com/cj/2019/01-11/8T26671.shtml.

② 国家统计局．前三季度 CPI 同比上涨 2.5% [EB/OL].（2019-10-16）[2019-12-23]. http://caijing.iqilu.com/cjxw/2019/1016/4361451.shtml.

③ 参见顾海英，王常伟．食品安全：问题、理论与治理体系 [M]. 北京：中国农业出版社，2015：85.

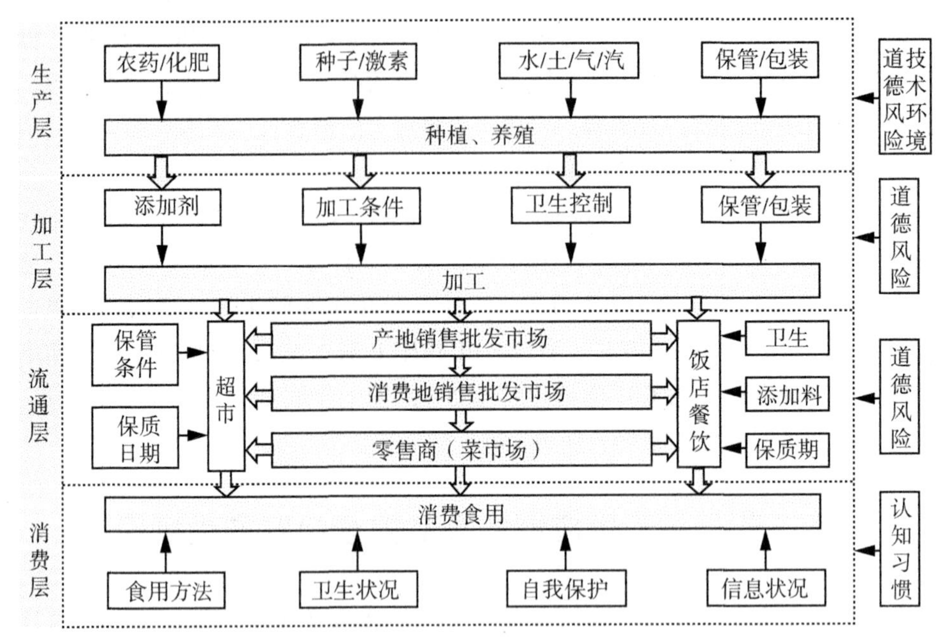

图 1-1　基于供应链的我国食品安全问题产生机理

染，从而造成食品质量安全问题。食品中的有害残留物，由于长期而少量地进入人体，所以它对健康的危害往往是日积月累的，在很久以后才能被发现。我国在 20 世纪 80 年代就明令禁止在粮食作物和水果、蔬菜中使用“六六六”和“敌敌畏”，但是，土壤里残留的这两种农药还是进入了食物链，在我们的食物中，其含量高于发达国家的几十倍，这些残留物不易被分解，进入人体后会长期蓄积存在，构成潜在的危害。

1. 重金属污染

造成土壤污染的重金属主要是指生物毒性显著的汞、镉、铅、铬，以及类金属砷，还包括具有毒性的重金属锌、铜、钴、锡等污染物，重金属的污染物通过各种途径进入土壤，造成土壤严重污染。重金属对食品安全性的影响十分严重，从这一点上讲，充分认识土壤重金属污染的长期性、隐匿性、不可逆性以及不能完全被分解或消逝的特点，进行重金属污染的治理，已经成为世界各国广泛重视的问题。工业污染以及农业生产中大量盲目使用化学肥料和农药所造成的土壤污染，使得农田中重金属污染问题日趋严重。

2. 农药污染

农药是重要的农业生产资料，农药不仅可以有效控制病虫害，消灭杂草，提高农作物产量和质量，而且可以减轻劳动强度，降低人工费用。但是化学农药是有毒有害物质，如果不能合理使用则会产生残留问题，污染环境和农产品，危害人体健康。自20世纪40年代“敌敌畏”问世以来，化学农药进入极盛时期；60年代有机氯农药高残留和污染环境问题被陆续曝光，而后发展的有机磷农药和氨基甲酸酯农药的高毒产品在生产和使用上也被证实均不安全。70年代中期出现了超高效农药，拟除虫菊酯类农药成为其中一种，这类农药药效比有机磷和氨基甲酸酯类农药高5—20倍，甚至百倍；杀菌剂和除草剂中也出现了一些超高效产品。虽然施用量小，毒性、残留和污染问题减轻了，但由于这类农药对病菌、害虫、杂草等有更高的杀伤作用，因而其也会对哺乳动物产生不同程度的伤害。

3. 兽药污染

兽药在养殖业生产中过量使用，特别是滥用和不遵守休药期的有关规定，是造成食品兽药残留指标超标的主要原因。如今大量的抗生素被应用于畜禽疾病的预防和治疗。抗生素的大量应用，导致其在食品中大量残留，直接影响着食品的安全。特别是为了防治动物疾病而使用抗生素，从而导致的耐药菌株传递给人类的问题近来引起了人们的关注。

随着我国动物源性食品市场的不断扩大，受经济利益的驱使，大量滥用激素促动物生长的现象变得相当普遍，而且一些养殖户非法使用违禁激素。如果长期食用这些残留有少量激素的食品，对人体内激素平衡可能会造成潜在的威胁，进而影响身体健康，如导致儿童性早熟，内分泌相关的肿瘤生长发育障碍，出生缺陷，生育缺陷等，详见以下案例。①

案例一

双汇瘦肉精事件

2011年央视“3·15”特别行动节目，抛出一枚食品安全重弹，曝光了双汇在食品生产中使用“瘦肉精”猪肉。新闻曝光的河南省济源双汇

① 案例一和案例二皆为笔者根据相关新闻报道整理而成。

食品有限公司位于河南省济源市，是河南双汇集团下属的分公司，主要以生猪屠宰加工为主，有自己的连锁店和加盟店。据销售人员介绍，他们店里销售的猪肉基本上是济源双汇公司屠宰加工的，严格按照“十八道检验”正规生产，产品品质可靠，然而，按照双汇公司的规定，十八道检验并不包括“瘦肉精”检测，风波一起，双汇股价午后一路下行至跌停。

“瘦肉精”学名盐酸克伦特罗，曾用于治疗支气管哮喘，由于其对心脏的副作用大而被禁用。含有盐酸克伦特罗的饲料进入动物体内，能够改变营养的代谢途径，促进动物肌肉，特别是骨骼蛋白质的合成，抑制脂肪的合成和积累，从而使生长速度加快，瘦肉相对增加。一般来说，饲料中添加适量盐酸克伦特罗后，可使饲料转化率、生长速率、酮体瘦肉率提高10%以上，所以有人干脆称它为“瘦肉精”。人食用了含有“瘦肉精”的猪肉后会出现头晕恶心，手脚颤抖，心跳甚至心脏骤停导致昏迷死亡等症状，特别对心律失常、高血压、青光眼、糖尿病和甲状腺功能亢进等患者有极大危害。

案例二

“红心鸭蛋”事件

2006 年 11 月 12 日，央视“每周质量报告”报道，在北京市场上一些打着白洋淀“红心”旗号的鸭蛋，宣称是在白洋淀水边散养的鸭子吃了小鱼小虾后生成的。而根据央视随后的调查，这些“红心”鸭蛋产自河北石家庄平山县、井隆县一些养鸭户和养鸭基地。他们在鸭子吃的饲料里面添加了一种“红药”，这样生出来的鸭蛋呈现鲜艳的红心，“红心”鸭蛋比普通鸭蛋每千克能够多卖出 2 毛钱，当地人把这种加了红药的蛋称为“药蛋”，自己从来不吃。经过中国检验检疫科学院研究所的检测，结果发现这些鸭蛋样品含有偶氮染料苏丹红，含量最高达到了 0. 137 毫克/千克，相当于每千克鸭蛋里面含有 0. 137 毫克。事件曝光之后生产红心鸭蛋养殖户的蛋鸭及鸭蛋已全部被销毁。农业部在全国范围内组织了禽蛋饲料和蛋禽养殖场苏丹红专项检查，又查出一批使用苏丹红的养殖户和养殖场。苏丹红学名叫苏丹偶氮系列化工合成染色剂，主要应用于油彩、汽油等产品的染色，共分为 1 号，2 号，3 号，4 号，都是工业染料，比起苏丹红 1 号，苏丹红 4 号不但颜色更加红艳，毒性也在加大。国际癌症研究机构将苏丹红4号列为三类致癌物之一，其初级代谢产物，邻氨基偶氮甲苯和邻甲基苯胺均列为二类致癌物。

4. 致病菌等微生物安全隐患突出

据世界卫生组织统计，全球每年5岁以下儿童腹泻病例达15亿例次，造成300多万名儿童死亡，其中，70%是各种致病微生物污染的食品和饮水所致。① 因此，致病菌被世界卫生组织列为当前影响全球食源性疾病②问题的头号凶手，即使发达国家也是如此，它在带来现实危害的同时，还伴生新的风险，不仅会发生变异，而且还会改变自己的基因来抵御抗生素，产生新的危险。多年来，我国卫生部门通过全国定点医院的食物中毒网络直报系统，按月度、季度、年度统计全国食物中毒数据，并按照导致食物中毒的原因，分为微生物性中毒、化学性中毒、有毒植物中毒和不明原因中毒。从卫生部门接到的全国食物中毒报告数目上看，因微生物性食物中毒的报告起数和人数居第一位。因此，从对公众健康危害的影响来看，食物安全中最大的危害因素来自致病菌等微生物。

二、食品加工层面

在食品加工环节，作为理性的个体，厂商以追求利润最大化为目的，尽量减少设备设施的投入和管理的投入，由于陈旧过时的生产加工设备容易遭到微生物等有害物质的污染，添加剂和防腐剂的滥用则进一步增加了食品的不安全性。有些不法商人为了使成本最低，利润最大，在食品添加剂的安全控制上不把关，即使国家有相关规定，但是为了自身利益，却仍不去执行，导致食品安全系数下降。更为严重的是一些厂商为了牟取暴利竟生产假冒伪劣食品，人为造假掺毒。例如市场上曾经出现的“毒大米”；面粉和米粉中掺用甲醛漂白；银耳用硫黄熏制增白；豆制品掺入工业用滑石粉，添加建筑用黄色颜料；用牛血加兑洗衣粉制造“鸭血”；猕猴桃喷洒“膨大剂”；酱腌菜使用“苯甲酸”

① 徐金洋．专家指出食源性疾病已成头号食品安全问题［EB/OL］.（2015-7-1）［2019-3-17］．http：//www. 39yst. com/xinwen/285280. shtml.

② 食源性疾病是指通过摄食而进入人体的有毒有害物质（包括生物性病原体）等致病因子所造成的疾病。根据卫生部食品安全风险评估重点实验室的抽样调查表明，食源性疾病是目前我国头号食品安全问题。抽样显示，调查人群的食源性疾病发病次数为0. 157次每人每年，即每6人中有1人在过去一年中曾发生食源性疾病。

防腐等。详见以下案例。①

案例三

阜阳“毒奶粉事件”

从2003年开始，安徽阜阳100多名婴儿陆续患上一种怪病，脸大如盘，四肢短小，当地人称为“大头娃娃”，原因是这些婴儿食用劣质奶粉导致了营养不良综合征。据阜阳地区各医院核查，2003年5月以后，住院儿童171名，其中因并发症死亡的儿童13名，截至4月21日，阜阳市场上销售的奶粉涉及141个厂家，149个品牌，205个品种。通过抽查送检，共查出不合格奶粉46个厂家，55个品种，生产单位涉及8个省、自治区、直辖市。不合格原因是不法厂家在生产产品时，故意在产品中掺入了大量不含任何牛奶成分的廉价原料，产品通常用白糖，菊花晶体、炒面及少量真正的奶粉掺制而成，导致蛋白质含量不达标。其中蛋白质含量低于5%的有31种，含量最少的仅为0.37%。钙、磷、锌、铁等含量也普遍不合格，基本上没有营养可言，比米汤还要差。食用蛋白质含量严重不足的空壳奶粉，会造成婴儿长期营养不良，导致造血功能障碍，内脏功能衰竭，免疫力低下，致使婴儿头大，身子小，身体虚，反应迟钝，皮肤溃烂，内脏肿大，甚至死亡。随着劣质奶粉事件的披露，时任国务院总理温家宝作出批示，要求国家食品药品监督管理局对这一事件进行调查。很快由国家食品药品监督管理局、国家质量监督检验检疫总局、国家工商总局，卫生部组成的专项调查组，先后奔赴阜阳进行调查，对当地2003年3月1日以后出生以奶粉喂养为主的婴儿进行的营养状况普查和免费体检显示，因使用空壳奶粉造成营养不良的婴儿229人，其中轻中度营养不良的189人。

案例四

南京“冠生园”陈年月饼馅事件

2001年9月2日，中央电视台黄金时段揭开了南京冠生园用陈馅、霉馅加工当年月饼的惊人内幕。2000年中秋节前夕，南京、成都等地的

① 案例三和案例四皆为笔者根据相关新闻报道整理而成。

一些消费者反映，他们购买的月饼还没超出保质期，却长了霉，投诉后地方媒体也只是简单报道一下，不痛不痒，不了了之。中央电视台记者在注意到这一现象后，对其中一家月饼生产厂家进行了整整一年的跟踪调查，终于揭出在月饼发霉的背后，隐藏着更为触目惊心的事实。

作为南京著名的食品企业，冠生园加工厂房却被纸蒙得严严实实，记者就从这处厂房开始调查。2000 年中秋节过后的第九天，冠生园食品厂就将各地没有卖完的价值几百万元的月饼回收回来，并运进了这间蒙着窗户纸的车间，然后由工人去皮抠馅，用小铲子铲掉月饼皮，剥出里面的豆沙、菠萝、莲蓉等馅料，再运到半成品车间重新搅拌，炒制，由一个个独立的馅饼融成了一个整体，最后装进桶和箱子，送冷库冷藏，等待来年再做月饼。2001 年 7 月 2 日，离中秋节还有 3 个月的时候，冠生园就开始生产新月饼了，那些保存了十个月的馅料被搬出冷库，悄悄地派上了用场。总共有几十吨陈年月饼馅，在这些馅料中有不少已经发霉变质。最终这些馅料被送上生产线，用来加工，做成新月饼。以日产 9 万只的速度源源不断地生产出来，并销往全国各地。2002 年 2 月 1 日，南京冠生园向南京市中级人民法院申请破产，这意味着“冠生园”这个老字号成为南京市第一家宣告破产的合资企业。

三、流通层面

目前，我国食品流通的渠道主要有超市、农贸市场和副食品商店等。农贸市场虽然存在食品安全监管制度，但缺少足够的食品安全检测手段、检测设备和检测人员。超市虽然是食品安全信誉较高的地方，但食品安全隐患依然存在，如鲜活产品的有毒有害物质残留超标，随意更改产品保质期，新鲜产品与过期产品混杂问题等。同时，大量的城市地摊以及农村的集市仍处于安全监管范围之外，一些非法加工的劣质食品逃避监管，直接进入市场。

此外，餐饮业也是流通层面食品安全问题的重要集中领域。大型餐饮企业的原料源头安全难以保证，而大型企业更易与相关监管或检测方形成利益同盟，从而规避食品安全检测、检查、处罚等。中小型餐饮企业的食品售价一般不高，为保证其利润，在采购食品原材料与餐具时，往往仅以进货价格为导向，而忽视其质量要求，从而导致食品安全问题；大量无证餐饮经营在城乡普遍存在，且屡禁不止，由于其生产规模小，环境普遍较差，生产工艺的规范性、卫生性、安全性、标准化一般难以保证，这些都增加了食品安全事件爆发的风险。

因此，在流通领域要强化食品市场监管，严格规范食品流通环节经营秩序。采取源头治理的模式，严格规范食品经营主体市场准入，强化对食品安全的监管，完善食品质量监测体系。加强对流通环节食品安全的监管，扩大食品质量监测品种，重点监测辐射面广、交易额大的食品批发市场、超市、商场和重点企业。完善流通环节食品安全监管制度，严格规范食品经营行为。通过实施食品市场准入、市场巡查、违法食品退市、食品安全信息公示、食品企业信用分类监管等制度，不断提升对食品市场的监管水平。同时加强餐饮业等消费环节的食品安全监管。餐饮业推行食品安全量化分级管理制度，提高监督的效率和监督的透明度，督促餐饮业树立守法意识和诚信意识，加强社会和群众监督。提高餐饮业的品牌意识，联合各有关部门在品牌好、连锁的餐饮单位推广先进的食品安全自身管理体系，通过与行业组织合作，共同建立和开展餐饮业食品安全体系的认证工作，充分利用社会中介组织的作用，提高餐饮业食品安全自身管理水平，树立餐饮业的良好社会形象。

案例五

家乐福出售过期食品事件①

据《法制晚报》报道，2016 年 11 月，北京市朝阳区法院审结了 11 起家乐福门店出售过期食品被消费者索赔案，结果家乐福全部败诉，共需赔偿 12120 元。

《法制晚报》记者梳理发现，家乐福被诉的过期食品涉及烟熏肉肠、小蛋糕、鱼板烧、奶片、橙桔果酱、饼干、牛乳糖、橄榄油、碗面 9 种。其中过期最长的为小蛋糕，竟然长达 3 个月。诉讼中，家乐福门店表示，消费者即使买到的是过期食品，但未食用，未造成损害，因此不同意赔偿。朝阳法院审理认为，根据“食品安全法”的规定，禁止生产经营超过保质期的食品。食品的保质期是涉及食品安全的重大问题，食用超过保质期的商品有可能造成人身伤害，商家在经营食品时应该特别注意商品的保质期，及时将过保质期的食品下架，避免消费者无意或者有意中购买。根据消费者提供的涉案产品的购物小票、产品实物等证据，法院认为消费

① 案例来源：吴炜琪．家乐福过期食品案败诉，营运管理现漏洞［EB/OL］.（2016-12-27）［2019-8-15］. https：//m. huanqiu. com/article/9CaKrnJZpsB.

者陈述的事实成立，支持了全部消费者的诉讼请求。

北京家乐福如此，外地的家乐福情况如何？记者从沈阳当地法院了解到，据不完全统计，2015年11月至2016年11月，当地审结家乐福因出售过期食品而被消费者起诉的案件91起，其中超市败诉90次。经过梳理，记者发现，在法庭上，沈阳家乐福各门店都不承认存在自身责任，不同意赔偿。其中83场官司，家乐福门店以消费者不能证实涉案商品是从自己超市售出、超市没卖过为由拒赔。其中18场官司，家乐福方面称已经尽到了审查义务；13场官司，家乐福方面称食品没过期；12场官司，家乐福方面称食品没给消费者造成实际损害。记者还注意到，在其中的27场官司中，沈阳家乐福指责消费者是“恶意诉讼”。

四、消费层面

对消费者而言，现有食品风险的传播性、危害性及不确定性使得风险远远超出了个人所能承受的范围。从个人风险到社会风险，需要借助政府的干预加以预防、控制或消除。这意味着，监管部门仍应通过事前的生产经营许可、事中的监督抽查以及事后的违法处罚，履行保证食品安全的监管责任。然而，在“食品安全人人有责”的共识下，消费者也要尽责。食品安全的全程监管，消费者是最后一道环节，尽管这一末端的安全保障责任并不是法律要求的，但却是保证个人饮食安全所必需的。其可以通过自觉消费，把“我们还能吃什么”的忧患意识转变为“我们可以吃什么”的认知意识。认知是前提条件，通过系统的食品安全教育和风险交流，消费者可选择符合个人饮食安全特殊性的食品，选购具有“安全符号”的食品，注重食品购买后的加工处理，如生熟食分开处理等。

《中国食品安全发展报告2014》① 就指出：（1）公众对食品安全意识的增强，尤其是随着生活质量的提高，对食品安全比历史上任何时期有了更高的要求，这一状况将在未来成为一个永恒的主题。（2）在信息开放时代，各种媒体有关食品安全的报道及时迅速，在满足消费者食品安全知情权的同时，也有可能产生一些负面效应，尤其是由于网络、微信等传播的自由性和广泛性，有关食品安全的失实虚假信息，甚至是谣传信息等，极易通过网络短时间内大范围地传播。经常而反复地受到同类信息的影响，消费者在心理上出现某种担忧

① 吴林海等．中国食品安全发展报告2014［M］．北京：北京大学出版社，2014：43.

是难以避免的。（3）食品安全知识普及是一个空白，不同区域、不同收入、不同学历层次的消费者对食品安全的担忧程度并不相同。如何在及时准确地传播食品安全信息的同时，在全民中普及必要的食品安全知识，在当下的社会转型期就显得尤为重要。

第三节 食品安全监管体制改革进程

一、国家层面食品安全监管体制改革进程

1. 部门管理为主时期：（1949—1978 年）

在计划经济条件下，我国实行高度的计划管理方式，剥夺了国内食品生产者赚取利润的经济条件，而对外封闭又导致外来性食品很少，使得当时基本没有假冒伪劣食品，因此，政府不需要设置很多的监管机构，食品卫生监督职能不强。此外，由于我国居民的饮食习惯同质性高，食品需求和供给结构相对稳定单一，造成我国很长一段时期内食品需求仅表现为数量上的改变，而非结构上的改变，更多地呈现出对于食品的“刚性需求”，而在封闭社会中打破食品需求结构的动力极其缺乏。在此背景下，这一时期我国的食品安全主要采取的是以部门分散管理为主，以卫生监督为主，监管职能分散在各个食品卫生领域和各管理部门，并未分离出专门的食品卫生监管机构，从而形成食品卫生职能重叠，各自为政，条块分割，多头管理，沟通不畅的格局。

2. 部门管理与国家监督结合时期：（1979—1994 年）

1983 年颁布试行的《食品卫生法（试行）》，实现了食品卫生管理工作由行政命令监管向法治管理模式转变的历史性跨越。这一部法律明确了卫生行政管理部门在食品卫生监督中的主体作用，提出将专业性的食品卫生监管机构从各级卫生防疫机构中剥离出来，这一时期各部门对食品生产企业经营的监管方式在不断调整，由直接的行政干预转变为间接的市场调节。国家层面对食品安全的监管则不断加强，具体表现为卫生部对食品卫生监管职能的加强，工商行政管理局对食品市场秩序的监管和对假冒伪劣食品的打击，进出口商品检验局对进出口食品的监督检查。

3. 卫生部主导监管时期（1995—2002 年）

1995 年 10 月 30 日，第八届全国人民代表大会常务委员会第 16 次会议，将《食品卫生法》通过修改确定为正式法律，其通过的重要意义为明确规定了由国务院卫生行政部门主管全国食品卫生监督管理工作，这是我国首次在正

式法律中确立卫生部在食品监管方面的主导地位。

4. 分段监管为主、品种监管为辅时期（2003—2012 年）

2003 年第十届全国人民代表大会常务委员会第一次会议后，国家食品药品监督管理局成立，在同年国务院机构改革中，国务院决定将卫生部负责的食品安全综合监督、组织协调及重大事故查处职能转移给国家食品药品监督管理局，并直接向国务院负责。

2008 年第十一届全国人民代表大会后，我国开展了新的行政管理体制和机构改革政策，在食品安全监督管理方面最大的改革是国家食品药品监督管理局改由卫生部管理，理顺了食品药品监管体制。政策调整后，在食品监管方面，由卫生部牵头建立食品安全综合协调机制，负责食品安全综合监督，承担食品安全综合协调、组织查处食品安全重大事故的责任；农业部负责农产品生产环节的监督；国家质量监督检验检疫总局负责食品生产加工环节和进出口食品安全的监督；国家工商行政管理总局负责食品流通环节的监管；国家食品药品监督管理局负责餐饮业、食堂等消费环节的食品安全监管。各部门需要密切协同，形成合力，共同做好食品安全监管工作。由卫生部会同国家食品药品监督管理局适时推进食品安全监管队伍整合。在食品生产、流通、消费环节监督管理方面，由卫生部负责提出食品生产、流通环节的卫生规范和条件，纳入食品生产、流通许可的条件；国家食品药品监督管理局负责餐饮业、食堂等消费环节食品卫生许可的监督管理；国家质量监督检验检疫总局负责食品生产环节许可的监督管理，国家工商行政管理总局负责食品流通环节许可的监督管理，不再发放食品生产、流通环节的卫生许可证。

（1）卫生部为国务院的组成部门，下设 15 个内设机构，其中与食品管理关系最为密切的有以下三个：政策法规司、卫生应急办公室、食品安全综合协调与卫生监督局。其在食品管理方面的主要职责如下：

①推进医药卫生体制改革；拟定卫生改革与发展战略目标、规划和方针政策；起草卫生、食品安全、药品、医疗器械相关法律法规草案；制定卫生、食品安全、药品及医疗器械规章；依法制定有关标准和技术规范。

②承担食品安全综合协调、组织查处食品安全重大事故的责任，组织制定食品安全标准，负责食品及相关产品的安全风险评估、预警工作，制定食品安全检验机构资质认定的条件和检验规范，统一发布重大食品安全信息。

③负责卫生应急工作，制定卫生应急预案和政策措施，负责突发公共卫生事件监测预警和风险评估，指导实施突发公共卫生事件预防控制与应急处理，发布突发的公共卫生事件应急处理信息。

④指导规范卫生行政执法工作，按照职责分工负责职业卫生、放射卫生，环境卫生和学校卫生的监督管理，负责公共场所和饮用水的卫生安全监督管理，负责传染病防治监督。

⑤会同国家食品药品监督管理局，适时推行食品安全监管队伍整合。

（2）国家食品药品监督管理局为卫生部管理的国家局（副部级），设10个内设机构，其中与食品安全管理关系最为密切的有政策法规司、食品安全监管司、稽查局。其在食品安全监督管理方面，主要职责如下：

①制定药品、医疗器械、化妆品和消费环节食品安全监督管理的政策规划，并监督实施，参与起草相关法律法规和部门规章草案。

②负责消费环节食品卫生许可证和食品安全监督管理。

③制定消费环节食品安全管理规范并监督实施，开展消费环节食品安全状况调查和监测工作，发布与消费环节食品安全监管有关的信息，

④组织查处消费环节食品安全和药品、医疗器械、化妆品的研制、生产、流通使用方面的违法行为。

⑤指导地方食品药品有关方面的监督管理、应急、稽查和信息化建设工作。

⑥开展与食品药品监督管理有关的国际交流。

⑦负责保健食品的监督管理，法律法规另有规定的从其规定。

⑧由卫生部会同国家食品药品监督管理局适时推行食品安全监管队伍整合。

（3）农业部与食品安全监管关系最密切的有产业政策与法规司、市场与经济信息司、种植业管理司、畜牧兽医局、渔业局等，在食品安全监管方面的职责主要是：

①拟定农业各产业技术标准并组织实施；组织实施农业各产业产品及绿色食品的质量监督、认证和农业植物新品种的保护工作，组织国内生产及进口种子、农药、兽药有关肥料等产品的等级。

②起草动植物防疫和检疫的法律法规草案，签署政府间协议、协定，制定有关标准，组织监督对国内动植物的防疫检疫工作，发布疫情，并组织扑灭。

（4）国家工商行政管理总局内设司局中与食品安全监管最为密切的是法规司、消费者权益保护局、食品流通监督管理司等，主要职责是：

①负责市场监督管理和行政执法的有关工作，起草有关法律法规草案，制定工商行政管理规章和政策。

②承担监督管理流通领域商品质量和流通环节食品安全责任，组织开展有

关服务领域消费维权工作，按分工查处假冒伪劣等违法行为，指导消费者咨询、申诉、举报受理、处理和网络体系建设等工作，保护经营者和消费者的合法权益。

5. “三位一体”的食品安全监管时期：(2013 年至今)

2013 年 3 月 15 日，新华社全文公布了由第十二届全国人民代表大会第一次会议批准的《国务院机构改革和职能转变方案》，该方案提出组建“国家食品药品监督管理总局”，要求将食品安全办的职责，国家食品药品监督局的职责，国家质检总局的生产环节食品安全督查管理职责，国家工商总局的流通环节食品安全督查管理职责整合，组建国家食品药品监督管理总局。主要职责是对生产、流通、消费环节的食品安全和药品的安全性、有效性实施统一监督管理等。与此同时，为做好食品安全督查管理衔接，明确责任，《方案》提出，新组建的国家卫生和计划生育委员会负责食品安全风险评估和食品安全标准制定，农业部负责农产品质量安全监督管理，将商务部的生猪定点屠宰监督管理职责划入农业部。改革后新的食品安全监管体制较以前的体制有了根本性的变化，有机整合了各种监管资源，将食品生产、流通和消费环节进行统一，监督管理由分段监管为主，品种监管为辅的监管模式转变为集中监管模式，我国新的“三位一体”的食品安全监管体制从食品安全监管模式的设置上来看，新的监管体制重点有三个部门对食品安全进行监管，即农业部主管全国初级食用农产品生产的监管工作，国家卫生健康委员会负责食品安全风险评估与国家标准的制定工作，国家食品药品监督管理总局对食品的生产、流通、消费环节实施统一的监督管理。

二、地方层面食品安全监管体制改革进程

2013 年 4 月国务院发布《关于地方改革完善食品药品监督管理体制的指导意见》，进一步明确了推进地方食品药品监督管理体制改革的要求，主要体现在地方食品药品监管体制改革上，要全面贯彻党的十八大和十八届二中全会精神，以邓小平理论、“三个代表”重要思想、科学发展观为指导，以保障人民群众食品药品安全为目标，以转变政府职能为核心，以整合监管职能和机构为重点，按照精简、统一、效能原则，减少监管环节、明确部门责任、优化资源配置，对生产、流通、消费环节的食品安全和药品的安全性、有效性实施统一监督管理，充实加强基层监管力量，进一步提高食品药品监督管理水平。

1. 整合监管职能和机构

为了减少监管环节，保证上下协调联动，防范系统性食品药品安全风险，

省、市、县级政府原则上参照国务院整合食品药品监督管理职能和机构的模式，结合本地实际，将原食品安全办、原食品药品监管部门、工商行政管理部门、质量技术监督部门的食品安全监管和药品管理职能进行整合，组建食品药品监督管理机构，对食品药品实行集中统一监管，同时承担本级政府食品安全委员会的具体工作。地方各级食品药品监督管理机构领导班子由同级地方党委管理，主要负责人的任免须事先征求上级业务主管部门的意见，业务上接受上级主管部门的指导。

2. 整合监管队伍和技术资源

参照《国务院机构改革和职能转变方案》关于“将工商行政管理、质量技术监督部门相应的食品安全监督管理队伍和检验检测机构划转食品药品监督管理部门”的要求，省、市、县各级工商部门及其基层派出机构要划转相应的监管执法人员、编制和相关经费，省、市、县各级质监部门要划转相应的监管执法人员、编制和涉及食品安全的检验检测机构、人员、装备及相关经费，具体数量由地方政府确定，确保新机构有足够力量和资源有效履行职责。同时，整合县级食品安全检验检测资源，建立区域性的检验检测中心。

3. 加强监管能力建设

在整合原食品药品监管、工商、质监部门等现有食品药品监管力量的基础上，建立食品药品监管执法机构。要吸纳更多的专业技术人员从事食品药品安全监管工作，根据食品药品监管执法工作需要，加强监管执法人员培训，提高执法人员素质，规范执法行为，提高监管水平。地方各级政府要增加食品药品监管投入，改善监管执法条件，健全风险监测、检验检测和产品追溯等技术支撑体系，提升科学监管水平。食品药品监管所需经费纳入各级财政预算。

4. 健全基层管理体系

县级食品药品监督管理机构可在乡镇或区域设立食品药品监管派出机构。要充实基层监管力量，配备必要的技术装备，填补基层监管执法空白，确保食品和药品监管能力在监管资源整合中都得到加强。在农村行政村和城镇社区要设立食品药品监管协管员，承担协助执法、隐患排查、信息报告、宣传引导等职责。要进一步加强基层农产品质量安全监管机构和队伍建设。推进食品药品监管工作关口前移、重心下移，加快形成食品药品监管横向到边、纵向到底的工作体系。

第四节　转基因食品安全的争论

转基因食品（Genetically Modified Food，GM）是随着生物科学技术的发展而出现的，目前，已经在10多个国家可以生产，但是从转基因进入人们视线那一刻起，与之有关的争议就一直没停止过。

一、转基因食品类别

科学研究为了改变某些动物植物产品的品质，或者为提高其产量，把一种生物基因转到另一种生物上去，叫作转基因。1983年世界上首次报道了转基因烟草和马铃薯的诞生，至今转基因生物已有30多年的历史。1994年，首批转基因作物商品化后，转基因作物以及转基因食品就以惊人的速度发展，截至2017年，全球转基因作物种植面积达1.898亿公顷，中国的转基因作物种植面积为280万公顷，全球排名第八;① 与美国种植玉米、大豆、棉花、油菜、甜菜、苜蓿、马铃薯、苹果等多种转基因作物不同，中国目前商业化种植的转基因作物仅有棉花和番木瓜。② 转基因食品包括以下4个种类：植物性转基因食品、动物性转基因食品、转基因微生物食品和转基因特殊食品。

二、转基因食品的安全性

转基因食品安全性问题是人们最关心，也是最重要的问题，但其结果又是不确定的，目前，还没有足够的科学证据表明转基因食品对人体健康无害或者有害。从食品安全保障的观点来看，持肯定观点的人们认为，转基因食品为解决世界粮食短缺问题提供了新途径，转基因食品的出现正如在自然界物种进化过程中变异体的出现一样，转基因技术只是加快了变异的步伐。持否定观点的人们认为，转基因食品超出了传统的育种观念，已经不能被认为是杂交育种的延伸，所使用的一些基因有的来自于病毒和细菌，可能引发不致命的疾病，有些影响需要经过很长的时间才能表现和检测出来。

人们对于转基因食品的质疑主要存在以下几个方面。第一是毒性问题，一

① 郭洋．全球转基因作物种植面积创新高［EB/OL］.（2018-07-11）［2019-9-3］. http://www.xinhuanet.com/tech/2018-07/11/c_1123112544.htm.

② 郭洋．全球转基因作物种植面积创新高［EB/OL］.（2018-07-11）［2019-9-3］. http://www.xinhuanet.com/tech/2018-07/11/c_1123112544.htm.

些研究学者认为，对于基因的人工提炼和添加，可能在达到某些人们想达到的效果的同时，也增加和积聚了食物中原有的微量毒素；第二是过敏反应问题，对于一种食物过敏的人，有时还会对一种以前他们不过敏的食物产生过敏；第三是营养问题，科学家们认为未来基因会以一种人们目前还不甚了解的方式破坏食品中的营养成分；第四是对抗生素的抵抗作用，当科学家把一个外来基因加入到植物或者细菌中去，这个基因会与别的基因连接在一起。人们在食用了这种改良食物后，食物会在人体内将抗药性基因传给致病的细菌，使人体产生抗药性；第五是对环境的威胁，在许多基因改良品种中，包括有从杆菌中提取出来的细菌基因，这种基因会产生一种对昆虫和害虫有害的蛋白质，那些不在改良范围之内的其他物种有可能成为改良物种的受害者；第六是生物学家担心为了培养一些更具优良特性，比如说具有更强的抗病虫害能力和抗旱能力等，而对农作物进行的改良，其特性很可能通过花粉的媒介传播给野生物种。

转基因食品对人体可能会造成危害的争论也仍在持续中。有研究认为转基因作物中的毒素可以引起人类急慢性中毒，或者产生致癌、致畸、致突变作用，转基因作物中的免疫或致敏物质可使人类机体产生变态或过敏反应。此外，转基因食品中的主要营养成分、微量营养素及抗营养因子的变化会降低食品的营养价值，使营养结构失衡。目前国内大多数食品生产商在可能的情况下都会采用非转基因原料，一些食品商为增加消费者的信心，或本身对转基因食品的安全有怀疑，索性承诺不使用转基因原料，但是由此引发的转基因食品安全争议事件还是层出不穷。

任何技术的发展都需要得到公众的理解和接受。对于公众最关心的转基因作物对环境的安全性和转基因食品对人体健康的安全性问题，科学家进行了十余年的研究，到目前为止没有确切的证据表明转基因食品不安全。当然现在说转基因技术完全没有风险还为时过早，只有充分认识其风险，从科学层面趋利避害才是科学的态度。

第五节　本章小结

本章首先对食品、农产品、食品质量和食品安全等主要概念进行界定，然后，对食品安全的发展背景和食品安全问题的产生机理进行分析，接着简单介绍了一下我国食品安全监管体制改革的进程，最后，对转基因食品安全的争论进行了简单介绍。

第二章　全球食品安全概况

俗话说“民以食为天”，表明了食品是人类生存的根基。然而“病从口入”说明食品安全会对人们的健康及生命安全造成极大的影响。自20世纪90年代以来，随着经济全球化和贸易自由化的蓬勃发展，全球食品贸易日趋活跃，规模不断扩大，然而，国际媒体频频报道全球骇人听闻的食品安全事件，引起了社会公众对食品问题现状的担忧。于是世界各国政府和国际组织把食品安全列为极其重大的公共卫生问题。

站在人类生存和发展的角度上，食品不安全会影响：（1）人类的健康生存。（2）国际贸易。（3）国际相关企业的生存与发展。（4）社会稳定和经济的发展。可见食品安全不仅关乎广大消费者的身心健康能否得到保障，还涉及一个国家经济和国际大型企业能否可持续发展，尤其关系到社会的长期稳定，关系到国家之间的贸易能否正常往来。然而，近年来国际上发生的疯牛病、毒奶粉、苏丹红等一系列重大食品安全事件，使公众对食品安全问题再一次感到恐慌。各个国家开始积极应对食品安全问题，重视程度达到了前所未有的高度。例如，世界卫生组织于2000年通过了“将食品安全作为一项重要的公共卫生职能”的决定，同年欧盟发表了《食品安全白皮书》，并随后成立了欧洲食品安全局；2002年世界卫生组织发布了《WHO全球食品安全战略》；2002年7月新西兰成立了新西兰食品安全局，同时荷兰改组成立了食品和消费产品安全局；2010年2月，中国政府设立了国务院食品安全委员会；2012年，加拿大政府出台了《加拿大食品安全法案》，该法案对食品违规违法的惩处达到前所未有的高度，至500万加元。其他许多国家也纷纷出台了相关政策或者设立食品安全管理机构，以保证食品安全。各国食品安全科技创新规划布局如表2-1所示。

表 2-1　　**各国食品安全科技创新规划布局**

国家或地区	法规或计划	具体内容
美国 FDA 食品安全与营养应用中心（CFSAN）	2013—2014 年科研工作重点	（a）减少食品安全风险（由全球化食品供应链、食品生产工艺（如纳米材料）的不断变化及消费者对新鲜或初级加工食品的偏好等引起的） （b）加强微生物学、分析化学、毒理学、食品科学、生物信息学、纳米技术 6 个领域的研究能力
	《2011—2015 年战略目标——应对 21 世纪公共健康的挑战》	确定了包括发展监管科学与革新在内的 5 个战略重点，指出随着人类基因组测序、纳米技术、信息技术等技术突破，促进能够更有效地识别微生物病原体，跟踪和追踪食品污染，开发新的安全性评价的方法
欧盟	“地平线 2020”计划的社会挑战主题	（a）减少食品对人类健康和自然环境的不良影响 （b）在生产、加工和消费的每一个环节 （c）注重饲料安全，保障畜禽产品健康等
	《2012—2016 年科学战略》	（a）重点开展食物链相关风险评估的理论、操作方法研究 （b）强化风险评估和风险监测的科学性 （c）增强欧盟的风险评估能力
加拿大农业及农业食品部（AAFC）	3 个重点研究领域	（a）食品与健康领域 （b）食品安全和质量领域，包括制定食品安全的污染跟踪制度，研究简化污染食品检测、记录及监测的仪器、技术和方法等 （c）食品原料安全性领域
日本	《第五期科学技术基本计划（2016—2020）》	将食品安全列入旨在确保国家和国民安全安心与实现富裕高质量生活的 4 个重点政策课题中

2019 年 12 月，英国《经济学人》杂志旗下智库（Economist Intelligence

Unit, EIU）发布了《2019 年全球食品安全指数报告》①。该报告依据世界卫生组织（WHO）、联合国粮农组织（FAO）、世界银行等权威机构的官方数据，主要关注指标包括食品价格承受力（Affordability）、供应充足程度（Availability）、质量与安全（Quality and Safety）三个指标。通过计算一个综合指数，评估了 113 个国家的食品安全状况。该报告的数据显示，发达国家仍然占据排名的前 1/4，新加坡综合排名第一，爱尔兰第二，美国第三，如表 2-2 所示。

表 2-2　**2019 年全球食品安全指数排名（前十名）**

排名	国家	总分
1	新加坡	87.4
2	爱尔兰	84.0
3	美国	83.7
4	瑞士	83.1
5	芬兰	82.9
5	挪威	82.9
7	瑞典	82.7
8	加拿大	82.4
9	荷兰	82.0
10	奥地利	81.7

2019 年，中国综合指数得分值为 71.0，比 2018 年提高了 5.9，综合排名上升了 11 位，排第 35 名。2019 年中国的食品价格承受力得分为 74.8，排名 50，供应充足程度得分为 66.9，排名 27，质量与安全得分为 72.6，排名 38。虽然这三个指标每年都有些波动，但与全球平均水平相比，中国表现还不错，综合得分在发展中国家排名靠前，在全球处于中上游位置，如表 2-3 所示。

① 详见 The Global Food Security Index 2019，http：//foodsecurityindex.eiu.com/.

表 2-3　**2013—2019 年中国食品安全状况**

年份	2013	2014	2015	2016	2017	2018	2019
总分	61.0	62.2	64.2	64.9	63.7	65.1	71.0
排名	45	42	42	42	45	46	35

第一节　全球食品安全著名事件回顾

食品安全问题是世界性难题，无论是发达国家，还是发展中国家，均难以彻底解决。近年来，全球各国食品安全事件频发，有的事件甚至是一系列的，这些食品安全事件造成了较为严重的后果。全球各国发生的具有重大影响的食品安全事件如下。

一、英国“苏丹红”事件

2005 年年初，英国第一食品公司的 5 吨红辣椒粉含有工业色素“苏丹红一号”被媒体曝光，所用红辣椒粉系从印度进口，并为众多下游食品商或者饭店所使用。国际癌症研究机构将苏丹红一号归为三级致癌物，早在 1995 年欧盟等国家已禁止将其作为色素添加在食品中。这次食品添加剂事件登上了英国报刊的头条，给公司造成了较为恶劣的影响。

二、欧洲“二噁英”事件

1999 年 5 月，在比利时首次发生了“二噁英”食品污染事件。二噁英是一种含氯化合物，有毒，无色无味，产生于垃圾焚烧和其他工业加工过程，可导致人体免疫力下降、内分泌紊乱、引发皮肤病，有致癌作用。相关部门在部分鸡肉和鸡蛋中检测出二噁英，而且浓度很高，后来又相继在牛肉、猪肉、牛奶及数以百计的衍生产品中发现了二噁英。在调查中发现，比利时生产家禽和牲畜饲料添加物的一家工厂，其部分产品掺入废机油（二噁英严重污染）。

2003 年，比利时、荷兰、法国、德国等西欧四国奶粉、牛奶、黄油、冰淇淋等乳制品内被检测出与 DDT 杀虫剂相当的致癌物质“二噁英”；2008 年，制作上等比萨饼必不可少的原料意大利莫扎里拉奶酪被检测出二噁英。

2010 年年底，德国某公司生产的有毒动物饲料被爆出，该饲料是以二噁英污染的工业脂肪酸为原料，因此在北威州使用了该饲料的养鸡场的禽蛋中发现了二噁英，这次受污染的饲料波及了德国其他各州。受污染的饲料油脂数量十分巨大，而且都远销到丹麦和法国等地区。此次二噁英事件造成了十分严重的后果，德国农业部不得不关闭 4760 家农场，并下令宰杀了 8000 多只牲畜，禁止销售 12 万枚鸡蛋，由此造成了巨大的经济损失。此外，德国该类食品的外贸交易量下降明显，且食品安全的可信度明显下降。

三、日本的食品安全事件

1. 雪印牛奶事件

2000 年 6 月底至 7 月初，近半个月的时间内日本出现了一次集体大规模中毒事件。日本关西地区的儿童饮用日本雪印乳业公司生产的牛奶后出现了呕吐、腹泻、腹痛等中毒症状，并导致一人死亡。经多方查明，因为停电，牛奶在高于 20℃ 的环境中保存了 4 小时以上，导致细菌滋生，污染了牛奶。这对一向重视儿童发展的日本社会的冲击非常大，一时间对日本政府检测部门的批判以及要求雪印公司破产的声音不绝于耳。后来又爆发了接二连三的负面新闻最终使雪印集团解体。由此可见，食品安全对公司的生死存亡至关重要。

2. 毒大米事件

2008 年 9 月，日本又爆出“毒大米”事件：日本某公司非法倒卖残留农药超标和已经霉变的“非食用大米”，并将工业用大米伪装成食用米卖给酒厂、学校、医院等 390 家单位，由于“问题大米”的流通渠道很广泛，因此大部分已被国民消费掉。据农林水产省调查发现，该问题大米含有超标的黄曲霉毒素及杀虫剂甲胺磷。该事件迫使农水省事务次官白须敏朗辞职，一涉案中间商也因此付出了生命的代价。

四、美国花生酱沙门氏菌事件

2008 年，美国一家花生食品处理厂发生了沙门氏菌污染，造成 46 个州至少 714 人中毒，9 人死亡。2009 年，与该事件相关的企业永久停止生产并申请破产保护。美国也因此进行了大规模的食品召回，截至 2010 年 8 月，美国因沙门氏菌污染而召回了至少 5. 5 亿枚鸡蛋，规模为历史之最。

五、中国三聚氰胺事件

自 2007 年 12 月份以来，三鹿集团先后收到多次消费者的投诉，婴幼儿食用三鹿奶粉后出现不适症状。2008 年 9 月 21 日，中国新闻媒体正式曝光三鹿集团婴幼儿毒奶粉事件。据调查，三鹿集团为抢占中国农村市场，降低成本偷工减料，在婴幼儿奶粉里添加三聚氰胺化工原料以提高蛋白质的检测值。这种“毒奶粉”会诱发各类病症，如肾结石、膀胱癌等。中国内地，香港、澳门地区均有人确诊患病。这次三聚氰胺事件不仅对中国奶粉市场产生了极其恶劣的影响，还波及了世界其他国家。根据 2009 年 1 月中国卫生部公布的数据，因食用三聚氰胺严重超标的“问题奶粉”死亡的婴儿全国共 6 例；全国累计报告食用三聚氰胺“问题奶粉”导致泌尿系统出现异常的患儿达 29.6 万人，住院治疗 52898 人，已治愈出院 52582 人。① 中国政府立即对三鹿集团进行停产整顿，其董事长被免职后被刑事拘留，其他相关责任人员也相继受到相应处理。

六、巴西“黑心肉”丑闻

巴西 BRF 公司（全球最大家禽肉生产商）和 JBS 公司（全球最大牛肉出口商）这两大行业龙头企业，在生产肉制品的过程中，涉嫌在过期变质的肉中添加化学物质，以达到掩盖其不良气味和改善色泽的目的。此外，给牛肉注水以增加重量，并将这些肉类销售到国外。巴西警方经过大约 2 年的侦查，于 2017 年 3 月 17 日证实，已经确认多家企业售卖过期变质肉类和出口含有沙门氏菌的肉类食品，这些企业涉嫌向检验人员行贿，企图躲过检查。② 这次“黑心肉”事件沉重打击了巴西的经济产业，这对巴西的经济发展而言无疑是雪上加霜。

七、加拿大李斯特菌感染

2008 年，加拿大枫叶食品公司出现李斯特菌感染事件。由于管理人员对卫生方面的疏忽，这个最大的食品加工企业生产的肉制品遭到李斯特菌感染，造成全国多人死亡。枫叶食品公司立即宣布召回这些受污染的肉制品，关闭生产该肉制品的加工厂，进行内部整顿和追究事故责任人的责任，并对生产设备消毒、清洗。这次食品召回行动是加拿大历史上前所未有的，枫叶公司股价大跌，也为此付出了沉重的代价。

---

① 问题奶粉致死患儿家属接受 20 万赔偿 放弃诉讼［EB/OL］．（2009-1-17）［2019-11-3］．https：//health. sohu. com/20090117/n261800688. shtml.

② 张启畅．巴西查处多家制售过期变质肉企业［EB/OL］．（2017-3-18）［2019-7-19］．http：//www. xinhuanet. com//2017-03/18/c_1120651542. htm.

第二节　全球食品安全监管模式

一、单一食品安全监管模式——以丹麦为代表

政府设立一个部门专门管理监督公众的健康以及食品的安全，该部门全权处理此领域的各种状况，这种模式即为单一食品安全监管模式。这种模式优缺点非常明显，优点主要是监管高效、职责明晰、问责容易以及能够快速应对突发事件等。但是也存在一些不足之处，如管理部门权力高度集中、容易滋生腐败、难以专业化管理等。各国的政治体制不同，各大利益集团纷争。采用这种监管模式的国家较少，如爱尔兰、丹麦等。

二、多元体系食品安全监管模式——以日本为代表

这种监管体系建立在多个政府部门的基础之上，与单一食品安全监管体系由一个部门全权处理各种状况不同，多元体系监管模式综合多个部门的力量，实现优势互补，共同来监管食品安全。这些与食品相关的政府部门可能包括卫生部、农业部、产业部等，不同国家的国情不同，所设置的部门也不同。多元体系监管模式的优点是监管专业化，分工明确，科学管理，对各方的监管力量能够进行统一协调，发挥各方的优势，以达到充分利用各类资源的目的；缺点是监管容易越位、缺位以及部门之间协调困难等。日本有全面的法律体系作为食品安全的基础，也有监管部门为食品安全提供保障。日本食品安全的监管部门主要分为三部分：食品安全委员会、农林水产省和厚生劳动省。三个部门职能互补、相互协调、各司其职。食品安全委员会统筹管理全部的监管部门；一般农林水产省分管生鲜农产品的生产、加工环节的安全管理和质量保证；厚生劳动省主要负责流通环节的食品安全管理；食品安全管理委员会主要负责对食品安全进行独立的风险评估，并监督相关政策的执行情况，它们各有侧重。总体上看，日本食品安全的多元监管体系是将“管理程序、规章制度和监管行为”与实际的法律法规执行过程相结合，以达到全面深入监管的目的。

三、综合食品安全监管模式——以美国为代表

综合食品安全监管模式将政府、企业和社会资源进行整合，构建以食品行业自律为基础、政府监督为主、社会监督为辅的综合监管模式。食品安全社会监督的组织是指专业性的社会团体、协会。社会性组织成为政府和社会信息沟

通、对话、合作的桥梁和纽带，在平衡协调政府和社会的关系中发挥着很大的作用。除此之外，也降低了政府制度创新、政策执行的成本和制定政策的风险，同时在政府食品安全等公共政策的制定上也能积极献计献策。在美国，食品行业专业化的发展日趋成熟，各种行业组织、专业人士团体数量众多。在食品领域，他们的专业化水平很高，实践经验也很丰富，对行业的发展趋势也能准确把握，甚至都超过政府监管机构的专家水平。因而，在政府放松监管，利用私人资源的前提下，借助食品认证机构的第三方平台，正在为美国政府所接受。该模式的优点是能够统筹协调各个监管部门之间的协作关系，目前也为大多数国家认可和接受。美国的食品安全监管体制可以概括为“品种监管为主，分段监管为辅”，因此，美国可以看作综合监管模式的代表国家。

第三节　各国食品安全监管体制概况

进入 21 世纪，无论是发展中国家还是发达国家，都深刻认识到食品安全的严重后果，并积极探索食品安全管理的新方法和新制度，力求本国的食品安全得到保证。以加拿大、美国、英国、丹麦、荷兰和印度 6 个国家为例，分析归纳这些国家食品安全监管体制的特点。

一、加拿大食品安全监管体制

1996 年加拿大食品安全精兵简政，成立了食品监督署（CFIA），减少了部门职能重叠，更加有效地执行食品安全监管。具体来说，加拿大政府将卫生、农业、渔业和海洋等部门的食品安全监管职能进行了合并，在一定程度上减少了财政开支，行政效率也得到了提升。此次改革使得加拿大的食品安全行业得到大大加强，并为加拿大的农业、农产品深加工和进出口贸易提供了有效的服务。加拿大新建立的食品安全监管体制的特点如下。

1. 实行统一归口管理

CFIA 成立后行使了广泛的监管职能，经过一段时间的运行，取得了显著的成效，进一步强化了食品安全问责制以及议会报告制，重复监管的次数明显减少，联邦政府与地方政府、企业的相互协调也大大改善，食品安全监管的整体效率有极大提升。

2. 具备多部门、多层次的食品安全协作关系

加拿大建立了多部门、多层次的食品安全协调机制和协作关系。通过两种形式实现协作关系：（1）成立专门委员会。加拿大与食品安全相关的专门委员会包括食品检验执行委员会（CFISIG），CFISIG 的目的在于加强部门之间的沟通协调。CFISIG 下设分管不同职责的分委员会，不同分委员会之间可以实现全面深入的沟通与协调，共同完成食品安全各类职责，包括食品安全风险预估和管理、食品安全监督等。(2) 签订合作协议。CFIA 的两个最大的合作机构分别是加拿大边境服务局和公共卫生署。其中 CFIA 分别和这两个机构签订了合作协议或合作备忘录。CFIA 和加拿大边境服务局的合作包括开发进出口食品货物检测系统、向边境服务局配备专业的工作人员等。CFIA 和公共卫生署共同签订了“食源性疾病爆发应急协议”，加强了双方的进一步合作，明确了 CFIA 要重点关注食品召回、实施处罚等方面，公共卫生署负责问题食品的调查、中毒人员处理等工作职责。此外，CFIA 还和各省政府签订了合作备忘录，由此增强了食品安全执法力度，精简了工作机构，删减了繁琐的流程，提升了工作效率。

3. 坚持对外开放

由于全球化的趋势越发明显，全球贸易在不断增长，加拿大在加强国际合作这部分也投入了大量的人力物力财力，建立了具备国际合作轨道的食品安全监管机制。具体来说，加拿大联邦政府通过广泛地参与一些国际食品安全组织的活动来加强国际合作，如国际食品法典委员会、国际兽医局等。由于加拿大政府十分注重对外开放，因此加拿大卫生部、CIFA 等部门制定的食品标准均采用国际标准。有关食品部门设有专门的负责人或机构联络有关国际组织，协调具体食品安全事项。

4. 具备完善的法律法规

加拿大有关食品的法律法规有 35 部，诸如：《食品和药品法》《动物卫生检疫法》《肉类检验法》《植物保护法》《饲料法》《加拿大农产品法》和《消费品包装和标签法》等。加拿大的食品安全具有世界一流的水平，这除了得益于加拿大采取的是“分级管理、相互合作、广泛参与”的模式外，还得益于 CFIA 为广大民众提供的食品和动植物统一检验服务。CFIA 采取的主要措施有：加强与产业界的合作，科学管理；对全部的食品进行检验，如果食品出现问题，可依据相关法律法规采取强硬措施，如产品召回、进行处罚、强制停产等。其中，加强与产业界合作，进行科学管理是预防的重要措施，可以尽量把问题解决在萌芽状态，提升了管理效率，降低了因食品安全问题造成的后期成本。

短短几年时间，加拿大关于食品安全监管机构的重组开始初见成效。由于精简了机构，所需要的人员也相对较少，财政预算支出大幅减少，避免了各类资源的浪费。此外，每个部门的职责更加清晰，相互之间的协作进一步得到加强，避免走进监管“盲区”。

二、美国食品安全监管体制

作为发达国家，美国各方面的体制机制非常成熟完善，食品安全的监管也不例外，但真正使之走向成熟的还在于2011年颁布的《食品安全现代化法》（简称《新法》），进一步提升了FDA在食品安全监管领域的能力与权限，由联邦政府的12个部门参与。在政府的严格要求下，各大厂商不仅形成了追求高质量产品的理念，而且重视企业的信誉，对食品的各个环节也不敢疏忽。因而美国的食品被誉为是世界上最安全的食品。在美国发布的“21世纪食品工业发展计划”中，食品安全的研究排行榜首，可见美国对食品安全问题的重视程度。

1. 把预防控制权放在FDA的首位

FDA首次获得法律授权，要求在食品供应链的所有环节建立全面的、基于科学的预防控制机制。除符合HACCP要求的水产品、果汁以及低酸罐头食品企业另有规定外，其他食品链上的所有流通环节和企业都必须综合考虑危害的分析以及风险的预防控制措施。包括食品企业的所有者、经营者或负责人，首先应当评估其所生产、加工、包装或存储食品可能造成的危害及影响，以及报告采取的预防措施；然后按照要求贴上该食品未经掺杂或者无错误标识；FDA负责监控，并留存监控记录。

2. 加强FDA对食品生产企业的检查、执法权

《新法》要求FDA致力于以基于风险的原则分配其检测资源，同时采取创新的检测方式。第一，对FDA明确规定，应提高对所有食品生产企业设施和食品生产者检查的频率（≥1次/7年），尤其是高风险的食品生产、加工企业，更是检查的重点对象。第二，量化FDA局长的考核指标。在第1年内，必须视察外国食品生产、加工企业多达600家。第2—6年，每年视察的总数必须至少是前一年的2倍以上。第三，FDA需手段创新，食品安全意识始终贯穿在食品生产企业的各个环节。

3. 加强FDA确保进口食品安全权

根据《新法》，FDA必须确保进口食品达到美国标准。具体规定如下：第一，《新法》首次规定，外国食品供应商需要符合美国食品安全要求的预防性控制措施，以保证进口到美国的食品安全。第二，外国出口食品生产企业的设备、设施完全达到美国的食品安全标准，FDA可授权第三方（稽查机构或人士）出具证明。第三，FDA 有权要求存在高风险的进口食品企业在进入美国境内时，必须具备可信赖的第三方认可证明。第四，FDA 有权拒绝不接受美国食品安全检查的外国食品进入美国国境。

4. 加强 FDA 对问题食品及时强制召回权

美国食品召回监管机构主要是农业部食品安全检验局（FSIS）和食品药品管理局（FDA）。《新法》首次扩大了 FDA 的执法范围。根据新法案，FDA 首先有权对进口食品制定更为严格的安全标准。其次，FDA 可以直接下令强制召回存在安全隐患的所有食品，并有权向违规进口商收取召回所涉及的相关费用。新法对进口食品的监管审查更加严格，进口商的违法成本也更高。

美国对违反食品召回制度的处罚也较为严厉。如果企业不与 FSIS 或 FDA 合作，发现问题有意隐瞒，不仅要承担行政责任，还会被起诉，甚至承担刑事责任。可能的后果是该企业产品被禁止在各州之间流通，企业倒闭的风险大大增加。但是，FDA 强制召回权也要受到制约。也就是说，只有食品生产企业没有按照法律规定自愿、主动召回问题食品时，才可行使强制召回权。

三、英国食品安全监管体制

英国在食品安全领域建立了全面的立法体系，从农产品的播种、生长、收割、加工、流通甚至到餐桌各个环节都有法可依，所有食品相关部门只需严格执行即可。英国为保证欧洲整体的食品安全作出了积极努力和贡献。

1. 高效的立法体系

对于英国，食品安全最重要的前提即是一套完善的法律法规。完善的法律法规如同两道安全防护网，任何食品生产者的违法行为都逃脱不了惩治。第一道防护网由两部法律组成，分别是《食品安全法》和《食品标准法》；第二道防护网为《食品业指南》和《食品安全标准》，这两道法规在前两部法律的统摄下进一步规定了细则。例如，英国对食品安全标准和技术法规作了详细的解释，包括食品成分含量、添加剂、污染、加工和包装、标签说明等。

2. 践行消费者至上的理念

“消费者至上”的理念是英国食品安全立法的基础，时刻将消费者的安全利益放在最重要的位置。此外，政府、企业、消费者三方相互监督、相互制衡、相互协作，形成了合力，因而极大地维护了消费者权益。

四、丹麦食品安全监管体制

目前，丹麦的食品管理水平已经达到了世界上最高的卫生标准，是欧洲国家中极少发生食品安全事故的国家之一。原因在于丹麦建立了一套完善健全的食品安全保障体系，包括法律的保障和监管体系的保障。

1. 监管环节：以企业自律为主导

丹麦政府认为，食品企业在食品市场经济中起着举足轻重的作用，食品市场经济的健康发展，离不开食品企业的良好运转。实践中，任何一个食品企业都是一个独立的载体，都有一套独特的食品安全管理体系。每个企业的食品安全管理体系能否将食品安全的每一个环节落到实处，对食品市场的安全与否有着直接的影响，也牵动着广大消费者的心。因此，丹麦政府十分重视培养食品企业的质量安全责任意识，并着力培养和增强相关企业的社会责任感。此外，丹麦政府要求食品企业建立符合“实用性强、操作简易”原则的自控体系。丹麦采用的 HACCP 体系是被广泛应用的自控体系，是一般企业自控体系的基础。

2. 监管模式：以“现代农业”模式为方向

丹麦是一个农业强国，农业在其国民经济占有很重要的地位，丹麦的农产品具有很强的竞争优势，在国际上享有盛誉。丹麦国内生产总值中有较大比例是来源于农产品和食品出口，包括奶制品和猪肉等，农产品出口总额占全国总出口额的 20%以上。

目前，丹麦国内的农业产业链已经非常成熟，涵盖了种植、养殖、加工等重点领域。在农业产业链的基础上，丹麦建立了一套完善的食品安全保障体系。该体系完备且高效，对新增加的农药或者化肥都进行了严格的控制和筛选。因此丹麦的食品以纯天然绿色环保而受到世界各国消费者的欢迎和信赖。此外，丹麦在加强发展农业科技的同时，也将提升农民的专业水平以及综合素质作为工作的重点。丹麦还针对地下水资源容易受到污染的问题，制定了十分严格的标准来杜绝化肥的过度使用和防止农药废旧瓶的乱扔乱丢。与此同时，有关部门还针对土地使用情况，包括农药和化肥的使用量等，进行突击检查并记录在案。关于生物化学制药（如抗生素等）的使用需要向丹麦政府进行申请。

3. 法律制度：以“安全至上”为立法理念

根据《2019 全球食品安全指数报告》中提供的数据，丹麦综合排名第 14 位，丹麦食品是安全可靠的。除了建立完善的食品安全保障体系外，丹麦也建立了严格的食品安全相关法律。丹麦采用的非常严格的食品安全标准，使用先进的检测仪器为食品安全把关，把存在安全隐患以及相关指标未达到标准的食品淘汰掉。独立的机构对食品生产商进行监督和抽查，各个环节都严格把关，决不让不法商家钻空子。丹麦的食品能赢得消费者的喜爱，与其完善的食品安全保障体制以及相关法律的保护是分不开的。

4. 运行机制：以“绿色转型”为特色

丹麦十分注重在有机农业领域的投入，形成了“绿色转型”的特色。丹麦官方公布的统计数据显示，2011 年就有 7%的农业用地被用于有机农业，而且制定了宏伟的发展目标：用不到 10 年的时间实现有机农业的总产值翻一番。因为有机农业相对于传统农业具有很大的优势，例如，有机农业完全不使用农药或者化肥，真正做到纯天然无污染，这也使得有机种植业受到普遍认可。2011 年丹麦国民对于有机农产品的人均消费额度仅次于瑞士，达到 168 欧元。

此外，丹麦对有机农产品进行推广：一方面提升农场管理人员的专业水平，对他们进行专业的教育培训；另一方面积极开拓有机农作物的市场。例如，鼓励一些公共的单位或者机构的食堂使用有机农作物的食品，以便更好地促进有机农业的发展。

从以上分析可知，丹麦政府在食品安全方面的投入非常大，而且非常重视预防食品安全隐患，这也为其生产的食品的安全性提供了保障，因此，丹麦很多食品（如肉制品、生态食品等）受到全球广大消费者的信赖。

五、荷兰食品安全监管体制

荷兰的食品产业在技术上高度发达、产业链完整、分工精细，在服务上非常重视维护消费者食品安全的诉求。自从荷兰政府 2002 年合并成立食品和消费产品安全局（VWA）之后，在理念、立法、执法和监管等方面，均已形成了一套较为成熟的食品安全体系。

1. 食品安全理念

荷兰的食品安全立法均以人为本，即使存在对人类健康有害的潜在危险因素，也会及时采取措施阻止或保护，从根源上消除将可能发生的食品安全隐患。从根本上改变了过去立法的理念，即未被证明安全的对立面就是安全，未被证明有害的对立面就是无害。现在即使科学上未被证明的因果关系，也必须首先考虑产品可能存在的潜在危害，而采取预警措施，直至该产品得到充分的科学验证，预警措施才能修正或消除。因此对于任何侵犯消费者健康的违法行为，法律将给予严厉的惩罚，同时最大限度地补偿受害者。

2. 食品安全执法与监管

荷兰对于食品安全法的执行力度非常大，手段也很多样，而且监管的措施也非常严格。荷兰食品安全的主要监管机构是食品和消费者产品安全局（VWA）。VWA 的职能非常明确，包括食品安全监管、食品安全风险预估、食品安全事件处理等。

3. 食品安全技术

荷兰非常重视利用技术方法来解决食品安全监管的问题，其建立了一整套涵盖了食品的采摘、加工、存储、运输、销售等方面的管理软件，已达到世界先进水平。该软件系统能够全面地记录食品从采摘到销售全过程的数据，利用软件对数据进行分析，从而更好地对整条食品链的每个环节进行监控和指导。该软件的优势在于如果某一个环节出现问题，可以迅速地分析并查出问题的根源，从而能够及时地进行修正。这样不仅能够实现科学管理，而且大幅降低了人力、财力的成本，效率也得到了提升。

4. 舆论和消费者监督

除了政府机构或者相关食品安全组织的监督之外，媒体、普通民众也对食品的安全监管十分关心和重视，这也从侧面反映了荷兰民众都普遍具有很好的食品安全意识，而且大众舆论和普通民众对食品安全的监管都能够在一定程度上确保食品安全。

因此荷兰国内形成了全方位的食品安全监管网络，从各个不同方面保障了食品安全。如果发生了食品安全问题，寻求帮助的途径有以下几种：（1）向当地 VWA 部门进行举报，一旦经过调查属实，可以直接对相应的企业或者负责人进行处罚。（2）向食品安全相关的行业中介机构进行举报。由于荷兰所有的和食品相关的企业或者个体均被强制要求加入和食品安全相关的组织，因此这些企业或者个体均会受到组织的自律约束，一旦发生食品安全事件会受到强烈的道德谴责。（3）向媒体进行举报。由于各类媒体的传播速度很快，一旦发生食品安全问题，通过媒体的发酵，其影响会迅速被扩大，直到有关问题的解决。（4）如果具有足够的证据证实该食品安全事件是企业或者个体户的不作为或者因某些目的客观上损害了食品的质量，可以直接向司法部门提起诉讼。

上述几种途径通过道德、法律、公众的约束等各个方面保障了国内食品安全。因此荷兰与食品安全相关的企业个体均严格遵守了相关法律和政策，同时也接受相关协会或组织的监管，真正做到了自律。

六、印度食品安全监管体制

印度是食品安全事件多发的国家，例如印度发生过轰动一时的“苏丹红事件”以及“毒可乐事件”。此外印度经常发生食物或者假酒中毒的事件，官方发布的调查数据显示，印度有超过一半的食品受到了农药的污染，其中一部分有害残留物质严重超标。印度广大民众以及多家媒体都对国家食品安全监管力度不够表示不满，众矢之下，印度政府开始重新构建其食品安全管理体系。

与有些国家一样，印度也经历过食品安全法律法规的多次、反复修改，印度的食品安全正日趋完善。在食品安全法律的制定和修改中，逐步解决了食品安全中存在的问题。随着新的《食品安全和标准法》的颁布实施，印度开始了对现有食品安全监管体制的全面改革。根据该法律，印度政府组建了食品安全与标准局，对原有食品安全相关的管理部门进行了重新整合。

1. 食品安全与标准局

印度食品安全与标准局的工作人员包括 1 名主席和 22 名成员，而且具有较高的行政级别。食品安全与标准局一方面负责制定食品安全标准，另一方面对国内消费食品进行管理，同时处理与食品安全相关的各类事件。

2. 食品安全和标准法

印度此次修订的食品安全与标准法首先对新成立部门的职能作了明确的说明，包括食品安全与标准局的机构设置。该部法律也对食品生产厂家、经销商应该承担的责任进行了详细的说明，并对涉及违法行为的处罚也作了规定。

3. 印度食品安全监管体制的特点

（1）公平公开透明。为了保障消费者的切身利益，食品局的机构设置和成员分布都应该将各方利益纳入到考虑的范围之内。另外通过各种方式来保障执法的公正性以及透明度。

（2）权责分明。印度新公布的法律法规对执法过程中的权利与责任进行了更细致的规定，包括食品粮油企业、政府官员等的职责，避免了在执法过程中因法律规定不明确导致的主观意识。

（3）量刑惩罚。印度是世界上第二人口大国，食品安全涉及面广，各种各样的违法行为都存在。因而印度针对国情采取了量刑惩罚的措施，对实际中各种类型的犯法或者犯罪的情形进行了规定，并明确了处罚的措施以及力度。

例如，对于销售假冒伪劣产品的视情节严重程度处以相应罚款，罚金不设上限。

第四节 国内外食品安全监管支撑技术研究进展

一、检验检测技术

物理性检验检测技术主要运用在检验食品中含有的异物、放射性核素方面。其中 γ-能谱分析法运用最广泛①，它具有多核素分析、能量分辨率高、准确度高的特性，如表 2-4 所示。

表 2-4 **物理检验检测技术**

检验检测技术	检测食物中的物质	技术名称
物理性检测技术	异物	磁学金属检测技术、近红外检测技术、磁共振成像技术、超声波成像技术、X 射线成像技术、可见光检测技术 6 种
	放射性核素	化学测定法、液体闪烁计数法、α-能谱分析法、β-能谱分析法、γ-能谱分析法 5 种

化学性检验检测技术主要用于检验在食品中常规理化指标是否合理，农残、兽残的含量是否超标，有无环境污染物、非法添加物、生物毒素、重金属等方面。② 相比物理技术，化学性危害检验检测技术具有高通量、高灵敏度和多维分析的优势。针对潜在的风险隐患，国外纷纷展开研究，试图开发和构建大量针对食品中农药、兽药、非法添加物等的非定向筛查方法，目前已经开发

① 杨宝路．食品放射性污染的监测与控制技术研究［D］．北京：农业科学研究院，2016：4-7.

② GUO C., SHI F., JIANG S. Y., et al. Simultaneous identification, confirmation and quantitation of illegal adulterated antidiabetics in herbal medicines and dietary supplements using high-resolution benchtop quadrupole-Orbitrap mass spectrometry［J］. Journal of Chromatography B, 2014, 967: 174-182.

了通用型前处理技术、高通量仪器筛查技术（基于高分辨质谱）、智能化可拓展确证数据库等，正在如火如荼开展的是食品中未知物鉴定技术（基于核磁共振技术结合组学技术）。① 目前，商业烹饪调料（咖喱、姜黄、辣椒粉等）中是否掺有苏丹染料（苏丹Ⅰ—Ⅳ）已被 Aniba 等成功利用高分辨氢核磁共振技术②，并结合模式识别的方法筛查出来，如表 2-5 所示。

生物性检测检验技术包括分子生物学、免疫学、质谱、电镜、病原学检测技术等，食品中的菌落总数是用来判定食品被污染的程度及卫生质量，菌落总数的多少在一定程度上标志着食品卫生质量的优劣。一般被认为不洁净的食品中含有大肠菌群、食源性致病菌、病毒、寄生虫等。其中食源性致病菌在食品安全问题中频频突发，所以对它的检验检测方法较多。分子生物学技术以 PCR 检测技术、生物芯片技术为主③，也有变性高效液相色谱分析技术应用报道等。近年来，基质辅助激光解吸电离飞行时间质谱（MALDI-TOF-MS）发展较快，是一种新的食源性致病菌鉴定技术，能够区分和鉴定不同的致病菌属、种、亚种，鉴定结果会受到选择的基质、前处理标准化、数据库三者的影响。随着高通量测序技术的发展，全基因组测序技术已被研发出来，用于食源性致病微生物毒力因子的鉴定和生存机制等。

此外，针对肉制品含有的瘦肉精、乳制品添加的三聚氰胺、蜂蜜含有的果葡糖浆、食用油掺有的地沟油、白酒兑进的甲醛等重大食品问题，识别技术的研究备受国内外科学家的青睐。光谱、色谱、同位素质谱、核磁共振、电子鼻、电子舌等检测技术在识别食品掺假技术中较为普遍使用，有些技术还需要结合模式识别技术。除此之外，PCR 技术（也称为无细胞分子克隆技术）具有简单、快速、特异和灵敏的特点，广泛运用于食品掺假的检测，DNA 条形码、基因芯片技术等生物技术运用也较多。

---

① NERIN C., ALFARO P., AZNAR M., et al. The challenge of identifying non-intentionally added substances from food packaging materials: a review [J]. Analytica Chimica Acta, 2013, 775 (2): 14-24.

② ANIBAL C. V. D., RUISANCHEZ I., CALLAO M. P. High-resolution 1H Nuclear Magnetic Resonance spectrometry combined with chemometric treatment to identify adulteration of culinary spices with Sudan dyes [J]. Food Chemistry, 2011, 124 (3): 1139-1145.

③ 吴清平，寇晓霞，张菊梅．食源性病毒及其检测方法 [J]. 微生物学通报，2004，31 (3): 101-105.

表 2-5　**化学检验检测技术**

检验检测技术	类型	典型技术	检查效果
化学性检测技术	高分辨质谱	飞行时间质谱和静电场轨道阱	在全扫描的模式下，利用这种质谱可同步检测多达几百种农兽药残留的情况，使得食品中危害物筛查效能显著提高
	多维色谱技术（有峰容量大、分离能力强）		对复杂体系中多组分甚至全组分分离检测，如全二维气相色谱-飞行时间质谱应用于食品中数百种挥发性风味成分或多种农药残留分离分析①
	质谱成像（MSI）技术	解吸电喷雾离子化（DESI）常压敞开式质谱成像技术	优点：一方面，可直接从分子水平提供目标化合物的空间分布和分子结构信息的多维分析，对危害物进行快速高效识别并提供食品中分布信息。另一方面，这种多维解析技术能够快速高效调查食品中污染物质和污染程度②。同时，由于各种不明的风险因素不断进入食物链，致使食品中危害物筛查由定向筛查向非定向筛查转变③ 缺点：相比其他的检测技术，成像技术的敏感度和准确定量还有待提高

① 详见：(1) 许泓等．二维色谱-质谱联用检测食品中残留物的应用［J］．食品研究与开发，2013，34（6）：114-120；(2) 程权等．顶空固相微萃取-全二维气相色谱/飞行时间质谱法分析闽南乌龙茶中的挥发性成分及其在分类中的应用［J］．色谱，2015，33（2）：234-243；(3) 姜俊等．固相萃取-全二维气相色谱/飞行时间质谱同步快速检测蔬菜中 64 种农药残留［J］．分析化学，2011，39（1）：72-76.

② 详见：(1) Michel W F, Nielen J H and Rudolf K. Advanced food analysis［J］. Analytica and Bioanalytical Chemistry, 2014, 406: 6765-6766；(2) 罗志刚，贺玖明，刘月英．质谱成像分析技术方法与应用进展［J］．中国科学：化学，2014，44（5）：795-800；(3) 王楠楠．香水和土壤中邻苯二甲酸二乙酯的直接质谱分析研究［D］．南昌：东华理工大学，2014：5-13.

③ 详见：(1) 毛婷等．食品安全未知化学性风险快速筛查确证技术研究进展［J］．食品科学，2016，37（5）：245-253；(2) 俞良莉等．食品非目标性检测技术［J］．食品科学技术学报，2016，34（6）：1-6.

二、评估评价技术

目前，国内外关于食品安全评估评价技术的研究，主要体现在相关基础数据完善以及评估评价模型和技术研究等方面。

在基础数据研究方面，以食物消费量调查、总膳食研究、毒理学研究三者为主。国内外的科研人员为充分掌握膳食中化学污染物和营养素摄入量进而做了大量的工作，既开展了大量食物消费量调查，又在大约 30 个国家开展了总膳食研究，为科学准确开展暴露评估提供了数据基础。我国还构建了长期食物消费量模型和高端暴露膳食模型等，弥补了我国目前风险评估数据的不足。近年来，国际上病毒理学研究取得了较大突破，体外替代毒性测试等毒理学测试新技术成为热点。在毒理学评价研究中，代谢组学、基因组学、蛋白组学等组学技术越来越多地运用，实现了从宏观的整体和器官水平向微观的细胞和分子水平的飞跃。具体如表 2-6 所示。

表 2-6　**在危害物和风险评估研究取得的进展**

危害物和风险评估	评估模型和技术研究
化学危害物	开展了基准剂量（BMD）模型、暴露边界（MOE）法、毒理学关注阈值等研究
生物危害物	利用生物信息学、预测微生物学和剂量-效应模型等，开展了食品微生物定量风险评估
食品安全风险评价方面	发展了基于指标打分的系统评价方法、基于计量和统计模型的评价方法、基于故障树分析的食品安全风险评价及监管优化模型等，面向监管进行食品安全风险评价，支撑监管决策。
未知风险物质（食品用纳米材料）	开展生物学效应与安全性评价研究

三、监管执法技术

食品安全的各个环节（涉及生产、加工、流通）范围量大面广、各种潜在的风险交织，在监管资源有限条件下，必须依靠科技手段来提升监管水平，提高监管执法效率。国外高度重视以风险为基础的企业分等分级监管机制，优化监管资源，提高了监管工作效率，降低了监管成本。各国分等分级监管机制如表 2-7 所示，各国智慧监管技术如表 2-8 所示。

表 2-7　**各国分等分级监管机制**

国家/地区	分级监管机制
美国加州	推行餐饮业监督评分和分级管理制度
澳大利亚	对食品企业的设施和生产经营过程评估风险的大小综合评分后确定风险等级；决定监督频次以及需要采取的法律行动或行政措施
德国	确定食品企业风险等级，利用 3 个层次 16 个指标的风险评价指标体系和指标权重科学确定食品企业监督检查频次
中国香港	对食物加工设施进行科学分级；对每一卫生要求赋予合理的权重

表 2-8　**各国智慧监管技术**

国别	智慧监管技术
美国、欧盟、日本	用条码标识技术建立食品生产、运输、销售全过程追溯体系
英国	(a) 在追溯制度方面建立国家统一的数据库 (b) 监管系统，如食物中毒通知系统、识别系统、代码系统、食品危害报警系统、化验所汇报系统和流行病学通信及咨询网络系统
其他国家	(a) 建立远程监管平台，利用大数据、物联网等先进信息技术 (b) 食品安全检验检测管理平台 (c) 智能分析与决策支持平台等

四、应急处置技术

随着食品安全事件频发，各国均把提升食品安全应急处置能力作为建设公共保障体系的重点，加强应急处置相关技术研发，如表 2-9 所示。

表 2-9　**应急处置技术**

应急技术研发	具体作用
食品安全溯源预警技术和网络构建	(a) WHO/FAO 国际食品安全当局网络（INFOSAN）已建立全球性的食品安全预警应急对策机制

续表

应急技术研发	具体作用
	(b) 欧盟建立的欧盟食品和饲料快速预警系统（RASFF）及时收集源自所有成员的相关信息 (c) 各监管部门信息交流通畅、反应迅速，使消费者免受不安全食品和饲料的危害
基于全基因组测序的食源性致病微生物溯源技术与数据库建设	(a) 对食品安全生物危害因子的快速发现、准确鉴定、精准溯源 (b) FDA 等利用高通量测序平台，对大量食源性病原菌基因组测序 (c) 建立公共数据库，研究致病菌的致病性、药物反应等生物特性
应急演练技术研究	(a) 提高中央政府或各地方政府应对食品药品安全危机的能力 (b) 查找危机管理中的薄弱环节 (c) 评估和改进危机管理实效

五、国际合作情况

食品安全问题不是一个国家、一个区域或一个环节的问题，它的影响不仅仅局限在某一个范围，所以各国需要就食品安全技术进行多角度、深层次的国际合作。目前，国际合作体现在三个方面：一是共同参与重大研发计划。世界上规模最大的综合性的官方研发计划要数欧盟研发框架计划，该计划的研发人员由成员国和第三国的科学家组成，汇聚了全球的精英。他们在食品安全国际合作中的重点领域是食品质量与安全方面，项目包括检测和控制方法、食品对健康的影响、食品整个生产链上的“可追踪性”分析等。目前，欧盟第八研发框架计划——欧盟“地平线 2020”计划已开始实施，将重点加强覆盖从生产到消费全过程和相关服务的研究和创新，整个欧洲食品生产、加工和消费的可持续性和竞争力将大大增强，食品突发事件应对将更加迅速、食品真实性识别也更准确。二是通过制定国际标准、举办国际会议等多种形式加强国际技术交流。关于国际标准的制定与研究，各国均加入了国际食品法典委员会，作为提升保护消费者健康和公共卫生安全的手段，并促进本国食品出口。三是共建国际合作实验室。如在大学启动“食品安全国际合作联合实验室”建设，推动食品安全保障体系与国际接轨。

第五节 本章小结

随着经济全球化的发展，世界各国的经济贸易频繁往来，各国食品贸易也越发紧密。食品安全问题已扩展到全球，往往是一个国家或地区发生重大食品安全事件，与之相关的地区或国家也受到牵连。因此，仅仅某一个国家或地区重视食品安全是不够的，因为食品安全问题已日益成为一个涉及多国利益的全球性问题。

人类社会发展至今，食品安全已经发展成为了一个系统工程，与人类生存和健康发展息息相关。科技的日新月异、经济的繁荣发展、社会管理的进步和环境质量的水平等因素与食品安全息息相关。因此，必须联合各国政府、国际组织、非盈利组织、新闻媒体和社会公众等不同主体的力量，采取积极的行动，构建食品安全的全球治理框架与治理网络，使每个家庭的食品绿色无公害、食品企业健康有序发展、国家的食品贸易正常往来。

一、从食品安全监管体系的角度

美国、日本、加拿大等发达国家的实践证明，建立可靠的食品质量安全标准体系以及完善的监督管理体系对于保障食品的安全与卫生具有十分重要的意义。具体包括以下几个方面。

(1) 较完备的食品质量安全监督管理体系，较为成熟的政策制定与有关法律建设。

(2) 从本国的国情出发，建立符合各国自身特点的食品安全质量监管模式，机构的设置、职能的划分、运行机制、从业人员资质等方面应有明确的规定。

(3) 在食品质量安全市场监控系统中建立预警系统、监测系统、应急系统等，对食品生产、加工和流通的全部过程采用先进的监控手段和方法。

(4) 食品安全监管包括实施食品质量安全市场准入制度、食品质量安全认证制度、食品召回制度以及建立可追溯的食品安全数据库等。

二、从全球食品安全监管体制的角度

食品腐烂变质、食物中毒等食品安全问题是一个复杂的公共卫生问题，并不仅仅局限在食品本身，还涉及整条食物链上的各个环节，包括可能还要涉及动植物整条食物链上的各个环节，如动植物饲养和种植的安全、食品加工生产的安全、食品运输的安全等。很显然这些环节都是环环相扣、息息相关的，若某一个环节出现问题，对最终的食品安全会造成不同程度的影响。因此，确保食品安全要求管理手段多样、管理体制健全，并适应食品链条监管的内在要求。

食品安全具有全球化的特点，食品安全事故往往不会发生在某个局部地区。例如，2003—2004 年英国“苏丹红”食品污染事件，波及范围十分广泛，11 个国家、300 多家公司、600 多种产品均受到不同程度的影响。由此可见，建立全球食品安全管理的体系和机制势在必行。

三、从加强食品安全监管的角度

食品安全问题离不开合理有效的监管。

（1）建立统一、高效、权威的食品安全监管体制，统筹协调与食品安全相关的多个部门。

（2）构建国际化的食品安全标准及监管体系，并贯穿食品安全全部流程。

（3）建立和完善食品安全法律法规体系，同时加强对食品市场的准入管制。

（4）从预防食品安全事故的角度，对食品安全监控网络进行完善，并建立国家食品安全风险评估体系。

（5）加大食品安全事故的惩处力度。很多不法生产商、代理商对食品法律无所畏惧，这与立法的漏洞、执法力度不严、道德水平低下甚至贪污腐败不无关系，犯罪分子可以轻易逃避法律追究。

四、从加强食品安全教育的角度

食品安全关系到每一个人的身体健康和生命安全，一旦问题食品进入流通环节，可能造成巨大的经济损失，甚至生命代价，从而失去消费者的信任。因此，经常举办食品安全教育的讲座和在公众媒体上进行食品的宣传，可以消除公众的误解和质疑，同时也能提高公众的食品安全意识及认识水平。广大民众、主流媒体、相关食品企业等需要参与食品安全教育，教育形式可以多样化，如食品安全知识宣讲、企业观摩等。

食品生产者的道德约束在食品安全中发挥着巨大的作用。首先是诚信，在建立诚信建设制度与标准体系的基础上，大力拓展企业联盟，加强行业自律机制建设，建立企业诚信管理档案和评价体系；建立诚信信息征集和披露体系，并进行有效宣传；定期对失信企业进行曝光，建立“黑名单”，加强诚信奖惩机制建设。餐饮服务食品安全的监管要建立一套统一权威的信息发布系统，记录各食品服务单位的食品安全信用现状，以供广大民众参考。其次是企业责任感，食品企业应树立良好的社会形象，而不仅仅追求企业利润最大化，对消费者的利益置之不理。只有赢得消费者的信任，企业才能持续健康地发展。开放网上曝光平台，对消费者的投诉和表扬进行统计，定期进行评选，引导企业走上健康、良性循环的道路。

五、从加强立法工作的角度

很多粮油企业在利益的驱使下，无视道德的约束，加上法律法规不够严格，使得诸多食品安全问题乘虚而入。因此制定严格的规章制度，以法律法规约束企业的行为。大多数发达国家的食品安全治理工作都经历了由乱到治的过程，法律法规都经历了从无到有、从简略到全面的过程。例如，欧洲发生“马肉风波”之后，欧盟迅速修改了已有的食品安全法律法规，使之更具有操作性、实用性，将肉制品DNA的抽检制度引入到该法律法规中，使欧洲各国居民降低对问题食品的恐慌，重新找回对食品安全的信任。

六、从信息化建设的角度

由于信息化管理能够满足快速变化发展的需求，因而越来越多的国家和行业开始重视信息化建设。在食品安全监管方面，信息化管理首先能够节约成本，精简开支；其次，能够无人为失误地对食品进行全方位精准的监测，如果发现问题能够迅速地找到问题，找出问题产生的机制，而且能够将风险降到最低。因此食品安全全面信息化对于提升食品安全管理效率、降低食品安全事故发生概率具有十分重要的意义。

第三章　中国食品安全法律和法规

第一节　中国对食品安全问题的认识

“食品安全”的概念源于联合国粮食及农业组织（Food and Agriculture Organization of the United Nations，FAO）在1974年11月世界粮食大会上通过的《世界粮食安全国际约定》文件。文件将“食品安全”的内涵界定为“在数量的层面上，满足人们基本需要的食品达到既可以买得到、又能够买得起的标准；在质量的层面上，具备营养全面、结构合理、卫生健康的食品特征；在发展的层面上，食品的获取能够满足注重保护生态环境和资源再利用的可持续性要求”。其实质就是对“食品安全最终效果”的强调——“每一个人在任何情况下都可以取得维持生存所需的必要食物用以保证其健康”。1984年世界卫生组织（World Health Organization，WHO）在名为《食品安全在卫生和发展中的作用》的报告中也对“食品安全”进行了定义，认为“食品安全”是“在生产、加工、储存、分配和制作食品的过程中，确保食品安全可靠、对健康有益且满足人们消费所需的各种必要条件及措施”，这实际上是将“食品安全”定义为“食品卫生”的同义语。

在我国，“食品安全”的内涵经历了由“粮食安全”到“食品卫生”再到“食品安全”三个阶段的演进。目前，对“食品安全”问题的关注已上升到了国家战略的高度，政府将保障食品安全作为发展现代农业的重大课题进行部署，在坚持食品数量安全的基础上将食品质量安全与之并重，出台了一系列重大政策措施不断完善食品质量安全保证体系，还将保障食品安全的能力作为党政领导班子政绩考核的重要指标。

2009年6月1日，第一部《中华人民共和国食品安全法》正式颁布施行。2015年10月1日经过修订发布的《中华人民共和国食品安全法》规定，“食品安全是一个狭义概念，指食品无毒、无害，符合应当有的营养要求，对人体健康不造成任何急性、亚急性或者慢性危害”。有统计指出，在我国对食品安全表示非常重视的人大约占82%，有近40%的人表示因曾经吃到过不安全的食品或有毒的食物而饱受困扰。所以，食品安全关乎人们的身体健康甚至威胁人们的生命安全，而当在自身健康遭到威胁、权利遭受侵害时人们会自发地寻求救济，进而可能引发严重的社会问题。食品安全问题受到环境、技术、管理、经济、认知等因素以及其他因素的交叉影响，是社会公共管理的重要议题，食品安全方面不断涌现的新课题亟待依靠相关的法律法规体系来进行规范，以保证社会的长治久安。

第二节　中国食品安全立法的演进过程

一、古代启蒙与萌芽产生阶段

回望历史的长河，我国的食品安全法律法规制度经历了漫长的发展历程。中华民族是一个拥有5000年的悠久历史和灿烂文化的古老民族，中华民族的优秀传统及其人民的勤劳智慧充分地积淀于其饮食文化中。由于食物关乎人类的生存保障，食品安全与人民的健康息息相关，食品问题特别是食品安全问题在历朝历代都得到了统治者的关注。在不同的历史阶段，执政者都对其作出过相应的规定与规范，相较于今天的食品安全法律法规体系而言，由于历史的局限性，以前的规定都比较简单，然而基本符合遵循自然规律、尊重生活习惯的标准，能够适应当时社会生活管理的基本要求，具有一定的借鉴意义。《礼记》上记载，在我国周代对食品交易就有规定："五谷不时，果实未熟，不粥于市。"这一规定被认为是有文献记载的我国历史上最早的关于食品安全管理的规定。西汉《二年律令》规定："诸食脯肉，脯肉毒杀、伤、病人者，亟尽孰燔其余。其县官脯肉也，亦燔之。当燔弗燔，及吏主者，皆坐脯肉减，与盗同法。"其意为因腐坏等因素可能导致他人中毒的肉类，应尽快焚毁，否则将处罚肇事者及相关官员，强调了那个时代管理者对食品安全负有责任。

到了唐代，我国对食品问题较之前有了更为具体完善的规定，《唐律疏议》中对食品安全的规定在其第18卷中有如下记载："脯肉有毒，曾经病人，有余者速焚之，违者杖九十；若故与人食并出卖，令人病者，徒一年，以故致死者绞；即人自食致死者，从过失杀人法。盗而食者，不坐。"《唐律疏议》记录了我国唐朝时期对于食品安全的管理就已经相当的严格与规范，在对食品安全事故的严厉处罚中各涉事主体的法律责任已经相当明晰，规定如果提供食物的人明知脯肉有毒却不及时采取措施避免危害，则构成犯罪；如果提供的食物致使他人中毒，就会被加以严厉的刑罚。宋代在食品质量问题监督管理方面，创造性地在食品行业采用了“行会管理制度”，官方规定如果要从事食品行业必须加入行会，所谓“市肆谓之行者，因官府科索而得此名，不以其物小大，但合充用者，皆置为行，虽医亦有职。医克择之差，占则与市肆当行同也。内亦有不当行而借名之者，如酒行、食饭行是也。”官方要求食品从业者按照经营的类别自发组织“行会”，同时在官府登记造册，为行业设置准入门槛，依靠食品行业各个行会的组织力量对生产经营的活动进行监督，对食品质量负责，负责评定物价和监察不法行为，引导市场合规合理有序发展，形成了较为严密的管理体系。明、清时期，官方对食品的质量规定和发生食品问题时的责任界定更为详细，法律法规更加严格规范，对商贩的违反事实按不同情节区分轻重，比照相应的罪名进行处理，严重者甚至可以处斩首等极刑；即使是过失致顾客食物中毒，也要承担严厉的法律责任。在整个封建社会时期，虽然我国针对食品安全问题没有颁布专项法律法规，但在“民刑合一”的社会法制体系中也形成了自己鲜明的特色。

二、计划经济时期起步与缓慢发展阶段

我国是发展中国家中食品卫生依法管理起步最早的国家之一。中华人民共和国成立后，与食品安全相关的专项法律法规制度在我国经历了从无到有，逐步健全完善的过程。中华人民共和国的食品安全法制化管理始于20世纪50年代，当时百废待兴，农业生产能力和食品供给能力都非常有限，解决人民大众的温饱问题是那个时期党和政府最紧迫的任务。同时，这个阶段我国十分落后的立法理论和技术，也间接导致食品安全法制化建设步伐缓慢，相关政策法规聚焦于工业卫生与疾病预防。那时法制意义上的食品安全事件主要发生于食品消费环节，食品安全的含义几乎等同于食品卫生。国务院有关部门主要通过卫生系统发布一些单项规章和标准对相关食品卫生问题进行监督管理。

中华人民共和国成立后的第一部食品卫生规章是1953年由卫生部颁布的《清凉饮食物管理暂行办法》，目的仅仅是为了扭转由于冷饮食品卫生不达标而导致的食物中毒以及肠道疾病频繁暴发的现象。随着从中央到地方各级食品卫生管理机构的建立健全，卫生部还下发了一系列部门规章对食品卫生进行规范，如1954年颁布的《关于食品中使用糖精含量的规定》、1957年下发的《关于酱油中使用防腐剂问题》等文件。从1956年至1958年，我国食品安全体制是根据食品生产各个环节和各个部门而采取条块分割的不同监管方式。

真正开始建立与食品安全相关的法律法规制度始于1964年颁布的《食品

卫生管理试行条例》，1964年国务院下发了由卫生部、商业部等五部委联合颁布的《食品卫生管理试行条例》，该条例首次以法的形式确立了卫生部在食品管理中的地位，明确了其管理职责及与相关各部门的关系，初步确定了以行政主管部门管理为主，卫生行政部门管理为辅的法律制度，标志着我国食品卫生管理进入到了全面管理阶段。这部法规体现了我国计划经济时代政府食品安全管控的体制特色，是中华人民共和国第一部中央政府层面上的综合性食品卫生管理法规，促使食品卫生管理工作进入规范化轨道。但由于1966年至1976年的“文化大革命”，在此期间我国食品卫生立法建设、卫生监督体系健全和卫生检疫防疫实践几乎全面停顿。

三、改革开放后快速与全面发展阶段

在其后的十几年当中，随着改革开放与社会主义现代化建设，中国食品安全相关法律法规制度得到了全面的发展，并快速与发达国家接轨融入国际体系。党的十一届三中全会以后，随着改革开放的不断深入，我国食品供给由过去的供不应求逐步达到供求大致平衡，食品生产的稳定增长导致食品经营的局面日益复杂。这个时期为在适应市场经济发展要求的同时，对食品卫生实施有效管理，国家颁布了大量涉及食品卫生的相关法律法规，也使这个阶段成为我国最终确立食品卫生法制化管理制度的重要时期。

1979年，国务院正式颁发《中华人民共和国食品卫生管理条例》，该条例在原有的《食品卫生管理试行条例》基础上进行了补充与完善，将食品卫生管理的重点从预防肠道传染性疾病拓展到防止一切食源性疾患的更高阶段，并针对食品卫生标准、食品卫生管理等方面作出了比较详细的规定。同年，为了适应食品工业的现代化发展要求，国务院颁布了《标准化管理条例》，为食品标准化提供了法律依据，使我国食品标准化管理法律法规制度建设迈上了新台阶。

然而自20世纪80年代以来，食品安全问题逐渐成为日益突出的社会问题，从最初曝光的二噁英、甲醛、面粉漂白剂、洗衣粉油条到后来出现的苏丹红、瘦肉精、三聚氰胺等事件，伴随食品生产消费快速发展而来的食品安全问题逐步暴露，在对我国公民的身体健康造成严重危害的同时威胁到了社会稳定和国家发展。为了有效地遏制食品安全问题频繁发生，国家开始高度重视食品安全法律法规的制定。

1982年，在总结三十几年来食品卫生工作经验的基础上，第五届全国人大常务委员会第二十五次会议通过《中华人民共和国食品卫生法（试行）》，这是中华人民共和国成立以来我国在食品卫生方面颁布的第一部用以规范食品安全各类相关活动的专门法，也是第一部内容相对系统完整的食品卫生法律，标志着我国食品卫生管理全面步入法制化、规范化的轨道。这部法律以主动防止食品污染和有害因素对人体产生危害为目标，详细规范了食品卫生标准和管理办法的制定、食品卫生管理与监督、食品卫生事故法律责任等内容，也为食品卫生执法队伍建设步入正规化指明方向，为之后我国食品安全领域的各项法律法规的制定和完善奠定了基础，成为此后乃至今日食品安全监管格局的基础。在施行过程中，《中华人民共和国食品卫生法（试行）》几经修订和完善，不断明确了相关部门的职能作用，持续强化了国家对食品安全的保障力度。

在这部试行法施行的12年间，我国食品卫生状况得到了极大改善，食品卫生水平总体上有了较大幅度的提高。1995年10月，第八届全国人大常委会第十六次会议审议通过了正式的《中华人民共和国食品卫生法》，正式确立了由食品卫生法律、食品卫生行政规章、食品卫生地方性法规、食品卫生标准以及其他食品卫生规范性文件相互配套、有机联系的食品卫生法律法规制度体系。《中华人民共和国食品卫生法》的制定与颁布实施，理顺了食品卫生监管体系，对于食品卫生问题的行政处罚规定也更加明确具体，对解决改革开放以后食品行业迅猛发展过程中产生的新问题发挥了显著作用，成为我国食品卫生法制建设的重要里程碑，也标志着我国食品卫生管理工作进入了全面法制化管理的新阶段。这部法律对保证食品安全、保障人民群众身体健康，发挥了积极作用，此后经过十几年的发展，尽管食品卫生领域已经形成了由上百个规章、500多个卫生标准组成的法规系统，但食品安全问题依然凸显，食品安全事件层出不穷，“苏丹红”事件、“三鹿婴幼儿奶粉”等事件对社会稳定产生了恶劣影响，导致人民群众对国内食品质量极度缺乏安全感，现行食品安全制度受到极大质疑，对《中华人民共和国食品安全法》进行修订的要求越来越迫切。

四、当今成熟阶段

由于我国经济社会形势的不断变化，我国食品安全工作出现了许多新情况、新问题，原来以“食品卫生”为主体框架的食品法律体系无法适应新的要求，为此，2009年2月28日，第十一届全国人民代表大会常务委员会第七次会议通过《中华人民共和国食品安全法》（简称《食品安全法》），《食品安全法》于2009年6月1日开始施行，《食品卫生法》同时废止，完成了对《食品卫生法》的替代。《食品安全法》是为了适应新形势发展需要而制定的，并希望从制度上解决现实生活中存在的食品安全问题。其将食品问题上升到安全角度，扩大其保护范围，法律适用主体进一步扩大，监管模式变被动事后监管为主动全程监管，统一食品安全标准，解决了此前食品标准太多太乱、重复交叉层次不清的问题。该法的最大亮点在于首次建立食品安全风险评估制度，确立了以食品安全风险监测和评估为基础的科学管理制度，明确了食品安全风险评估结果作为制定、修订食品安全标准和对食品安全实施监督管理的科学依据。实现了由卫生管理到安全监管的转变，形成了较为合理、科学、完备的法律体系，2009 年《中华人民共和国食品安全法》的颁布，是我国食品安全立法的重大突破，其影响力深远，观点突出。一是提升了政府在食品安全方面的规制能力。二是确立了食品安全的风险评估制度。三是确立了食品生产许可和食品召回制度。四是取消食品免检的规定。五是统一了食品安全国家标准。六是对名人代言广告承担连带责任。七是增强企业社会责任。

《食品安全法》实施后，我国的食品安全形势总体稳中向好。然而在实际执行的过程中，仍然暴露出《食品安全法》的不足和缺陷，有些规定过于原则和笼统，一些急需的规范未能在《食品安全法》中体现，特别是我国正处于社会转型时期，食品安全监管形势尤为严峻，食品安全事件频发，与此同时，我国现有的监管体制、手段和制度尚不能完全适应食品安全需要，“名以食为天”的全民共识和层出不穷、屡禁不止的食品安全问题，使新《食品安全法》的修订与实施被提上议事日程。因此对于食品安全法律制度的完善的研究无疑还需要付出更多的努力，为了以法律形式固定监管体制改革成果、完善监管制度机制，解决当前食品安全领域存在的突出问题，建立最严厉的惩处制度，发挥重典治乱威慑作用，2013 年国务院将《食品安全法》修订列入立法计划，《食品安全法》的修订被提上了议事日程。

2013 年 5 月 4 日，最高法、最高检针对危害食品安全的犯罪行为颁布的最新的司法解释正式实施。该司法解释通过的日期是 2013 年 4 月 28 日，除去假期，于 5 月 2 日发布公告，5 月 3 日召开新闻发布会，5 月 4 日正式实施，这期间，一天时间都没有耽搁。2014 年《食品安全法》（修订草案）提请全国人大常委会审议，修订草案对 2009 年通过实施的《食品安全法》作了大幅度修改，其要点是：以突出预防为主，防范风险；建立健全最严格的全过程监管制度和最严格法律责任制度；强化了生产经营者的主体责任、各级政府的监管责任和食品监管体制的创新；提出了社会共治原则，增加了食品网络交易的监管等。

《食品安全法》（修订草案）从多角度弥补和修正了《食品安全法》存在

的一些漏洞和问题，内容更加具有可操作性。第一，监管体制更为宏观综合。第二，监管方式更为多元。一是把预防、检查与处罚相结合。二是将财产罚、资格罚和人身罚相结合，加大对生产经营者违法经营的处罚力度。例如：在财产罚方面，规定对生产、经营食品企业的非法添加危害食品的行为的处罚力度由原来销售金额的5到10倍的罚款增加到15到30倍的罚款。在人身罚方面，用审慎的原则补充了行政拘留的处罚、完善了行政法上对食品安全的处罚规定。第三，监管程度更为全面适当。一是行政许可疏密结合，二是司法治理与社会共治相结合，这在很大程度上解决了我国在食品安全监管过程中的不协调问题。

2015年4月24日，新修订的《食品安全法》经第十二届全国人大常委会第十四次会议审议通过，并于2015年10月1日起正式施行。修订后的《食品安全法》从104条增加到154条，原有70%的条文获得了实质性修改，法律文本从1.5万字增加到3万字，法律责任从15条增加到28条，被称为“史上最严”《食品安全法》。现行的《中华人民共和国食品安全法》于2018年12月29日修正，在诸多方面作出了切合我国实际的更严密、更科学的规定。

综上所述，我国食品安全的法律制度正在不断完善中，各级部门为保障食品安全正在作着不懈的努力，并且不断地规范着食品安全法律制度。

第三节　中国食品安全监管体制

一、我国食品安全监管制度的发展历程

我国食品安全监管体制从无到有，从分段监管到最终形成现阶段的食品安全由一个部门统一监管的体制总共经历了六十余年的发展历程，依据我国食品安全的时代背景、经济特征、监管机构和模式的变化可以将其划分为四个发展阶段。

1. 以行业主管部门监管为主的阶段（1949—1982年）

该阶段处于中华人民共和国成立初期，国家刚刚建立，经济刚刚起步，生产力水平不高，社会发展水平较低，食品的生产供给与社会的现实需求存在矛盾，温饱问题都不能得以解决。所以自中华人民共和国成立后，虽然一直非常重视食品安全问题，但该阶段的食品安全监管的重点是食品的数量安全上，即怎样保障人们吃饱的问题。同时，当时我国经济形式主要是以计划为主，国有企业在政府的管理和监督下，不以盈利为主要目的，食品一般也不会出现严重

的质量问题，政府主要是管理由食品卫生引发的问题。政府注重对食品安全工作的管理，能够对大量发生的食品卫生和食品中毒事件作出及时处理。因此，当时我国对食品安全的监管机构主要是防疫部门，负责食品卫生的管理工作，食品安全监管体制尚未形成。1950 年国家在卫生部内部设立了药品食品检验所，作为专门的食品检验机构，专职管理食品卫生问题，并且开始对食品进行化验和制定食品标准。1956 年后，我国对食品安全的监管逐步形成了多部门管理的格局，卫生部按照职权划分开始联合相关部门管理涉及多部门分管的食品问题。随着 1956 年的政府机构改革，我国初步形成了以各个主管部门负责管理为主，卫生行政部门为辅的监管局面。1965 年，国务院批准了卫生部等部委颁布的《食品卫生管理试行条例》。根据该《试行条例》的规定，食品卫生管理只是生产行为或经营行为的一个环节。在具体管理职责分配上，食品生产经营单位及其主管部门负责食品卫生管理工作，是食品卫生管理的主要承担者，卫生行政部门处于协助地位，承担技术指导和监督的辅助性工作。自此，由食品生产经营主管部门负责监督管理食品安全工作的监管模式正式确立。

严格地说，我国食品安全监管制度的真正建立是 1979 年国务院制定的《中华人民共和国食品卫生管理条例》（以下简称《条例》）的颁布。该条例在第 16 条、第 17 条和第 18 条对食品安全的工作作出了具体的规定。其中，第 16 条、第 17 条规定把食品卫生工作列入食品生产经营部门的工作计划，要求主管部门建立和健全食品卫生的监管和检测部门。该条例第 16 条规定，食品生产、经营单位和主管部门，都要把食品卫生工作列入生产计划和工作计划，把食品卫生标准和卫生要求列入产品质量标准和工作要求之中，严格执行，保证实现。第 18 条规定，强化地方各级卫生行政部门对食品卫生工作的领导和充实食品卫生检测监督。上述规定仍然延续了此前确立的以行业主管部门管理为主的监管体制，但条例中赋予了卫生部门更多的具体职责，还授权国家商品检验部门对出口食品进行监督、检验和管理（第 23 条），同时规定了国家工商行政管理部门的处罚权（第 26 条）和制定规章权（第 27 条），隐约显露出未来多部门管理的征兆。由此可以看出，《条例》规定了由食品生产、经营单位和主管部门负责食品监管工作。综上所述，该阶段的监管模式可以总结为食品生产经营单位及其主管部门负责监管的监管模式。

2. 卫生行政部门监管为主的阶段（1982—2004 年）

随着改革开放的推进，我国出现了各种食品生产经营主体和多元的食品生产经营方式。之前的单一监管模式不再满足人们日益涌现的对食品质量安全的需求。20 世纪 80 年代后，我国的经济组织结构向国营、集体和民营多元化方向发展，涌现出大量不同所有制形式的食品生产经营者，原有的依托国营企业设计的食品管理体制明显不能适应这一结构性变化，行业主管部门的食品卫生管理职责已经渐渐不能满足人民群众对食品质量的要求，食品卫生问题受到了前所未有的重视。1982 年全国人民代表大会常务委员会制定通过了《中华人民共和国食品卫生法（试行）》，明确了食品安全监管机构。该法律第 30 条规定，各级卫生行政部门领导食品卫生监督工作。由此确立了由卫生行政部门负责食品安全监管的监管模式。该试行法规定了食品安全监管是由国务院卫生行政部门一个机构对全国进行监管，县级以上地方卫生防疫站或者食品卫生监督检验所在其管辖范围内进行卫生执法的食品卫生监管体制。同时，该试行法也规定了铁道和交通卫生防疫机构行使独立的食品卫生监督职责。1995 年《中华人民共和国食品卫生法》的颁布，更确立了我国食品卫生监督管理体制。与 1982 年《食品卫生法（试行）》相同的是，国务院卫生行政部门负责全国的食品安全监督管理工作，铁道和交通卫生防疫机构独立行使食品卫生监督职责。不同的是，该法确立了国务院有关部门在各自的范围内负责食品卫生管理职责，且与国务院卫生行政部门的职责明确区分开。其还有一个重大变化就是，将县级以上卫生防疫站或者食品卫生监督检验所负责卫生执行机构确定为卫生行政部门。1995 年《食品卫生法》更加明确了卫生行政部门的食品安全监管主体，正式确立了我国这个阶段的食品卫生监管体系，形成了以国务院卫生行政部门主要管理、其他相关部门在规定的范围内协助管理，地方由卫生行政部门进行执法监督的监管体制。该阶段食品卫生状况得到了明显改善，监管体制相关具体制度初步建成，这一阶段被称为卫生监管阶段。

3. 多部门分段监管为主的阶段（2004—2013 年）

进入 21 世纪，从事食品生产经营的企业和个体户的数量急剧增加，部分食品生产经营者为了谋取利益不择手段，市场信息不对称情况加剧，进而引发了一连串全国性的重大食品安全事件，我国连续发生的几起全国性的食品安全事件使食品安全问题成为了全社会广泛关注的热点问题。随着消费者的法律保护意识的不断增强，食品问题受到了前所未有的关注。食品问题的重点也从食品卫生问题上升为了食品安全问题。为了更好地反映食品问题的综合性、复杂性和重要性，对食品的表述从“食品卫生”上升为了“食品安全”。

2004 年国务院出台了《国务院关于进一步加强食品安全工作的决定》，采取了一个监管环节由一个部门监管的原则，将以前的卫生部门监管为主的监管方式改为了多部门分段监管为主、品种监管为辅的监管方式。该决定规定：农产品生产环节由农业部门负责监管；食品生产加工环节由质检部门负责监管；

食品流通环节由工商部门负责监管；餐饮业和食堂等消费环节由卫生部门负责监管；对食品安全的综合监督、组织协调和依法组织查处重大事故由食品药品监管部门负责监管。地方上，规定地方各级人民政府对当地食品安全负总责，统一领导、协调本地区的食品安全监管和整治工作。将1995年《食品卫生法》规定的以卫生行政部门为主的监管体制，变更为了分段监管为主、品种监管为辅的食品安全监管体制，确立了食品安全分段监管的管理模式。2009年《食品安全法》的颁布进一步明确规定了食品安全分段监管体制。与1995年《食品卫生法》不同的是，2009年《食品安全法》规定在国务院的机构中，新设了协调机构——食品安全监管委员会，由卫生部、农业部、工商管理总局等几个部门分别管理从生产到流通服务的各个环节，对卫生行政部门的职责进行了调整；在地方上，将地方卫生行政部门的职责变更为县级以上地方人民政府主要协调、组织本管辖区域内的食品安全监管管理工作，县级以上卫生、工商、质检等行政部门主要进行执行监督管理工作。至此，我国的食品安全监管体系形成了由卫生、农业、工商、质检、药监等几个部门按照环节、品种衔接起来的分段监管为主、品种监管为辅的监管体制。

4. 统一监管的阶段（2013年以后）①

由于多部门分段监管为主的监管方式存在诸如各监管部门监管职责交叉不明确、监管效率低下等诸多弊端，未能遏制日渐多起的食品安全事件。2013年的全国两会上，代表们就食品安全问题提出了很多改革方案，政府工作报告中也将食品安全问题作为关切人民利益的头等大事。2013年3月15日，第十二届全国人民代表大会第一次会议通过了《国务院机构改革和职能转变方案》，在国务院的机构改革中对我国的食品安全的国家监管机构进行了重要的改革。

这也是这次我国机构改革中的一大亮点。改革前，食品安全监管是由国务

---

① 2018年3月，根据第十三届全国人民代表大会第一次会议批准的国务院机构改革方案，将国家工商行政管理总局的职责，国家质量监督检验检疫总局的职责，国家食品药品监督管理总局的职责，国家发展和改革委员会的价格监督检查与反垄断执法职责，商务部的经营者集中反垄断执法以及国务院反垄断委员会办公室等职责整合，组建国家市场监督管理总局，作为国务院直属机构。2018年4月10日，国家市场监督管理总局正式组建，其主要职责为：负责市场综合监督管理，统一登记市场主体并建立信息公示和共享机制，组织市场监管综合执法工作，承担反垄断统一执法，规范和维护市场秩序，组织实施质量强国战略，负责工业产品质量安全、食品安全、特种设备安全监管，统一管理计量标准、检验检测、认证认可工作等。

院食品安全委员会和卫生部（现为国家卫生和计生委）牵头，农业部、国家质检总局、国家工商总局、国家药监局等部门分段监管的格局，其中国家药监局仅为副部级单位。改革后，将国务院食品安全委员会的职责、国家质量监督检验检疫总局的生产环节食品安全监督管理职责、国家工商行政管理总局的流通环节食品安全监督管理职责、国家食品药品监督管理局的服务环节职责进行了整合，组建成了国家食品药品监督管理总局。该部门的主要职责是对生产、流通、消费环节的食品、药品的安全性和有效性实施统一监督管理。这次改革结束了我国多部门分段监管为主的食品安全监管模式，建立了由国家食品药品监督管理总局统一监管的食品安全监管体制。最终，现在食品安全监管形成了由管源头的农业部门、管生产流通和终端的食品药品监管部门、负责风险评估与标准制定的卫生部门三家组成的新架构，趋向于一体化的监管体制。从分段监管到统一监管，符合国际发展的大趋势，能更好地解决我国食品安全监管混乱的问题。

二、我国食品安全规制的监管现状

从食品安全法律角度来看，我国从2009年以来对食品安全一直采取的是分段监管为主，品种监管为辅的监管模式，也就是卫生行政部门负责对食品安全综合事宜进行协调，国家的质量监督、工商行政管理和食品药品监督管理部门分别负责食品生产、流通和餐饮服务活动中的食品安全问题，国家的农业部门负责对初级农产品的生产环节进行监管，这一模式要求的是对食品产业链进行从“农田”到“餐桌”的、全程的、无缝的监管。从表面上看，这种监管体制是一个由多部门对食品安全进行分工管理形成的监管体制，似乎符合食品安全监管的复杂性、多样性和交叉性的特点，但是在实际操作中却并非如此。这主要体现在食品安全监管职能从上至下分布在近十个部门，缺乏统一协调。

我国的食品安全监管模式现在是以国家食品药品管理总局为主的统一监管的模式。国家食品药品管理总局的主要职责是，对生产、流通、消费等所有环节的食品安全性和药品的安全性、有效性实施统一监督管理等，即国家食品药品安全监督管理总局，负责除种植、屠宰环节以外，食品安全从生产线到餐桌的整链条监管。国家卫生和计划生育委员会主要负责食品安全风险评估和食品安全标准制定和公布工作，确立了食品安全标准制定与执行分立的格局。农业部负责农产品质量和生猪定点屠宰安全的监督管理。我国食品安全监管的模式经历了从分段监管为主、品种监管为辅发展到由一个部门统一监管的过程，这是一种资源配置的整合，既能够节省资源，又顺应了食品安全的发展。这种由一个部门统一监管的模式，有利于食品从生产到流通的整个环节都处在无缝监管下，避免各个监管部门间的相互推诿扯皮现象，最关键的是能提高食品安全问题解决的效率。

三、我国食品安全监管机构的设置

2013 年 3 月十二届全国人大一次会议通过了《国务院机构改革和职能转变方案》。此方案结束了我国多部门分段监管为主、品种监管为辅的食品安全监管模式，确定了由国家食品药品监督管理总局统一监管食品安全的监管模式。这种由一个部门统一监管的模式，有利于资源的有效利用，有利于防止监管部门推卸责任、相互扯皮的现象，有利于提高监管部门的监管效率，由此预防和减少食品安全事件的发生。

（1）食品药品监督管理总局。食品药品监督管理总局的主要职责是，对生产、流通、消费环节的食品安全和药品的安全性、有效性实施统一监督管理。食药监管总局的权限范围包括了国务院食品安全委员会办公室的职责、国家食品药品监督管理局的职责、国家质量监督检验检疫总局的生产环节食品安全监督管理职责、国家工商行政管理总局的流通环节食品安全监督管理职责。国家食品药品监督管理总局承担国务院食品安全委员会的具体工作并加挂国务院食品安全委员会办公室牌子。工商行政管理、质量技术监督部门相应的食品安全监督管理队伍和检验检测机构划转到了食品药品监督管理部门。

（2）农业部。农业部门负责食用农产品从种植养殖环节到进入批发、零售市场或生产加工前的质量安全监督管理，负责兽药、饲料、饲料添加剂和职责范围内的农药、肥料等其他农业投入品质量及使用的监督管理。食用农产品进入批发、零售市场或生产加工后，按食品由食品药品监督管理部门监督管理。农业部门负责畜禽屠宰环节和生鲜乳收购环节质量安全监督管理。食药监总局和农业部两部门建立食品安全追溯机制，加强协调配合和工作衔接，形成监管合力。

（3）国家卫生和计划生育委员会。国家卫生和计划生育委员会负责食品安全风险评估和食品安全标准制定，会同国家食品药品监督管理总局等部门制定、实施食品安全风险监测计划。国家食品药品监督管理总局会同国家卫生和计划生育委员会组织国家药典委员会，制定国家药典。国家卫生和计划生育委员会会同国家食品药品监督管理总局建立重大药品不良反应事件相互通报机制和联合处置机制。

（4）国家质量监督检验检疫总局。国家质量监督检验检疫总局的职责包括：对食品包装材料、容器、食品生产经营工具等食品相关产品生产加工的监督管理。其对进出口食品安全直接负有监管责任。

第四节 中国食品安全法律法规体系

随着社会经济的不断发展，食品安全问题越来越引起国家的高度重视，我国颁布施行了一系列与食品安全有关的法律法规，其目的是有效保障食品的质量安全。

经过几十年的努力，我国在食品安全领域初步形成了以《中华人民共和国食品安全法》等法律法规为核心，以地方性法规、政府规章和规范性文件为补充的食品安全法律法规体系。从内容上看由五大部分构成，分别是食品安全法律体系、产品质量法律体系、检验检疫法律体系、环境保护法律体系、消费者权益保护法律体系。具体的有：《食品安全法》《产品质量法》等法律，《食品卫生行政处罚办法》《食品卫生监督程序》等专门规章，以及诸如《消费者权益保护法》《传染病防治法》《刑法》等法律、法规中有关食品安全的相关规定和国务院各部委出台的规章、“两高”的司法解释等。我国制定的食品安全法律法规，为提升食品的安全奠定了牢固的法律基石。在经过长时间的改革与完善，我国的食品安全法律法规体系已经基本形成，并在不断地健全和完善。

据相关数据统计，我国的食品安全监管法律体系由 20 部法律、40 个行政法规和 150 个行政部门规章组成。其中，《食品安全法》由第十一届全国人民代表大会常务委员会第七次会议通过，自 2009 年 6 月 1 日起正式施行，于 2015 年 4 月 24 日第十二届全国人民代表大会常务委员会第十四次会议修订。现行的《中华人民共和国食品安全法》于 2018 年 12 月 29 日修正。该法规定了食品安全的基本原则、监管机构和具体监管制度，是我国食品安全监管法律体系的核心，是食品安全领域的基本大法。

自 20 世纪 60 年代以来，我国初步建立起一个以国家标准为主体，行业标准、地方标准、企业标准相互补充的较为完整的食品标准体系。截至 2016 年 6 月 21 日，国家卫健委已发布 683 项食品安全国家标准，加上待发布的 400 余项整合标准，共涵盖 1.2 万余项指标，初步构建起符合我国国情的食品安全国家标准体系。新的整合标准已全部通过食品安全国家标准评审委员会的审查，在 2016 年陆续发布实施，有效解决以往食品标准间矛盾、交叉、重复等问题。为进一步加强食品安全监管、保障群众健康，国家卫健委会同相关部门，利用

3年时间牵头完成了清理整合现行食品标准的任务。食品标准清理涵盖以往近5000项食用农产品质量安全、食品质量、食品卫生等标准。除将千余项农兽药残留相关标准移交农业部门清理外，经研究论证，提出其余3000余项标准继续有效、废止或修订、整合为食品安全国家标准等清理意见，确定整合415项食品安全标准。我国的食品安全标准体系在保障食品安全，促进食品产业发展方面发挥了重要作用。

随着我国食品安全监管立法工作的推进，我国已经形成了以《食品安全法》《产品质量法》《农产品质量安全法》以及《农业法》等基本法律为核心，以有关食品安全技术标准等基本法规为重要组成部分，以各个省以及各个地方政府关于食品安全的规章为重要补充的比较完整的食品安全法律法规体系，为我国食品行业的健康发展提供了有力的法律保障。

一、食品安全相关的国家法律

国家专门针对保障性的食品安全的法规越来越健全，目前，我国颁布和正在实施的食品安全法律法规有三十几部，基本形成了较完善的法律监管体系。国家立法机关制定的涉及食品安全的主要实体法有：《中华人民共和国食品安全法》《中华人民共和国刑法修正案（十）》《中华人民共和国产品质量法》《中华人民共和国农业法》《中华人民共和国消费者权益保护法》《中华人民共和国标准化法》《中华人民共和国计量法》《中华人民共和国农产品质量安全法》《中华人民共和国国境卫生检疫法》《中华人民共和国动物防疫法》《中华人民共和国进出口商品检验法（修正）》《中华人民共和国进出境动植物检疫法》《中华人民共和国渔业法》《中华人民共和国民法典》等。程序法主要有：《行政许可法》《行政处罚法》《行政复议法》《行政诉讼法》等。其中，《中华人民共和国食品安全法》是核心。

1.《中华人民共和国食品安全法》

为了确保“舌尖上的安全”，保障公众身体健康和生命安全，2009年6月1日起，我国开始实施《中华人民共和国食品安全法》，现行的《中华人民共和国食品安全法》于2018年12月29日修正。《食品安全法》总共有154条，主要包括10章的内容：涉及总则、食品安全风险监测和评估；食品安全标准；食品生产经营（生产加工、餐饮服务和食品流通）；食品检验；食品进出口；食品安全事故处置；监督管理；法律责任和附则。《食品安全法》是我国食品安全领域的一部基本法律，它一方面为食品安全的法律规制制定了总体的框架结构和指明了方向，另一方面该法增加如食品安全风险监测评估制度、召回制度、食品安全国家标准化管理与发布等，从而更科学合理地保证了食品质量安全目标的实现。

自《食品安全法》颁布施行之后，国家又组织相关专家制定实施了《中华人民共和国食品安全法实施条例》，以保障《食品安全法》能够有效贯彻落实。与此同时，各省级人民政府也在积极组织多领域的专家，尽快制定《食品安全法》的配套实施细则。但访问部分省级政府网页发现，与《食品安全法》相配套的实施细则尚未公布实施，特别是对于小作坊食品生产加工。尽管在《食品安全法》以及《食品安全法实施条例》中已经引进了很多比较科学先进的法律制度，比如食品安全风险监测和评估制度、食品召回制度、食品安全标准，等等，但是从立法条文可以看出对食品安全法律制度的规定仅仅停留在宏观原则方面的规定，往往只是阐述法律制度的内涵，缺乏法律制度在食品安全领域中的操作性规定。例如，《食品安全法》第 16 条第 2 款规定了根据食品安全风险评估结果得出食品不安全结论的，相关管理部门应采取相应的措施，并把详细情况告知消费者。在食品安全风险监测和评估法律制度当中，当食品出现不安全的评估结果时，到底由国务院质量监督、工商行政管理和国家食品药品监督管理部门中的哪一个部门来通知食品生产者停止生产或者告知消费者不能使用呢？立法条文中没有进行明确，这势必造成部门间的推诿扯皮现象，要么都不履行告知义务，要么都履行告知义务，从而影响行政效率。例如，食品安全法规定国务院质量监督、工商行政管理和国家食品药品监督管理部门，分别对食品生产、食品流通、餐饮服务活动实施监督管理。国家食品安全委员会的职责主要是负责协调全国的食品安全监督管理工作，这与国务院的卫生行政部门承担的食品安全综合协调职责基本上是一样的。唯一的区别可能就是法律层级不同，一个是通过法规授权，一个是通过法律授权。还有一个需要注意的是，在《食品安全法》和《食品安全法实施条例》之中，有些用语模糊不清，致使行政机关在实际执法工作中难以把握，缺乏操作性，比如“有关部门”和“有关行业”等，这样势必影响执法工作效率的提升。

2.《中华人民共和国刑法修正案（十）》

《中华人民共和国刑法修正案》由中华人民共和国第九届全国人民代表大会常务委员会第十三次会议于 1999 年 12 月 25 日通过并施行，其目的是为了惩治破坏社会主义市场经济秩序的犯罪，保障社会主义现代化建设的顺利进行。短短二十年时间，我国已对其进行了十次修正。分别是：1999 年的《刑法修正案（一）》，2001 年的《刑法修正案（二）（三）》，2002 年的《刑法修正案（四）》，2005 年的《刑法修正案（五）》，2006 年的《刑法修正案

（六）》，2009年的《刑法修正案（七）》，2011年的《刑法修正案（八）》，2015年的《刑法修正案（九）》，以及2017年的《刑法修正案（十）》。我国刑法对有关食品安全的犯罪予以严厉打击。尤其《刑法修正案（八）》明确了对食品安全监管人员渎职的刑事处罚责任，由此可见，我国立法加大了对食品安全犯罪的惩罚立度，不仅仅包括生产者经营者，更上升到对监管者刑事责任的追究。这也体现了国家对食品安全的重视程度越来越高，改变了以往我国把食品行业的违法行为当作民事案件处理的落后模式，也使违法者意识到食品安全违法成本已不是过去仅负民事责任的低成本。针对食品安全方面的犯罪行为，我国现在是以从重从严为理念，《刑法》分别专门在第143条规定了生产、销售不符合卫生标准的食品罪，第144条规定了生产、销售有毒有害食品罪进行规制，这是用刑罚的手段制裁食品安全违法犯罪警醒，且《刑法》规定的法定最高刑罚是死刑。但是，随着食品安全违法犯罪的种类等越来越复杂，原有的刑罚量刑已经不能对违法犯罪分子造成威慑。针对食品安全违法犯罪的猖獗，2011年《刑法修正案（八）》颁布实施。其中对危害食品安全犯罪进行了重大修正。对《刑法》第143条和144条的规定，作出了进一步的变动，加大了处罚的力度，取消了单独罚金和拘役刑，立法上严密刑罚，食品犯罪都是行为犯，只要有违法行为，不要求结果都要受到刑罚，且在刑罚时，坚持“刑要科、钱必罚”的立场，提高了处罚的标准。

随后，《最高人民法院最高人民检察院关于办理危害食品安全刑事案件适用法律若干问题的解释》自2013年5月4日起施行。它进一步规范了刑法第143条，对生产、销售不符合食品安全标准的食品罪的量刑依据，对“足以造成严重食物中毒事故”或者“其他严重食源性疾病”“后果特别严重”“对人体健康造成严重危害”“致人死亡或者有其他特别严重”的情形作出了明确的解释，同时对于司法实践的运用作出了指导，同时在刑法理论的基础上对数罪并罚，从一重罪等情形作出规定。《刑法修正案（八）》第49条规定，对《刑法》第408条规定的食品安全渎职犯罪进行了变动，增加了食品监管渎职罪。加大了对食品安全负责监督的国家工作人员的玩忽职守等违法行为的刑罚力度。《刑法修正案（八）》的变动，不但从量刑上，而且从罪行的专门性等几个方面都加大了对食品安全方面的违法行为的打击力度，这不但说明了我们政府的决心，也体现了对老百姓负责的态度，从内心上震慑食品安全的违法者，更好地保护我国食品安全市场的有序发展。

3. 《中华人民共和国产品质量法》

为提高产品质量水平，明确产品质量责任，减少疾病，维护公众健康，

《中华人民共和国国境卫生检疫法》《中华人民共和国产品质量法》也于1987年、1993年相继颁布实施。《产品质量法》是调整产品质量监督管理关系和产品质量责任关系的法律规范的总称，是我国为了加强对产品质量的监督管理，提高产品质量水平，明确产品质量责任，保护消费者的合法权益，维护社会经济秩序而制定的一部非常重要的法律。现行《产品质量法》是根据2018年12月29日第十三届全国人民代表大会常务委员会第七次会议《关于修改〈中华人民共和国产品质量法〉等五部法律的决定》第三次修正。

《产品质量法》主要分为六章内容：第一章是产品质量法的总则部分；第二章是关于产品质量的监督；第三章是关于生产者和销售者的产品质量责任和义务；第四章是关于损害赔偿；第五章是关于罚则；第六章为附则。《产品质量法》从宏观层面对各级监督管理部门的职责、权限进行了规定，同时也明确了生产者和销售者的产品质量责任和义务，对提高我国产品质量和安全起到了非常重要的作用。在肯定积极方面的同时，我们也发现《产品质量法》中也存在诸多立法缺陷，有待进一步修改完善，比如，在产品监督方面，仅仅通过抽查的结果来作为判断产品质量是否合格的做法，不能从根本上避免产品的生产者在生产过程中的造假行为。另外，违法处罚的条款所占比例比较大，偏重于以罚代法。

4.《中华人民共和国农业法》

农业法有广义和狭义之分。广义的农业法是国家权力机关、国家行政机关制定和颁布的规范农业经济主体行为和调控农业经济活动的法律、行政法规、地方法规和政府规章等规范性文件的总称。狭义的农业法则仅是农业法典，即国家权力机关通过立法程序制定和颁布的、对于农业领域中的根本性、全局性的问题进行规定的规范性文件，即《农业法》。《农业法》是我国为了巩固和加强农业在国民经济中的基础地位，深化农村改革，发展农业生产力，推进农业现代化，维护农民和农业生产经营组织的合法权益，增加农民收入，提高农民科学文化素质，促进农业和农村经济的持续、稳定、健康发展，实现全面建设小康社会的目标而制定的一部非常重要的法律。

《农业法》是1993年7月2日第八届全国人民代表大会常务委员会第2次会议通过的，并于2012年12月28日第十一届全国人民代表大会常务委员会第30次会议《关于修改〈中华人民共和国农业法〉的决定》进行了第二次修正。《农业法》主要有十二章内容：第一章是总则部分；第二章是农业生产经营体制；第三章是农业生产；第四章是农产品流通与加工；第五章是粮食安全；第六章是农业投入与支持保护；第七章是农业科技与农业教育；第八章是农业资源与农业环境保护；第九章是农民权益保护；第十章是农村经济发展；第十一章是执法监督；第十二章是法律责任。我国为提升农产品的质量与品质，以立法的形式制定了农产品的质量标准和对农产品的检测标准，从而有助于在保护我国生态环境的同时，实现农业经济的持续健康发展。但农业生产中的实际贯彻情况千差万别，农业投入品污染事件接连发生，如白色污染，污水灌溉，农药、化肥不合理使用等，对农产品的质量品质与安全造成严重的影响。

5. 其他民事法律

食品安全中，发生在生产者和消费者之间的是侵权行为，发生在销售者和消费者之间的可以是合法行为也可以是侵权行为，双方只要是在平等主体之间发生的法律关系都是民法所调整的行为。我国的民事法律对食品安全有规定的有：《消费者权益保护法》和《中华人民共和国民法典》等。其中《中华人民共和国民法典》第 86 条规定："营利法人从事经营活动，应当遵守商业道德，维护交易安全，接受政府和社会的监督，承担社会责任。"第 1207 条规定："明知产品存在缺陷仍然生产、销售，或者没有依据前条规定采取有效补救措施，造成他人死亡或者健康严重损害的，被侵权人有权请求相应的惩罚性赔偿。"

二、食品安全相关的部门法规

据不完全统计，我国国务院各部门以及地方制定的关于食品安全方面的规章制度多达 300 多部。

1. 国务院颁发的食品安全监管相关条例

主要包括：《国务院关于加强食品等产品安全监督管理的特别规定》（国务院令第 503 号）《中华人民共和国工业产品生产许可证管理条例》《中华人民共和国认证认可条例》《中华人民共和国进出口商品检验法实施条例》《中华人民共和国农药管理条例》《中华人民共和国生猪屠宰管理条例》《中华人民共和国兽药管理条例》《中华人民共和国国境卫生检疫法实施条例》《中华人民共和国进出境动植物检疫法实施条例》《中华人民共和国出口货物原产地规则》《中华人民共和国饲料和饲料添加剂管理条例》《中华人民共和国农业转基因生物安全管理条例》和《中华人民共和国濒危野生动植物进出口管理条例》等。

2. 各部委直接指定的规章制度

主要包括：国家卫健委制定的《中华人民共和国新资源食品管理办法》

《中华人民共和国食品添加剂卫生管理办法》《中华人民共和国保健食品管理办法》《中华人民共和国食品卫生行政处罚办法》《中华人民共和国餐饮业食品卫生管理办法》《中华人民共和国出口食品生产企业卫生注册登记管理规定》《食品添加剂新品种管理办法》《餐饮服务许可管理办法》《食品检验机构资格认定条件》《食品检验工作规范》《新资源食品目录》，等等；在食品生产加工环节上，国家质量监督检验检疫总局制定的有《中华人民共和国进出境肉类产品检验检疫管理办法》《中华人民共和国进出口食品标签管理办法》《中华人民共和国进口商品质量监督管理办法》《质量监督检验检疫行政许可实施办法》《食品召回管理规定》《食品添加剂生产监督管理规定》《食品生产许可管理办法》以及《食品生产许可审查通则》，等等；农业部制定的有《中华人民共和国农产品产地安全管理办法》《中华人民共和国农产品包装和标识管理办法》《中华人民共和国进口兽药管理办法》《中华人民共和国农业转基因生物进口安全管理办法》，等等；在食品流通环节，国家工商行政管理总局自 2009 年起制定的规范性文件有《食品市场主体准入登记管理制度》《食品市场质量监管制度》《食品抽样检验工作制度》《食品安全监管执法协调协作制度》《流通环节食品安全监督管理办法》《食品流通许可证管理办法》，等等。另外，还有根据食品类别制定的规章，如《中华人民共和国水产品卫生管理办法》《中华人民共和国茶叶卫生管理办法》《中华人民共和国调味品卫生管理办法》，等等。

其他诸如：《突发公共卫生事件应急条例》《粮食流通管理条例》《散装食品卫生管理规范》《农业转基因生物安全管理条例》《粮食收购条例》《食盐专营办法》《兽药管理条例》《饲料和饲料添加剂管理条例》《乳品质量安全监督管理条例》，等等。

3. 食品安全监管的部门规章

主要包括：《中华人民共和国国家质量监督检验检疫总局令》《食用菌菌种管理办法》《进口食品卫生质量管理》《兽药注册办法》《卫生行政许可管理办法》《水产养殖质量安全管理规定》《预包装食品标签通则》《农作物种质资源管理办法》《食盐价格管理办法》《集贸市场食品卫生管理规范》《无公害农产品管理办法》《转基因食品卫生管理办法》《主要农作物品种审定办法》《农作物种子标签管理办法》《进出口食品标签管理办法》《食品生产加工企业质量安全监督管理实施细则（试行）》《查处食品标签违法行为规定》《产品标识标注规定》《流通领域食品安全管理办法》《食品企业通用卫生规范》《餐饮业食品卫生管理办法》《新资源食品管理办法》《保健食品管理办

法》《食品添加剂卫生管理办法》《食品添加剂管理办法》《食品广告发布暂行规定》《食品卫生监督程序》《食品召回管理规定》《国家重大食品安全事故应急预案》《食品卫生行政处罚办法》《食品卫生许可证管理办法》《进出境肉类产品检验检疫管理办法》等。

在农业生产资料的使用方面，我国也颁布了很多专门性的规定，比如，《中华人民共和国农药管理条例》《农药限制使用管理规定》《无公害食品畜禽饲养饲料使用准则》《饲料药物添加剂使用规范》以及《食品添加剂卫生管理办法》等。在生产的流通环节，虽然我国尚未普遍应用 HACCP 制度，但是已经开始实行食品市场准入制度，即要求食品加工企业必须具备相应的生产设备、检测手段等基本条件，方能获得《食品生产许可证》，否则其生产的食品不得进入市场，从而有效保证食品的质量。我国从 2004 年 1 月 1 日开始，在大米、小麦粉、酱油、醋，以及食用植物油五种类型的食品行业中率先推行食品安全市场准入机制，随后又在肉制品、乳制品、方便食品、饼干、膨化食品、速冻食品、调味品、罐头、饮料等 38 类食品中推行食品质量安全市场准入制度。①

三、食品安全相关的行业法规

这些年来，我国先后制定颁布了《中华人民共和国食品卫生法》《中华人民共和国产品质量法》《中华人民共和国农业法》《中华人民共和国进出境动植物检疫法》《中华人民共和国进出口商品检验法》和《中华人民共和国国境卫生检疫法》等法律及一系列法规和规章，并陆续发布实施了 2157 项食品标准，使我国的食品安全管理工作逐步进入了法制化轨道，在保障食品安全，促进食品生产、经营和贸易方面发挥了重要作用。基本上形成了国家标准、行业标准、地方标准及企业标准四个层次标准在内的结构相对合理、门类基本齐全且具有一定配套性的体系。标准体系与我国的食品产业发展、食品安全水平、保证民众身体健康和生命安全基本相适应。

食品安全标准在整个食品行业中发挥着独特作用；于生产者而言，对其生产加工起着规范作用；于消费者而言，对其购买消费食品起着引导作用，于监管者而言，对其有效监管市场起着规范作用。我国到目前为止，已初步形成一条配套性相对完善，门类相对齐全的涉及国家标准、行业标准、地方标准和企

① “QS”退役 今后买放心食品认准“SC”［EB/OL］.（2018-10-15）［2019-1-12］. https：//baijiahao. baidu. com/s？ id=1614386670262523890.

业标准四个方面的食品标准体系。据国家标准化管理委员会的数据统计，我国与食品有关的国家标准达1822条，行业标准3178条，地方标准近万项，企业标准几十万项。随着《食品安全法》的颁布实施，近几年，我国也加大了对食品标准的整合与重塑，食品标准初具规模，但是只有通过对整个食品标准体系的梳理，以风险分析为科学依据，才能促成食品安全标准体系的重构，使标准日趋合理化与科学化。

目前，我国没有独立的食品安全技术法规，强制性食品标准接近5000种，散落于数个国家部委。食品涉及农业、轻工、商业、供销、粮食、卫生、质检等多个部门，少部分与技术法规相似的技术性规定见诸各种法规、条例和部门规章中，而大部分则以国家强制性标准的形式存在，如GB7718—2004《预包装食品标签通则》、GB5749《生活饮用水卫生标准》等。

按食品标准的属性，我国将食品标准划分为强制性标准和推荐性食品标准。强制性食品标准包含食品安全限量标准。如：GB2763—2005《食品中农药最大残留量限量》、GB2763—2005《食品中污染物限量》、食品安全毒理学评价要求和方法、食品添加剂及使用要求标准、食品接触材料卫生要求、食品标签标志标准、婴幼儿食品产品标准、地理标志产品标准、国家需要控制管理的重要产品标准等。其他标准为推荐性食品标准。

四、食品安全相关的地方性法规规章

同时，很多省份和地区积极在食品安全方面作出法律规范。有主动出击率先试点的，如上海市早在2006年就制定了《上海市缺陷食品召回管理规定》，规范食品的缺陷召回，对国家法律作出回应，加快中央层面立法在地方配套法规立法步伐。在2009年《食品安全法》制定之后，很多省份重点开展了与之配套的政策法规的建设，进一步深化食品安全监管和保障水平。以山东省为例，2011年印发了《关于加强食品生产加工小作坊和食品摊贩监督管理工作的意见》，进一步明确了对食品加工小作坊、“前店后厂（坊）”、食品摊贩、“学生小饭桌”等的监管责任，让监管无处不在，有效地解决了监管空白的问题。这些法律文件的制定，对本地食品市场的有力监管和食品品质安全产生了积极效果。

由于我国实行两级立法制度，省级人大可以制定地方性法规，省级政府也可以发布地方性规章。如江苏省人大常委会发布的《江苏省食品卫生条例》以及北京市人民政府发布的《北京市食品安全监督管理规定》。

与此同时，我国还积极加强与国际间的交流与合作，1986年加入了国际食品法典委员会（CAC）。CAC 有一套比较完善的食品国际标准体系制度，在相关食品标准的制定方面，被公认为是最重要的国际参考标准，对我国食品标准的制定有积极的借鉴意义。

第五节　本章小结

目前，我国食品安全法律体系已基本建立，但随着经济社会及科学技术的快速发展和人们对食品安全问题认识的不断深化，现有食品安全法律体系仍有些方面不能适应当今食品安全形势的发展需要，还需要进一步完善。例如：食品和生鲜电子商务中的食品安全问题。本章先从中国对食品安全问题的认识切入，然后，分别对中国食品安全立法的演进过程、中国食品安全监管体制和中国食品安全法律法规体系进行了详细介绍。

第四章　国际食品安全法律和法规

第一节　国际食品法典委员会

一、国际食品法典委员会简介

国际食品法典委员会（Codex Alimentarius Commission，CAC）是由联合国粮农组织（FAO）和世界卫生组织（WHO）共同建立，以保障消费者的健康和确保食品贸易公平为宗旨制定国际食品标准的政府间组织。1961 年 11 月，FAO 第十一届大会通过决议成立食品法典委员会。1962 年 FAO/WHO 食品标准联合会议在瑞士日内瓦召开，建立了两家机构的合作框架，食品法典委员会成为负责执行 FAO/WHO 联合食品标准计划的机构，并为食品法典委员会第一届会议做筹备。1963 年 5 月，WHO 第十六届大会批准建立 FAO/WHO 联合食品标准计划，并通过了《食品法典委员会章程》，标志着国际食品法典委员会正式成立。1963 年 10 月，国际食品法典委员会在意大利罗马召开了第一届大会，来自 30 个国家和 16 个国家组织约 120 名代表参加了会议。

国际食品法典委员会作为协调食品标准的国际政府间组织，每两年或一年召开一次大会，在 FAO 总部意大利罗马和 WHO 总部瑞士日内瓦轮流举行。CAC 目前有 187 个成员国和 1 个成员组织（欧盟），以及 219 位法典观察员，覆盖世界人口的 99%以上。在 50 多年的历程里，CAC 共制定了 335 项标准、准则和操作规范，涉及食品添加剂、污染物、食品标签、食品卫生、营养与特殊膳食、检验方法、农药残留、兽药残留等各个领域。国际食品法典标准成为了国际认可的食品领域的唯一参考标准。世界贸易组织（WTO）的《实施卫生与植物卫生措施协定》（SPS 协定）将国际食品法典标准作为成员间因食品安全标准或法规差异产生贸易争端时的仲裁标准。

二、组织结构、工作方式和程序

国际食品法典委员会的常设机构是秘书处，并下设执行委员会、专业委员会、区域委员会及特设工作组。其主要工作是通过执委会下属的三个法典委员会及其分支机构进行的。商品法典委员会（Commodity Committees）是食品及食品类别的分委会，它垂直地管理各种食品。综合主题法典委员会（General Subject Committees）是与各种食品、各个产品委员会都有关的基本领域中的特殊项目，包括食品添加剂、农药残留、标签、检验和出证体系以及分析和采样等。区域协调法典委员会主要负责处理区域性事务。

执行委员会是国际食品法典委员会大会休会期间的执行机构，其成员由国际食品法典委员会主席、三位副主席、协调员以及来自亚洲、欧洲、拉丁美洲、非洲、北美洲等七个区域选举的执委组成，这样可以尽量广泛地代表各方的意愿。作为成员国政府只有担任区域协调员或执委才有机会参加执行委员会会议，深入参与法典决策机构的讨论。执行委员会根据任务每年于意大利罗马或瑞士日内瓦召开一次或两次会议，主要针对国际食品法典委员会的总方向和工作计划提出建议，根据确定工作重点的原则审议新工作，审议标准进展，研究特殊问题等。

国际食品法典委员会《国际食品法典》的法典标准及相关文本的统一制定程序由八个步骤组成。①

第一步：结合执行委员会持续开展的严格审查结果，国际食品法典委员会制定某项全球性食品法典标准，并决定由某个附属机构或其他机构承担这项工作。

第二步：秘书处安排起草一项拟议标准草案。

第三步：拟议标准草案送交国际食品法典委员会成员和相关国际组织，征求其意见，包括拟议标准草案对经济利益的可能影响。

第四步：秘书处将收到的意见转交给有权审议这些意见和修改拟议标准草案的附属机构或其他相关机构。

第五步：拟议标准草案通过秘书处转交执行委员会开展严格审查，并交国家食品法典委员会审议通过，

第六步：秘书处将标准草案送交所有成员和相关国际组织，征求其意见，

① 江虹，吴松江.《国际食品法典》与食品安全公共治理［M］. 北京：中国政法大学出版社，2015：10.

包括标准草案可能对其经济利益的影响。

第七步：秘书处将收到的意见转交给有权审议这些意见和修改拟议标准草案的附属机构或其他相关机构。

第八步：标准草案通过秘书处转交执行委员会开展严格审查，并连同从成员方和相关国际组织收到的任何书面意见一并提交国际食品法典委员会，修改后审议通过，成为一项法典标准。

三、主要职责与作用

国际食品法典委员会是两个国际组织FAO和WHO的附属机构，其职权的分配也相应地依赖于两个上级组织的权力下放与授权。国际食品法典委员会被赋予了非常重要的职权，包括了独立的规范性权力和作为协调国际食品标准推动者的权力，这为国际食品法典委员会提供了一个强有力的法律基础，使其在食品安全标准、食品安全治理领域中具有优势地位。因此，国际食品法典委员会将成为食品安全治理和食品标准国际融合与统一的主要推动者。

国际食品法典委员会所有工作的核心内容是质量控制，其标准对发展中国家和发达国家的食品生产商和加工商的利益是同等对待的。制定国际食品法典委员会标准、准则或规范的关键因素是以科学为基础，采用风险分析的原则与方法。2003年，国际食品法典委员会通过了《食品法典框架内应用的风险分析工作原则》，从风险评估、风险管理和风险交流三个方面进行描述，为国际食品法典委员会及FAO/WHO专家联合机构和磋商会议提供指导；食品农药残留法典委员会、食品添加剂法典委员会、食品污染物法典委员会等基于风险分析原则分别制定了应用于各自委员会的相应风险分析原则，为各委员会的工作提供指导。

而且，质量保证体系已成为国际食品法典委员会工作的重点，国际食品法典委员会已经通过了应用HACCP体系的指南，并把HACCP看作评估危害和建立强调预防措施（而非依赖于最终产品的检测）的管理体系的一种工具，国际食品法典委员会非常强调和推荐HACCP与GMP的联合使用。

国际食品法典委员会作为一个重要的国际标准制定机构，已经成为全球消费者、食品生产者和加工者、各国食品管理机构和国际食品贸易的重要参考标准，同时，对食品生产、加工者的观念以及消费者的意识已产生了巨大影响，并对保护公众健康和维护公平食品贸易作出了不可估量的贡献。1985年联合国第39/248号决议中强调国际食品法典委员会对保护消费者健康的重要作用，为此国际食品法典委员会指南采纳并加强了消费者保护政策的应用。2003年2

月国际食品法典委员会特别会议强调，优先考虑发展与保护消费者健康相关的标准。《国际食品法典》中的商品标准、通用标准、最大残留量、建议操作规范和准则都包含食品安全的规定。

国际食品法典委员会与国际食品贸易关系密切，针对业已增长的全球市场，特别是作为保护消费者而普遍采用的统一食品标准，国际食品法典委员会具有明显的优势。因此，实施卫生与植物卫生措施协议（SPS）和技术性贸易壁垒协议（TBT）均鼓励采用协调一致的国际食品标准。作为乌拉圭回合多边贸易谈判的产物，SPS 协议引用了法典标准、指南及推荐技术标准，以此作为促进国际食品贸易的措施。因此，法典标准已成为在乌拉圭回合协议法律框架内衡量一个国家食品措施和法规是否一致的基准。

四、主要成效

（1）目前，国际食品法典委员会共制定了 335 项标准、准则和操作规范。按照法典标准涵盖的具体内容，法典标准体系包括通用标准、产品标准、规范及其他。其中，通用标准共 76 项，包括添加剂、微生物、污染物、标签、采样与分析方法、农药、兽药、营养与特殊膳食、进出口检验与认证、转基因食品和饲料；产品标准共 203 项，包括乳和乳制品、肉和肉制品、鱼和鱼制品、新鲜水果蔬菜、加工水果蔬菜、谷物和豆类、油脂、特殊膳食、巧克力糖果等；规范了共 51 项，包括各类产品标准规范、控制食品中污染因素的规范，以及一般性的通用规范。此外，还有涉及一些政府应用的分析原则、各区域和国家法典委员会准则等其他文件 5 项。特别需要注意的是从 2008 年到 2014 年的 7 年时间里，国际食品法典委员会制订或修订的标准一共有 176 项，即超过了之前 40 年的总和。

国际食品法典委员会长期以来一直非常关注保护消费者健康，在相关食品标准制定方面，食品法典已成为唯一且最重要的国际参考标准。

（2）在全球范围内，广大消费者和大多数政府对食品质量和安全问题的认识在不断提高，同时也充分认识到选择好的食品对健康的重要性。消费者通常会要求其政府采取立法的措施确保只有符合质量标准的安全食品才能销售，并最大限度地降低食源性健康危害风险。CAC 通过制定法典标准和对所有有关问题进行探讨，大大地促使食品问题作为一项实质内容列入各国政府的议事日程。事实上，各国政府十分清楚若不能满足消费者对食品的要求而带来的政治影响。

（3）CAC 工作的最基本的准则已得到了社会的广泛支持，那就是人们有权力要求他们所吃的食品是安全优质的。CAC 主办一些国际会议和专业会议在其中发挥了重要的作用，而这些会议本身也影响着委员会的工作，这些会议包括：联合国大会、FAO 和 WHO 关于食品标准、食品中化学物质残留和食品贸易会议（同关税和贸易总协定合办）、FAO/WHO 关于营养的国际大会、FAO 世界食品高峰会议和 WHO 世界卫生大会。总之，凡参加过国际食品法典委员会大会的各国代表已推动或承诺他们的国家采取措施确保食品安全和质量。

五、中国与国际食品法典委员会

中国于 1984 年正式加入国际食品法典委员会，1986 年成立了中国食品法典委员会，由与食品安全相关的多个部门组成。原卫生部（现国家卫生与计划生育委员会）作为主任单位，负责国内食品法典工作的协调。农业部作为副主任单位，负责对外联络。委员会秘书处设在国家食品安全风险评估中心。秘书处的工作职责包括：组织参与国际食品法典委员会及下属分委员会开展的各项食品法典活动、组织审议国际食品法典标准草案及其他会议议题、承办委员会工作会议、食品法典的信息交流等。

经过了 30 年的工作实践，我国参与国际食品法典标准制定工作已逐渐从被动转为主动，在酱油中“氯丙醇”限量、食品添加剂法典标准中“豆制品分类”等多项工作中凸显了我国的作用，逐渐得到了国际社会的认可。中国 2006 年成功申请成为国际食品添加剂法典委员会（CCFA）和国际食品法典农药残留委员会（CCPR）主持国。2011 年当选为 CAC 执委，代表亚洲区域参加执委会的工作，2013 年再次连任。

目前，中国作为发展中国家的重要代表，正承担着多项国际食品法典标准的制定工作。例如：2007 年和 2009 年，中国分别提出修订茶叶中的硫丹、氯氰菊酯和稻米中乙酰甲胺磷及其代谢产物甲胺磷的农药残留限量标准，已上升为国际食品法典标准。2010 年中国与澳大利亚共同牵头农药残留分析方法电子工作组，制定了《农药残留测定结果不确定度评估导则》法典标准。2011 年，中国牵头了《预防和降低大米中砷污染操作规范》的制定，得到了法典成员的普遍关注和广泛参与，该项标准将作为国际食品法典控制食品污染物的重要规范之一。2012 年起，中国作为国际食品法典执委，代表亚洲和发展中国家参与了 2014—2019 年国际食品法典战略规划，在促进发展中国家参与法典工作、提高法典标准的科学水平等方面提出了很多意见和建议。

2016 年 6 月 27 日至 7 月 1 日，中国派出了由国家卫生计生委、农业部、国家质检总局和香港食物环境卫生署的15名代表组成的中国代表团参加了在意大利罗马召开的第39届国际食品法典委员会大会。

2019年4月8日，国际食品法典农药残留委员会第51届年会在澳门开幕，这是我国自2006年担任CCPR主席国以来主办的第13次会议。此次会议设置了17项议题，审议33种农药在动植物产品中360多项最大残留限量草案，还将召开国家及区域双多边协商会议；来自52个成员国和1个成员组织，以及12个国际组织的近300名代表参加了会议。①

此外，中国对国际食品法典工作的积极、广泛参与，促进了中国食品安全标准制修订水平的明显提高。2009年颁布的《食品安全法》提出的食品安全国家标准制定原则就充分采纳了国际食品法典关于按照风险分析原则制定食品标准的意见。我国目前在以往食品卫生标准体系上建立的食品安全标准体系框架与国际食品法典委员会标准的覆盖范围基本相同。在这些标准的制定过程中，国际食品法典标准已经成为重要参考之一，确保在达到对中国消费者健康充分保护的前提下，促进国际食品贸易。

第二节　美国食品安全法律和法规

一、食品安全管理概况

根据美国宪法规定，美国的食品安全管理体系由立法、行政和司法部门共同负责。立法部门（美国国会和各州议会）负责制定相关法律，行政部门包括农业部（United States Department of Agriculture，USDA）、卫生及公共服务部（United States Department of Health and Human Services，HHS）（简称美国卫生部）、国家环保局（Environmental Protection Agency，EPA）、州和地方政府食品安全机构负责执行并贯彻实施相关法律，司法部门负责对强制执行行动、监管工作或一些政策法规产生的争端作出裁决。

目前，美国食品安全主要由农业部下属食品安全检验局（Food Safety and

---

① 中国农业农村部副部长张桃林在此次会议中表示：近年来，中国政府修订农药管理规制，完善技术标准，强化农药管理，取得了明显成效。一是产品结构不断优化，高毒农药比例下降至1%；二是科学使用水平不断提高，农药使用量连续4年负增长；三是标准体系日趋完善，国家农药残留标准总数突破7000项。中国政府将继续坚持新发展理念，深化农业供给侧结构性改革，满足消费者日益增长的对优质绿色农产品的需求。

Inspection Service，FSIS）和卫生部下属食品药品监督管理局（Food and Drug Administration，FDA）进行监管①，FSIS负责肉品、禽类和蛋类的由农田到餐桌全程食品安全，FDA则监管其他类食品。

（1）FDA最重要的职责是执行《联邦食品药品和化妆品法》，保护公众健康，负责美国境内除畜肉、禽肉和蛋类以外大部分食品的安全。其职责包括：负责制定美国食品技术法规；建立良好操作规范，如工厂卫生、包装要求，以及HACCP等管理体系；依法检查食品加工厂和食品仓库，收集和分析样品的物理化学特性、微生物污染情况；与外国政府合作，确保进口食品的安全；要求厂商回收不安全的食品，并采取相关执法行动。

（2）FSIS根据相关法案的要求，负责畜肉、禽肉和蛋类产品的安全。②其职责包括：制定工厂卫生标准，确保所有进口到美国的外国生产的肉、禽产品的加工符合美国的标准；执行食用动物屠宰前后检验；检验肉、禽屠宰厂和加工厂；监测和检验加工的蛋制品；收集和分析肉、禽和蛋制品样品，进行微生物、化学污染物、毒素等的监测和检验；对行业和消费者安全的食品处理规程进行培训教育；还为肉和禽类养殖场建立HACCP体系。

（3）EPA负责制定食品中农药残留限量以及饮用水安全标准，但食物中农药和其他有毒物质的残留限量以及饮用水安全由FDA负责检测和执行。EPA的其他职责包括：管理和控制有毒物质和废物，预防其进入环境和食物链；协助各州监测饮用水的品质，探讨饮用水的污染途径；发布农药安全使用指南，进行新农药的安全性测定等。

二、主要食品安全法律与法规

美国的法律法规非常完善，目前有关食品安全的法律、法规和条例已超过35种，其主要法律法规的内容简介如下。

（1）《联邦食品药品和化妆品法》（*Federal Food, Drug, and Cosmetic Act*，FFDCA）是美国食品安全监管的基本大法。该法于1906年首次通过，当时称为《联邦食品药品法》，1938年修订时改称为《联邦食品药品和化妆品法》。

① FDA由美国国会即联邦政府授权，专门从事食品与药品管理的最高执法机关；FDA是一个由医生、律师、微生物学家、药理学家、化学家和统计学家等专业人士组成的致力于保护、促进和提高国民健康的政府卫生管制的监控机构；FDA负责全美国药品、食品、生物制品、化妆品、兽药、医疗器械以及诊断用品等的管理；经过不断的革新，FDA已形成了全球最为详细、全面的工作细化布局，共下设12个司局、7个中心。

② 详见网址：https：//www.fsis.usda.gov/wps/portal/fsis/home。

该法明确了食品安全生产的基本要求以及监管部门的主要职责，授予美国食品药品管理局对假冒伪劣食品强制召回的权力。

（2）《联邦肉产品检查法》（*Federal Meat Inspection Act*，FMIA）是专门针对猪、牛、羊等家畜屠宰及其肉产品生产加工的法律。1906 年美国作家辛克莱发表了纪实小说《屠宰场》①，揭露了芝加哥屠宰场的恶劣生产条件，引起人们对肉产品质量的极大担忧、对肉产品生产企业的极大愤怒，促使美国国会通过了《联邦肉产品检查法》。该法授权美国农业部对家畜屠宰场及肉产品生产企业进行严格的监督检查。

（3）《家禽产品检查法》（*Poultry Products Inspection Act*，PPIA）是专门针对鸡、鹅、鸭等家禽屠宰及禽肉产品生产加工的法律。该法于 1957 年通过，授权美国农业部对家禽屠宰场及禽肉产品生产企业进行严格监督检查。

（4）《婴幼儿配方乳粉法》（The Infant Formula Act of 1980）是针对婴幼儿配方乳粉监管的法律。该法于 1980 年首次通过，1986 年重新修订。1978 年美国 1 家婴幼儿配方乳粉的主要生产企业调整了该公司两款产品的配方，减少了产品中盐的含量，导致许多婴幼儿患低氯性碱毒症。该事件使人们认识到婴幼儿配方乳粉对婴幼儿身体健康的极端重要性，促使美国国会于 1980 年通过了《婴幼儿配方乳粉法》。该法规定婴幼儿配方乳粉为一种特殊类型的食品，要求生产企业严格执行生产质量管理规范，监管部门加大监督检查的力度，预防类似悲剧事件的发生。

（5）《食品安全现代化法》（*Food Safety Modernization Act*，FSMA）于 2011 年通过，是美国对食品安全法律进行了 70 多年来的最大一次修订。美国之所以要对食品安全法律开展大规模修订，是因为食品安全形势出现了新趋势、新挑战。一是进口食品日益增多；二是消费者食用新鲜或简单初加工的食品比例不断增加；三是食源性疾病易感染者（如老年人）比例不断增加。《食品安全现代化法》强调预防为主的食品安全监管理念，要求食品生产企业制订详细的食品安全风险预防计划，要求美国食品药品管理局针对水果、蔬菜产品的种植、采收和包装制订安全标准，并加大对食品生产企业的检查频次，密切联

---

① 厄普顿·辛克莱（Upton Sinclair，1878—1968），美国作家，于 1906 年发表《屠宰场》（*The Jungle*），描写资本主义大企业对工人的压榨和芝加哥屠宰场的不卫生情况，引起人们对肉类加工质量的愤怒。当有一天正在吃早餐的美国总统西奥多·罗斯福读到《屠宰场》一书时大吃一惊，下意识地把嘴里还没嚼完的食物吐出来，并将盘中的一段火腿掷出窗外。它直接推动了美国政府与公众的良性互动，促成美国食品安全状况不断迈上新台阶。

邦、州和地方食品安全监管机构之间的合作。

三、食品安全现代化法

美国《食品安全现代化法》的主要内容如下。

(1)《食品安全现代化法》自2011年发布以来，其框架下的7个配套法规也已陆续出台及正式生效，具体分别为：《动物饲料生产良好操作规范、危害分析和风险预防》《用于人类消费的农产品的种植、收获、包装和贮存标准》(简称112法规)《保护食品免受蓄意掺杂的针对性策略》(简称121法规)《食品现行良好操作规范和危害分析及基于风险的预防性控制》(简称117法规)《国外供应商验证计划》(FSVP)《第三方评审/认证机构认可计划》《人类和动物食品卫生运输的法规》。

各分支机构要及时提醒辖区企业密切关注法规的合规期限，特别是与食品加工企业关系密切的两个法规，即《食品现行良好操作规范和危害分析及基于风险的预防性控制措施》和《保护食品免受蓄意掺杂的针对性策略》。

(2) 符合《食品现行良好操作规范和危害分析及基于风险的预防性控制措施》最晚生效日期为2016年9月19日；小型食品企业符合该法规最晚期限为2017年9月18日；极小型食品企业①符合该法规最晚期限为2018年9月17日；2019年前输美企业全面实施该法规。

《食品现行良好操作规范和危害分析及基于风险的预防性控制措施》由以下3个核心部分组成：一是良好操作规范（GMP）。此部分增加了关注过敏源交叉污染及将教育培训强制化等内容。比如硬件设施上要关注对于有温度控制要求的区域，必须具备自动温度记录仪；加热后包装的即食食品，对环境的控制更加严格，特别是对环境温度、洁净程度、空气消毒等影响微生物生长的因素，要制定监控措施；对车间所有区域要有足够的温水洗手设施和保持好个人卫生习惯。另外在过敏源的控制上要按照美国《2004年食品过敏源标识和消费者保护法规》要求对牛奶、蛋、鱼（如鲈鱼、鲽鱼或真鳕）、甲壳动物(蟹、龙虾或虾)、树坚果类（如杏仁、美洲山核桃或胡桃)、花生、小麦、大豆8类过敏源进行预防，包括原料储存、生产加工、运输等环节的交叉污染及食品过敏源标识管理等。二是预防性控制措施。类似于HACCP，在体系建立上要重点关注：①危害分析：此部分要关注企业必须保持书面的危害分析，危

① 普通企业是指不满足小型企业及超小型企业的其他企业，小型企业是指员工数量不超过500人的企业，极小型企业是指年销售额不超过100万美元的企业。

害识别要考虑已知或合理可预测的生物、化学（放射性物质）物理危害，可能自然发生、无意引入或是由经济利益驱动蓄意引入的危害（简称 EMA，比如乳粉中三聚氰胺掺杂），这就要求企业识别生产、加工、包装、储存、供应链中存在的危害。②预防性控制措施：主要从 7 个方面考虑，除了关键控制点、过程控制、卫生控制外，增加了过敏源控制、供应链计划、召回计划、其他控制四个方面的控制措施。③管理要素：对于以上 7 个方面的控制措施，要实施监控、纠偏、验证、确认及重新分析。④对以上过程要建立记录保持程序。三是供应链计划。对于接收企业（食品生产加工企业）要对提供原辅料的供应商建立书面的供应链计划并加以实施。要对供应商实施验证，可采取现场审核，取样和检测、相关记录审核，也可委托第三方实施审核。

（3）《保护食品免受蓄意掺杂的针对性策略》，法规内容围绕食品防护、预防蓄意污染，因此俗称“食品防护法规”，是美国《食品安全现代化法》的配套法规中最后一个出台的法规，此法规于 2016 年 7 月 26 日正式生效。考虑到企业规模，不同企业的过渡期限为，对普通企业、小型企业、极小型企业分别给出了 3 年、4 年、5 年的过渡期，此法规对所有我国输美食品生产企业均适用，但有些特殊情况可以豁免，包括农场及低风险生产活动、动物食品、酒及酒精饮料、食品储藏企业（但不含灌装液体储藏企业）、仅包装或贴标签而不直接接触食品本身的企业。

《保护食品免受蓄意掺杂的针对性策略》主要核心内容如下：一是适用范围。本法规中所指的“蓄意掺杂”（Intentional Adulteration）是指“可能被蓄意引入以导致大规模公众健康不良后果的危害”，包括一些人为恶意的破坏、恐怖袭击等，由经济利益驱动的掺杂问题 EMA 不包含在内，该部分由 117 条法规来控制。二是脆弱性评估，即“找弱点”。针对某个点、工序或者环节进行评估，评估内容包括：①可能的污染对公众健康危害造成的严重程度（如严重性和影响）。②破坏分子接近产品的难易程度。③能够对食品造成污染的可能性。其目的是确定显著薄弱环节，并用环节策略来预防或显著减少显著薄弱环节的风险。④书面的食品防护计划，即“建方案”，食品企业须建立书面的食品防护计划，并包含监控、纠偏和验证等管理要素。三是缓解性策略，即“想对策”。企业须通过上述脆弱性评估判断出自身的显著弱点，并确定可以采取防护措施的工艺环节。在每个环节中采取适当而有针对性的缓解策略，确保显著弱点得到有效控制，防止蓄意掺杂的问题发生。

第三节　欧盟食品安全法律和法规

一、食品安全管理概况

欧盟①（European Union，EU）作为一个多国同盟，在食品的监管上延续了政治、经济事务处理的组织管理经验，由欧盟委员会统一管理，协调各成员国，各成员国根据欧盟委员会出台的一般法制定自身的监管法律法规，并在欧盟委员会的组织协调下开展食品安全监管工作。②

（1）法律法规体系方面。以欧盟委员会1997年颁布的《食品立法总原则的绿皮书》为基本框架，欧盟出台了20多部食品安全方面的法律法规，比如《通用食品法》《食品卫生法》等。2000年，欧盟发表了《食品安全白皮书》，将食品安全作为欧盟食品法律法规的主要目标，形成了一个新的食品安全法律框架。各成员国在此框架下，对各自的法律法规进行了修订。为避免各成员国之间的法律法规不协调，欧盟理事会和欧洲议会于2002年发布178/2002号指令，成立欧盟食品安全管理局（European Food Safety Authority，EFSA），颁布了处理与食品安全有关事务的一般程序，以及欧盟食品安全总的指导原则、方针和目标。

（2）组织管理机构设置方面。欧盟食品安全监管机构设置包括欧盟和成员国两个层级。欧盟层级的食品安全监管机构主要有三个：欧盟理事会，负责制定食品安全基本政策；欧盟委员会及其常务委员会，负责向欧盟理事会与欧洲议会提供各种立法建议和议案；欧盟食品安全管理局，负责监测整个食物链的安全。欧盟各成员国则结合本国实际建立了相应的食品安全监管体制，负责实施欧盟关于食品安全的统一规定。其具体食品安全管理机构如下：

健康与消费者保护总司（Directorate-General for Health and Consumers，DG SANCO）隶属于欧盟委员会，其工作目标为：保护消费者权益和促进公共卫生、保证欧盟食品的安全和健康、保护动植物健康；其主要职责为起草食品安

① 欧盟，即欧洲联盟，由欧洲共同体发展而来，是一个集政治实体和经济实体于一身，在世界上具有重要影响的区域一体化组织，其总部设在比利时首都布鲁塞尔（Brussel），目前联盟拥有28个会员国。

② 关于欧盟的食品安全详见：https：//europa.eu/european-union/topics/food-safety_en。

全领域相关法令和法规，与成员国协调保障欧盟食品安全，监督各成员国法规的执行情况，食品安全风险的快速预警与突发事件的处理等。

欧盟食品安全管理局作为独立于欧盟其他部门的机构，在食品安全方面向欧盟委员会提供科学建议，其主要任务为开展风险评估和进行风险信息交流，独立地对直接或间接与食品安全有关的问题（例如，动植物健康、动物福利、基本生产和动物饲料）提出科学建议，而且，还对非食物和转基因饲料、与共同法规和政策相关的营养问题等提出科学建议。

二、主要食品安全法律与法规

到目前为止，欧盟已经制定了13类173个有关食品安全的法规标准，其中包括31个法令，128个指令和14个决定，其法律法规的数量和内容在不断增加和完善中。

（1）食品安全白皮书（*White Paper on Food Safety*）。白皮书于2000年1月12日发布，具体包括执行摘要、九章内容和附录三个部分①，用116项条款对食品安全问题进行了详细阐述，制定了一套连贯和透明的法规，提高了欧盟食品安全科学咨询体系的能力。白皮书提出了一项根本改革，就是食品法以控制“从农田到餐桌”全过程为基础②，包括普通动物饲养、动物健康与保健、污染物和农药残留、新型食品、添加剂、香精、包装、辐射、饲料生产、农场主和食品生产者的责任，以及各种农田控制措施等。在此体系框架中，法规制度清晰明了，易于理解，便于所有执行者实施。同时，它要求各成员国权威机构加强工作，以保证措施能可靠、合适地执行。

白皮书中的一个重要内容是建立欧盟食品管理局，主要负责食品风险评估和食品安全议题交流；设立食品安全程序，规定了一个综合的涵盖整个食品链的安全保护措施；建立一个对所有饲料和食品在紧急情况下的综合快速预警机制。欧洲食品管理局由管理委员会、行政主任、咨询论坛、科学委员会和8个专门科学小组组成。另外，白皮书还介绍了食品安全法规、食品安全控制、消费者信息、国际范围等几个方面。白皮书中各项建议所提的标准较高，在各个

① 白皮书具体内容分别为：第一章，介绍；第二章，食品安全原则；第三章，食品安全政策关键要素：信息收集与分析——科学建议；第四章，建立欧盟食品安全局；第五章，监管方面；第六章，控制；第七章，消费者知情；第八章，国际层面；第九章，结论。

② 农田到餐桌（From Farm to Table），包括饲料生产、食品原料、食品加工、储藏、运输直到消费的所有环节。

层次上具有较高透明性，便于所有执行者实施，并向消费者提供对欧盟食品安全政策的最基本保证，是欧盟食品安全法律的核心。

（2）178/2002号法令。该法令于2002年1月28日颁布，主要拟订了食品法律的一般原则和要求、建立欧盟食品管理局和拟订食品安全事务的程序，是欧盟的又一个重要法规。该法令包含5章65项条款，范围和定义部分主要阐述法令的目标和范围，界定食品、食品法律、食品商业、饲料、风险、风险分析等20多个概念。一般食品法律部分主要规定食品法律的一般原则、透明原则、食品贸易的一般原则、食品法律的一般要求等。欧盟食品管理局部分详述其任务和使命、组织机构、操作规程；机构的独立性、透明性、保密性和交流性；财政条款及其他条款等方面。快速预警系统、危机管理和紧急事件部分主要阐述了快速预警系统的建立和实施、紧急事件处理方式和危机管理程序。程序和最终条款主要规定委员会的职责、调节程序及一些补充条款。

（3）其他欧盟食品安全法律法规。欧盟现有主要的食品安全方面的法律有《通用食品法》（*General Food Law*）、《食品卫生法》《添加剂、调料、包装和放射性食物的法规》等，另外还有一些由欧洲议会、欧盟理事会、欧委会单独或共同批准，在《官方公报》公告的一系列EC、EEC指令，如关于动物饲料安全法律的（欧盟食品安全与动植物健康监管条例EC 882/2004）、关于动物卫生法律的、关于化学品安全法律的、关于食品添加剂与调味品法律的、关于与食品接触的物料法律的、关于转基因食品与饲料法律的、关于辐照食物法律的等。

此外，在欧盟食品安全的法律框架下，各成员国如英国、德国、荷兰、丹麦等也形成了一套各自的法规框架，这些法规并不一定与欧盟的法规完全吻合，主要是针对成员国的实际情况制定的。

三、主要特点

欧盟食品安全法律法规的主要特点如下。

（1）种类多，涉及面广。欧盟食品法律法规种类多，涉及了与食品安全有关的所有领域；与法规相关的标准也很多，如欧盟涉及农产品的技术标准有两万多项，这些标准为制定各方面的法规提供技术支撑。

（2）系统性强。欧盟特别强调从农田到餐桌的连续管理，注重从源头上控制食品安全，抓住了保证食品安全的关键环节。食品安全法规体系的范围包括了农作物的生态环境质量、生长、采收及加工的全过程。整个法规体系形成一条主线，多个分支，脉络清晰的框架。各个法规间相互补充，系统全面。

（3）科学性强。欧盟要求所有食品安全政策的制定必须建立在风险分析的基础之上，即运用风险评估、风险管理和风险交流三种模式。风险评估的基础是信息的收集、分析和利用，包括食品或饲料的各个环节得到的数据、疾病监督网络、流行病学调查和实验分析等；科学地协调与控制是风险管理的核心；风险交流也需要科学信息的广泛产生和及时获取，这些都体现了欧盟法规的科学性。欧盟食品安全管理局下设的 8 个专门科学小组由独立的学科专家组成，各小组分工明确，为制定食品安全法规提供科学依据。

（4）可操作性强。欧盟将食品安全的行政管理法规和技术要求相融合，对于政府管理具有更强的可操作性。如欧盟的许多食品安全法规标准通常由两部分组成，前部分是政府管理的程序性要求，后部分是具体的技术性要求，操作简便。

（5）时效性强。欧盟的许多食品安全法规都经过了多次修改，如欧盟发布的 28 个农药残留法规，到目前已经进行了 50 多次的修改，可见其效率之高。欧盟食品条例或指令一般在原始条例或指令仍然有效的情况下，根据需要随时发布新的条例或指令修订其中某个或某些条款。所以，在欧盟食品安全法规标准体系中同一管理对象常有不同年代的管理规定同时存在，可见其制定法律的延续性和时效性。

第四节　加拿大食品安全法律和法规

一、食品安全管理概况

加拿大食品安全管理主要采取分级管理、相互合作、广泛参与的模式。联邦、各省和市政当局都有管理食品安全的责任，其中，联邦主要负责跨省和跨国食品安全的监管及地方协调；各省承担全省范围内除餐饮和零售业外的食品安全监管职责；各市承担本辖区内餐饮和零售业的食品安全监管职责。

联邦一级的主要食品安全监管机构为加拿大食品检验局（Canadian Food Inspection Agency，CFIA）。食品检验局建立于 1997 年 4 月 1 日，是根据《加拿大食品检验局法》合并和整合三个独立的联邦政府部门（农业和农业食品部、渔业和海洋和卫生部）而来。该机构成立后，除了卫生部负责食品安全政策、食品安全和营养质量标准的制定等工作外，所有动植物卫生标准的制定、食品检验、动植物检验检疫工作全部由食品检验局负责，而且其是加拿大唯一的执行食品检验、动植物检验检疫的联邦政府机构。①

食品检验局负责所有联邦食品安全、动植物健康保护及消费者权益保护的监管职责，其监管范围包括：种子、肥料、种植、养殖、食品生产加工、标签标识、进出口等各个环节，涵盖了除餐饮和零售业以外的整个食品链。

加拿大政府为了确保食品安全，提高国际市场竞争力，建立了 15 部相关法案，联邦政府及有关部门为实施法律制定了 39 部配套法规，对食品的生产、加工、储藏、流通、农业投入品的生产经营和使用及执法监督都作了明确规定。同时，联邦政府还制定了 70 多套由农业、卫生、渔业和环境部管辖的省级法律，分别对各自境内生产、贸易和销售的食品进行管理。市级政府主要执行省级制定或通过的法规政策，有时也制定并执行一些影响食品检验的市级法规。

二、主要食品安全法律与法规

加拿大食品安全法律法规体系主要包括：《食品与药品法》(*Food and Drug Act*)、《食品与药品条例》(*Food and Drug Regulation*)、《消费者包装与标签法》(*Consumer Packing and Labeling Act*)及其条例《肉类检验法》(*Meat Inspection Act*)、《水产品检验法》(*Fish Inspection Act*)、《加拿大农产品法》(*Canada Agricultural Products Act*)、《种子法》(*Seeds Act*)、《动物健康法》(*Health of Animals Act*)、《饲料法》(*Feeds Act*)、《植物保护法》(*Plant Protection Act*)、《化肥法》(*Fertilizer Act*)、《加拿大食品检验机构法》(*Canadian Food Inspection Agency Act*)等。这些法律大多经过修订，并有配套的实施条例，它们共同构成了一个较为完整的食品安全法律法规体系。

(1) 食品与药品法。该法是基础性立法，也是最主要的食品法律之一，负责有关食品、药物、化妆品和医疗器械的卫生安全，以及防止商业欺诈(食品检验只负责其中的食品)。

(2) 肉类检验法。该法规定了如何制定合法登记的生产单位生产安全的肉类制品所应达到的标准和要求，以及为防止欺诈在省级和国际市场上出售时的标识和要求。

(3) 水产品检验法。该法规定了有关鱼类产品和海洋植物的捕捞、运输和加工的标准与要求，包括了省级贸易和外贸进出口的鱼类产品和海洋植物。

(4) 消费者包装与标签法。该法适用于零售贸易销售的预包装产品，主

① 相关信息详见：http：//inspection. gc. ca/about-the-cfia/eng/1299008020759/1299008778654。

要为了防止包装食品和某些非食用产品在包装、标识、销售、进口和广告方面的商业欺诈（食品检验局只负责食品部分）。

（5）食品安全法（*Safe Food for Canadians Act*）。该部新的法案在强化食品安全管理的同时，也帮助食品企业更好地理解与遵守食品安全法。修改后的食品安全法增加了对食品安全的检查措施，使食品行业和食品检验系统建立了更为明确的统一标准，更加健全了食品安全检验体系，同时，也加大了对危害食品安全行为的惩罚力度，确保公众食品安全。

三、最新进展

2012 年 11 月 22 日，加拿大政府出台了《加拿大食品安全法》，并于 2015 年正式实施。最新法案整合了现有的四部食品安全法案，包括《水产品检验法案》《加拿大农产品检验法案》《肉品检验法案》以及《消费者包装与标识法案》，其立法目的在于：保证提供给加拿大居民的食品尽可能安全；重点关注不安全操作，保护消费者权益；对可导致健康和安全风险的行为实施更严厉的处罚；给予检查员更多权力，强制要求食品生产商定期提供标准格式的信息；对进口食品提供更强的监控；所有食品建立更加统一的检查制度；加强食品的可追溯性（Traceability）。

《加拿大食品安全法》的主要内容体现在以下四个方面。

（1）简化食品安全法律体系，增强不同法规之间的协调性，实现整个法律体系的现代化。将《加拿大农产品法》《水产品检验法》《肉类检验法》三部法律的全部条款和《消费者包装与标签法》中与食品相关的条款一并纳入。先前的《食品与药品法》将以单行法律的方式继续存在，规制加拿大境内不适合食用的一切食品，包括仅在省内出售的食品。其他食品安全相关法规，包括《种子法》《饲料法》《动物健康法》《植物保护法》《加拿大食品检验机构法》等 15 部均做了相应修订。

（2）扩展“禁止行为”的范围，并对食品安全违法行为提高法律处罚力度。在《食品与药品法》与《加拿大食品检验机构法》规定的“禁止行为”（Prohibitions）基础上，增加了规定“欺诈”“篡改”和“传播错误或误导性信息”① 等行为的条款。“欺诈”是指在生产、备制、包装、标识、销售、进

① “篡改”是指篡改食品、食品的标识或包装，从而使之危害人体健康或使他人产生会危害人体健康的合理担忧的行为。“传播错误或误导性信息”是指明知食品安全消息虚假、具有误导性，或在过失性未确认上述信息真实性的情况下，传播信息，使他人产生合理担忧的行为。

口和宣传食品的过程中，就食品的特征、质量、价值、数量、成分、优点、来源地和生产或备制方法做出虚假的、误导性、欺骗性或可能导致他人产生错误认识的行为方式。

(3) 明确并进一步加强检查员的权力。为执行该法，检查员在有合理依据的情况下，有权进入属该法规制的某行为实施地或物品所在地，进行检查、检验或提取样本，打开现场物品的包装，检查、复制或提取现场的部分文档，要求现场物品的所有人或占有人搬离、不搬离或限制搬离属该法规制的某物品，使用现场的计算机或其他设备检查或复制数据，拍照、录音或绘制简图，要求在场人员明确身份，要求在场人员停止或开始实施属本法规制的行为，禁止或限制进入现场，为检查、检验或提取样本的目的，将现场的任何物品搬离。检查员有权查封、扣押其有合理依据认为违背该法的物品。但如果检查员需要进入的场地属私人居所，其在未获得居住人同意或搜查令的情况下无权进入。

(4) 强化对进口食品的监管。在原有法律规定，禁止一切可能不安全的食品进入加拿大的基础上，《加拿大食品安全法》增加了要求进口商（包括个人和企业）登记和取得许可的条款，并将取得登记和（或）许可作为进出口某些规定的食品的前提条件。取得的登记或许可不得转让。至于准许登记和发放许可的条件，由《加拿大食品安全法》的相应实施条例另行规定，加拿大农业和农业食品部部长有权增加其认为适当的其他条件。并且根据相应的实施条例，加拿大农业和农业食品部部长有权修订、暂停、取消或续展上述登记或许可。

总之，《加拿大食品安全法》建立了适用于所有食品的更为一致的食品检验体制；加大了对危及消费者健康行为的处罚力度；加强了对进出口食品的监管；强化食品追溯能力。最新的食品安全新法案在强化食品安全的同时，还可帮助食品企业更好地理解与遵守食品安全法。与此同时，新法案还加大了对食品违规行为的处罚力度，将食品违规的最高罚款额度提高至500万加元。

第五节　澳大利亚食品安全法律和法规

一、食品安全法律法规体系

澳大利亚政治体制为联邦制度，立法权在联邦议会，行政权在内阁，司法权在最高法院和其他联邦法院、州法院。

（1）根据1901年《澳大利亚宪法》第51条，食品法律基本是由各州/区自行确定，并不强制性由联邦政府制定。由于食品法律及标准不统一，严重制约了州/区之间以及澳大利亚与国外之间的食品贸易发展。20世纪80—90年代，澳大利亚通过联邦与州/区政府间协议，将食品标准立法权限过渡给联邦政府，引导食品安全统一立法，力图实现全国食品标准与法规的一致。

（2）目前，联邦法律法规主要有《模范食品法》《出口控制法》《进口食品控制法》《农产品法》《澳新食品标准法》等基本法以及《肉类和家畜产业法》《农药兽药管理法》《国家残留物调查管理法》《肉类检验法》《牲畜疾病消除信任报告法》等专门法。各州/区根据《模范食品法》，制定了相应的州/区《食品法》《健康法》等，如新南威尔士州的《食品法》、南澳大利亚州的《农产品法》等。

（3）1991年《澳新食品标准法》（*Food Standards Australia New Zealand Act*）是目前澳大利亚和新西兰规范食品标准和管理的主要法律之一，该法案于2007年进行修订。同时，在澳大利亚进口食品的管理还需遵守《进口食品控制法》（*Imported Food Control Act*）。2005年，澳大利亚和新西兰联合颁布了《澳新食品标准法典》（*Australia New Zealand Food Standards Code*）。总之，澳大利亚逐渐形成了比较完善的食品安全的法律法规体系。

二、食品安全组织管理机构设置

（1）联邦负责食品安全管理的机构主要有：卫生与老龄化部、农渔林业部、澳新食品标准局。其中，进出口食品贸易及食品检验检疫由农渔林业部下的澳大利亚检验检疫局负责，肉、蛋、奶、水产品、园艺产品、动物饲料等由农渔业部下专门部门负责，食品标准制定由澳新食品标准局（Food Standards Australia New Zealand，FSANZ）负责。各州/区食品管理机构则各不相同，新南威尔士设立了食品局统一管理，维多利亚州由健康事务局、奶品局、农渔产品安全局及地方政府委员会共同管理，有的州由卫生部门管理。

（2）除以上行政机构外，为保护公众的安全和健康，澳大利亚建立了覆盖整个联邦、州/区以及全食品链的协调和技术机构。根据《食品法规协议》，成立了澳新食品法规部级理事会，由澳大利亚联邦卫生与老龄化部及农渔林业部、新西兰食品安全部、8个澳大利亚州/区卫生及农业部的部长组成，共18人，负责制定食品法规、政策及食品标准等。理事会下设常务委员会，由各部的部门负责人组成，负责法规及政策协调。常务委员会下又设有执行小组委员会（Implementation Sub-Committee，ISC），负责监督和协调食品法规及标准制定的一致性。同时，在澳大利亚卫生与老龄化部设有食品法规秘书处，负责各委员会的日常事务。另外，依据《澳新食品标准法》，澳新食品标准局负责制定统一的澳新食品法典，并保持和澳新食品法规部级理事会的政策一致。

（3）澳新食品标准局是依据1991年的《澳新食品标准法》建立，是澳大利亚和新西兰制定食品安全标准专门的独立双边法定机构，在澳大利亚的堪培拉和新西兰的惠灵顿分别设有办事处，通过来自两国食品方面的专家组成的委员会实施管理。尽管食品标准由澳新食品标准局制定，但食品标准的执行、监督和检验则由各州各地区政府负责，澳大利亚的农渔林业部负责进口食品的监督与检验。

三、澳新食品标准法典

《澳新食品标准法典》是由澳新食品标准局于2005年制定并适用于两国的食品标准，该法典包括一般食品标准、食品产品标准、食品安全标准和初级生产标准四方面内容，而且该法典的修订内容都会在食品标准官方网站公布。其主要内容如下：第一部分为食品通用标准，涉及的标准适用于所有食品。其内容包括：食品的基本标准、食品标签及其他信息的具体要求、食品添加剂和营养强化剂的规定、污染物和天然毒素的具体要求、农兽药残留的规定，转基因食品的规定，以及需在上市前进行申报的食品。第二部分为食品产品标准，具体阐述了特定食物类别的标准，涉及肉、蛋、鱼、谷物、水果、蔬菜、油、奶制品、非酒精饮料、食糖、蜂蜜、特殊用途食品（婴儿配方类食品、婴儿食品、配方辅助运动食品等）及其他食品（醋及其相关产品、盐和盐制品、口香糖）共十类产品。第三部分为食品安全标准，具体内容包括：释义和运用、食品安全计划、食品安全操作和一般要求、食品企业的生产设施及设备要求，以及易感人群食品安全要求。第四部分为初级生产标准，具体内容包括：水产品的基本生产程序标准和要求、乳制品的基本生产程序标准和要求、肉类产品的生产和加工标准、蛋及蛋制品初级生产和加工标准、芽菜生产和加工标准、葡萄酒基本生产程序标准和要求等。

此外，《澳新食品标准法典》会不断地被修订完善，以便符合时代要求，确保食品安全。例如，2017年5月22日，澳新食品标准局发布澳新食品标准法典第 170 号修订案，核准了 4 项请求①，而且，这些要求均自官方公报发布之日起生效。

第六节　日本食品安全法律和法规

日本是世界上食品安全监管最严厉的国家之一，目前已经建立了一套非常严格的法律体系和监管体系，在进口食品的检验检疫方面尤为突出。

一、食品安全管理概况

20 世纪中期，日本经历过食品安全频发的时期，例如，“水俣事件”“森永毒奶粉事件”和“米糠油事件”等一系列的食品安全事件，对社会造成了非常严重的危害和影响。为了切实保障食品安全，提升消费者信心，日本政府经过 50 多年的努力，逐渐建立了一套完整的食品安全法律法规体系和监管体系。

（1）法律法规体系方面。日本保障食品质量安全的法律法规体系由两大基本法和其他相关法律法规组成。《食品安全基本法》和《食品卫生法》是两大基本法律。除上述基本法外，与食品相关的法律法规还包括《转基因食品标识法》《包装容器法》《农药取缔法》《健康增进法》《家禽传染病预防法》《乳及乳制品成分规格省令》《农林物资规格化法（JAS 法）》《新食品标识法》等。

（2）组织管理机构设置方面。日本政府中负责食品安全的部门主要有：厚生劳动省、农林水产省、内阁府食品安全委员会和内阁府消费者厅。其中，食品安全委员会负责食品安全风险评估，厚生劳动省、农林水产省和消费厅在不同环节参与风险管理，消费厅同时承担部门间综合协调工作，消费者委员会

---

① 具体内容为：A1121，批准蛋白酶 oryzin 作为加工助剂，用于烘烤、调味品生产和乳制品、蛋、肉、鱼、蛋白质和酵母的加工。由于在 oryzin 蛋白酶生产过程中，发酵培养基中使用了大豆、小麦，因此食品生产厂商需按相应要求在标签上标注过敏原信息。A1124，批准微藻裂殖壶菌源 DHA 海藻油用于婴儿配方食品，同时制定了此种富含 DHA 海藻油的规格，规定了 DHA、EPA、反式脂肪酸的含量要求等参数。A1133，建立了特定猪产品中阿维拉霉素（Avilamycin）的最大残留限量。阿维拉霉素在各产品的残留限量分别为：猪脂肪/皮肤、猪肾、猪肉，0.2ppm；猪肝，0.3ppm。A1134，增加在早餐中植物甾醇的浓度，新获批的植物甾醇类物质包括植物甾醇、植物甾烷醇及其酯类。

也参与其中。

厚生省下设医药食品局，其主要职责为负责食品加工和流通环节的安全监管，以及进口食品管理。医药食品局下设食品安全部，食品安全部是日本政府在新的食品安全行政中风险管理的机关，它根据《食品卫生法》等法令确保食品的安全，保护国民的健康。根据最新的科学知识和食品安全委员会进行风险评估，制定食品生产业等所应遵守的食品、食品添加剂、残留农药等的规格、标准，通过全国的地方自治体和检疫所，对食品生产设施的卫生管理、食品的流通安全进行监督指导。食品安全部在制定、实施各种政策时，也注意听取国民的意见，促进相关主体之间交换信息和意见。

农林水产省的主要任务为确保粮食供应的稳定，发展农林水产业，增进农业渔业者的福祉，振兴农村、山村、渔村、中间农业地域、山间农业地域等，发挥农业的多样化功能，持续培育森林，提高森林生产力，适当地保存和管理水产资源。农林水产省下设消费和安全局，其主要职责为负责保障国民日常生活中安全食品的供应，制定农作物和畜禽防病虫害的措施，协调相关国际贸易；为消费者提供食品安全性相关信息，为消费者选择食品提供参考。

食品安全委员会是由内阁设立的专门负责食品安全健康影响评价的机构，主要对所有食品进行安全评估。食品安全委员会有权独立对食品添加剂、农药、肥料、食品容器，以及包括转基因食品和保健食品等在内的所有食品的安全性进行科学分析、检验，并指导农林水产省和厚生省的相关部门采用必要的安全应对措施。食品安全委员会的主要职责和权限包括：①风险评估，即根据科学知识，对食品本身含有的或者加入到食品中的影响人身健康的生物学的、化学的、物理的因素和状况进行评价，看其是否影响人身健康以及影响的程度。②提供咨询，即政府在制定有关食品的相关法律和政策之前，应当由食品安全委员会提供咨询，而政府也应当听取委员会的意见。③调查审议，食品安全委员会应调查审议食品安全政策的重要事项，在必要时，向相关行政机关首长陈述意见。④风险沟通，对于风险评估的内容等信息，通过各种形式与消费者、食品关联企业等广泛交换信息和意见。⑤应对危机，为了应对造成或可能造成食品安全重大损害的紧急事态，委员会在必要时可以请求相关行政机关的实验研究机关为食品影响健康评价实施必要的调查、分析和检查，还可依法向相关各个大臣提出请求。

消费者厅是2009年9月由内阁设立的机构，主要负责收集有关消费者的行政信息，指导政府关于消费者的相关工作，并统筹管理消费者事务。消费者厅的主要职能为保障消费者权益，维护消费者信心，增进消费者利益，确保消费者能够自主、合理地选择商品及服务，并负责与民众生产所需物资质量相关的标签标识事务。同时，在内阁设立消费者委员会，由非政府专家和民间人士组成，作为消费者厅的监督机构，独立调查和审议与消费者权益保护相关的事务，并可以对首相和政府部门提出建议。

二、主要食品安全法律与法规

(1)《食品卫生法》于1948年颁布，经过历年的修订逐步完善。该法是日本控制食品质量安全最重要的法律，适用于国内产品和进口产品。该法规定了食品和食品添加剂的标准和成分规格，容器包装，农药残留标准，食品的标识和广告，进口食品的监控指导计划，以及进口食品监督检查等，同时还规定了国内食品生产、加工、流通、销售商的设施监督检查及相关的处罚条例。

根据新的《食品卫生法》修正案，日本于2006年5月29日起正式实施《食品农药残留肯定列表制度》，即禁止超过一定量且未设定最大残留限量的农药等食品的流通制度。

该法2009年修订后包括：总则、食品及食品添加剂、食品用容器和包装材料、食品标签和广告、食品添加剂公定书、监测指导计划、检测、认证检查机构、食品销售、其他条款、处罚条款和附录共十二个部分。

(2)《食品安全基本法》(*The Food Safety Basic Law*)于2003年7月开始实施。由于日本先后出现了牛乳食物中毒、BSE（疯牛病）问题、未许可添加剂的滥用问题、原产地标识伪造问题等事件，使食品的质量安全受到了严重的冲击，因此在此背景之下日本出台了《食品安全基本法》。该法明确了在食品安全监管方面，国家、地方公共团体、食品相关经营者以及消费者的责任和义务，国家及地方公共团体的责任和义务是综合制定确保食品安全性的政策；销售商的责任和义务是具有“确保食品安全性”的意识，为确保食品的安全性，对食品供给过程中各阶段恰当地采取需要的措施。消费者则要掌握并理解食品安全性知识，同时就食品安全性方面，要充分表明个人意见。

经过2011年6月第74号法令的修订，现在的《食品安全基本法》共有总则、施政方针、食品安全委员会和附录四个部分。其中，总则部分阐述了该法制定的目的、食品的定义、食品安全政策的重要性，以及食品安全各环节中参与者的责任；施政方针部分确定了实施食品健康评价的目的、策略、结果的使用、信息交流、研究机构、突发事件处理等相关条款，为促进各方参与食品安全管理提供途径；明确食品安全委员会风险评估、科学建议和食品安全调研等职能，并规定了委员会委员的任期和义务等，保证食品安全委员会的正常运转。

（3）《日本农业标准法》①（简称 JAS 法），该法 1950 年制定，1970 年修订，2000 年全面推广实施。JAS 法中确立了两种规范，分别为 JAS 标识制度（日本农产品标识制度）和食品品质标识标准。依据 JAS 法，市售的农渔产品皆须标示 JAS 标识及原产地等信息。JAS 法在内容上，不仅确保了农林产品与食品的安全性，还为消费者能够简单明了地掌握食品的有关质量等信息提供了方便。日本在 JAS 法的基础上推行了食品追踪系统，该系统给农林产品与食品标明生产产地、使用农药、加工厂家、原材料、经过流通环节与其所有阶段的日期等信息。借助该系统可以迅速查到食品在生产、加工、流通等各个阶段使用原料的来源、制造厂家以及销售商店等记录，同时也能够追踪掌握到食品的所在阶段，这不仅使食品的安全性和质量等能够得到保障，在发生食品安全事故时也能够及时查出事故的原因、追踪问题的根源并及时进行食品召回。

该法于 2009 年修订后内容包括：总则、农产品规格制定、农产品质量评定、质量标签规定、其他规定、惩罚规定和附录部分。其涉及的主要内容为规定农产品质量规格标准的制修订、评审程序、认证机构工作流程和标签标识规定制定、实施的条例和与之相关的处罚条例。同时日本还配套出台了 JAS 法实施条例和实施令，确保 JAS 法正常实施。

（4）《健康促进法》于 2003 年实施。在社会高度发展的同时，日本政府意识到仅仅维护食品安全已经不能满足国民对食品和健康日益增长的需求。日本政府于 2002 年 8 月颁布了《健康促进法》，2003 年 5 月正式实施，旨在为推动国民健康提供法律依据。

该法 2011 年修订后内容包括：总则、基本方针、国民健康和营养调查、保健指导、特殊餐饮设施、特膳标签和营养标签、其他条款、处罚条款和附录共九个部分。为了提高国民健康意识，从中央到地方都制定了健康促进计划，

① 该法也称《农林物质标准化及质量标志管理法》或《农产品质量和标签标准化法》。

为国民提供保健指导、营养膳食建议等。《健康促进法》是日本科学、经济、文化发展到新阶段的产物，是在《食品卫生法》基础之上对食品生产、加工、销售等环节更高层次的要求，在提高国民健康膳食方面具有重要作用。

三、肯定列表制度

“食品中残留农业化学品肯定列表制度”简称“肯定列表制度”（Positive List System），是日本为加强食品中农业化学品（包括农药、兽药和饲料添加剂）残留管理而制定的一项新制度。

（1）产生背景。日本是食品和农产品进口大国，目前60%左右的农产品需要依赖进口。近年来，由于日本进口农产品频繁出现农业化学品超标事件，同时日本国内也发现了违法使用未登记农药问题，消费者对食品安全产生了严重的信任危机。与此同时，在“肯定列表制度”出台之前，日本只对目前世界上使用的700余种农业化学品中的350种农业化学品进行了登记或制定了限量标准，对于进口食品中可能含有的其余400多种农业化学品，则无明确的监管措施，监管实际上处于失控状态，严重威胁日本的食品安全。在上述背景下，日本政府修订了《食品卫生法》，并根据修订案，日本从2003年5月开始对食品中农业化学品残留物引入“肯定列表制度”，并于2006年5月开始实施。①

（2）相关内容。“肯定列表制度”涉及对所有农业化学品的管理，在该制度下，对所有农业化学品制定了限量标准，包括：“沿用原限量标准而未重新制定暂定限量标准”“暂定标准”“禁用物质”“豁免物质”和“一律标准”五大类型。其中，“沿用原限量标准而未重新制定暂定限量标准”涉及农业化学品63种，农产品食品175种，残留限量标准2470条；“暂定标准”涉及农业化学品734种，农产品食品264种，暂定限量标准51392条；“禁用物质”为15种；“豁免物质”68种；其他的均为“一律标准”，即食品中农业化学品最大残留限量不得超过0.01毫克/千克。总之，日本现行的“肯定列表制度”对食品中农业化学品残留限量的要求更加全面、系统、严格。

① 由于中国出口日本的农产品规模大、品种多，并且大多数产品在日本进口市场中占有较高份额，因此，“肯定列表制度”对中国输日的农产品产生了深刻的影响。例如：2006年6月，由于日本实施“肯定列表制度”、提高蜂王浆技术指标，中国蜂王浆企业在日本开始遭遇客户退货，使蜂王浆成为最早遭受这一制度影响的商品。

（3）具体措施。“肯定列表制度”提出了食品中农业化学品残留管理的总原则。厚生劳动省根据该原则，采取了以下三项具体落实措施：第一，确定“豁免物质”，即在常规条件下其在食品中的残留对人体健康无不良影响的农业化学品。对于这部分物质，无任何残留限量要求。第二，针对具体农业化学品和具体食品制定的“最大残留限量标准”。第三，对在豁免清单之外且无最大残留限量标准的农业化学品，制定“一律标准”。

第七节 本 章 小 结

通过上述对美国、欧盟、加拿大、澳大利亚和日本的食品安全法律法规的介绍与分析，可以概括得出这些发达国家的食品安全法律法规存在以下四个方面的共同特点。

（1）完善的法律法规体系。欧盟、美国、加拿大、日本等国家的食品安全立法法律非常严密、完备，为保障食品安全提供了详细的行为规范和充分的法律依据；相关法律法规的种类多，数量大，监管内容广，涉及了与食品安全有关的所有领域；各个法律法规间相互补充，系统全面。例如，截至2014年10月23日，欧盟食品安全残留限量标准结构中，对10大类共315种食品制定了523种农药的限量标准136923项。比较而言，我国规定了371项农药在284种食品中的3650项农药的限量标准，相差10万多项。

（2）以风险分析为科学基础。这些发达国家的所有食品安全法律法规的制定都是建立在风险分析的基础之上。首先是风险评估，即对食品、食品添加剂中生物性、化学性和物理性危害对人体健康可能造成的不良影响所进行的科学评估，包括危害识别、危害特征描述、暴露评估、风险特征描述等。然后是风险管理。最后是风险交流。

（3）技术性强，可操作性好。食品安全法规条款中的具体指标一般都经过技术论证，有足够的证据表明其列出的指标是最合理的，因而，相关法律法规的立法质量高。同时，相关法律法规的配套法规条例内容详细具体，详尽地规范了涉及食品安全的方方面面，不仅规定了一般原则，也有程序、要求、指标、措施等，因而，具有很强的针对性和可操作性。

（4）修订及时，时效性强。非常重视结合食品产业的发展和食品贸易的国际化趋势，最大限度地满足人们对食品安全的要求，及时对旧法律法规中不合理的部分进行改革、更新和完善。例如，美国自 1906 年第一部《食品和药品法》颁布以来，在 100 多年的演变过程中，修订或新法颁布近 80 次，其中总统亲自签署的有 10 部法律。正是由于相关法律法规的修订、完善及与时俱进，发达国家的食品安全法律法规才保持了很好的时效性。

第五章　国际食品安全管理认证系统

第一节　国际质量认证 ISO 9000

一、认证认可制度介绍

认证认可制度是国际通行的规范市场与促进经济发展的主要管理机制之一。它是国家从源头上保证产品质量、规范市场行为、指导消费、保护环境、保障人民生命健康、保护国家经济利益和安全、促进对外贸易发展的重要手段，也是促进企业/组织提高管理和服务水平、提高市场竞争力的可靠方式，在国家经济建设和社会发展中起着日益重要的作用。在国际上，认证认可制度是大多数国家对经济、社会进行有效监管的重要手段，一些国家和区域经济组织还将认证认可作为技术性贸易壁垒措施，用以保护自身经济利益。

国内现行的认证活动主要包括管理体系认证和产品认证两大类。管理体系认证包括了质量、环境、职业健康安全、食品安全等管理体系的认证，产品认证活动主要包括强制性产品认证、食品农产品认证以及其他自愿性产品认证。关于服务认证，国际上并没有把它单独列为一个认证大类，而是纳入在产品认证的范围之内。

二、ISO 9000 认证介绍

ISO 质量管理体系是国际标准化组织（ISO）用其颁布的 ISO 9000 族标准向世界所推荐的一套实用的管理方法模式。这种管理模式总结了工业发达国家先进企业的质量管理的成功经验，使各国的质量管理和质量保证活动统一在 ISO 9000 族标准的基础上。这对推动各类组织和企业的质量管理，实现组织的业绩目标，消除贸易壁垒，提高产品质量和顾客满意程度等产生了积极而重大的作用。迄今为止，全世界已经有 170 多个国家和地区等同采用了 ISO 9000

标准，超过95万家的企业和组织通过了质量管理体系的认证，质量管理体系已经被广泛应用于工业、经济的各个领域，以及政府和各行各业管理领域。在各国鼓励应用ISO 9000标准提高产品和经济质量的同时，质量管理体系也被一些国家和地区作为贸易限制的条件。如欧盟规定，对于进入其市场的许多产品，生产企业必须建立质量体系并通过认证，客观上提高了产品进入其市场的门槛。

质量水平是衡量一个国家生产技术和科技管理水平的重要尺度，也是衡量一个企业管理水平的重要尺度。在当今世界上，是否通过了质量管理体系认证，已经成为国际间、企业间经济洽谈时必备的“通行证”，成为企业实力和产品服务竞争力的重要标志。企业要想在竞争中赢得生机和活力，一靠质量，二靠服务。获得质量管理体系认证是企业提高质量水平和服务水平最直接和有效的手段之一，也是我们应对世界经济发展的挑战、赢得更大发展空间的有利条件。

三、ISO 9000标准介绍

基于以上背景，制定国际化的质量管理和质量保证标准成为一种迫切需求，ISO组织于1979年成立了质量管理和质量保证技术委员会（ISO/TC 176），专门负责制定质量管理和质量保证方面的国际标准。1986年，该委员会发布了ISO 8402《质量术语》标准。1987年又相继发布了5个相关标准。这些标准通称为1987版ISO 9000系列标准，其构成如下：

（1）ISO 8402《质量管理和质量保证术语》。

（2）ISO 9000《质量管理和质量保证标准选择和使用指南》。

（3）ISO 9001《质量体系设计、开发、生产、安装和服务的质量保证模式》。

（4）ISO 9002《质量体系生产和安装的质量保证模式》。

（5）ISO 9003《质量体系最终检验和试验的质量保证模式》。

（6）ISO 9004《质量管理和质量体系要素指南》。

ISO 9000系列标准的颁布实施，使世界各国的质量管理和质量保证活动有了一个共同的统一基础。到20世纪80年代，国际经贸一体化已经在全球范围内形成，各国间贸易需要一个共同的“游戏”规则。ISO 9000标准可谓是“生逢其时”，一经发布迅速被世界各国相继采用，在世界范围内形成了一股

ISO 9000 的热潮，同时也为后来 ISO 环境管理体系标准和职业健康安全管理体系标准的产生奠定了坚实的基础。

1. ISO 9000 族标准

随着 ISO 9000 系列标准在世界各地的应用，相关 ISO 标准的数量也在不断增加。从 1990 年开始，ISO /TC176 又陆续发布了一系列质量管理和质量保证标准，从各方面来指导 ISO 9000 系列标准的应用与实践。如 1990 年发布了 ISO 10011 系列标准《质量体系审核指南》；1993 年发布了 ISO 9000-2《质量管理和质量保证第 2 部分：ISO 9001/2/3 实施通用指南》标准；1995 年发布了 ISO 10013《质量手册编制指南》标准；1999 年发布了 ISO /TR10017《ISO 9001：1994 中的统计技术指南》等标准。这样 ISO 9000 系列标准在 1994 年第一次修订时发展到了 16 个标准；到 2000 年改版之前，已经共有 22 个标准和 2 个相关技术报告，形成了 ISO 9000 族标准。

国际标准化组织在 1994 年提出了“ISO 9000 族标准”的概念，是指“由 ISO /TC176 制定的所有国际标准”。ISO 9000 标准可以帮助组织建立、实施并有效运行质量管理体系，是质量管理体系通用的要求或指南，可广泛适用于各种类型和规模的组织。

2. ISO 9000 标准系统的改进过程

ISO 9000 系列标准的产生是一种革命和创新，是现代科学技术和生产力迅速发展的必然产物，也是管理科学发展到一定阶段的成果。它总结了工业发达国家先进企业质量管理的实践经验，统一了质量管理和质量保证的术语和概念，在推动世界各国各类组织质量管理的国际化，消除贸易壁垒、提高产品质量和顾客的满意程度等方面产生了积极而深远的影响，因此一经颁布，立即得到了世界各国的普遍关注和广泛采用。

但 1987 版 ISO 9000 系列标准突出地体现了制造业的特点，这限制了标准的广泛适用性。为了使 1987 版的 ISO 9000 系列标准更加协调和完善，具有更广泛的适用性，ISO /TC176 于 1990 年决定对标准进行修订，标准的修订分为两个阶段进行。

第一阶段修改为“有限修改”：保持了 1987 标准版的基本结构和总体思路，只对标准的内容进行技术性局部修改。1994 年，ISO/TC176 完成了对标准的第一阶段修订工作，发布了 1994 版的国际标准。到 1999 年年底，ISO/TCI 陆续发布了 22 项标准和 2 项技术报告。

第二阶段修改为“彻底修改”：是在充分总结了前两个版本标准的长处和不足的基础上，对标准总体结构和技术内容两个方面进行了彻底修改。2000年12月15日，ISO/TC176正式发布了2000版ISO 9000族标准。2000版ISO 9000标准族更加强调了顾客满意及监视和测量的重要性，增强了标准的通用性和广泛的适用性，满足了使用者对标准应更通俗易懂的要求，强调了质量管理体系要求标准和指南标准的一致性。2000版ISO 9000标准对提高组织的运作能力、增强国际贸易、保护顾客利益、提高质量认证的有效性等方面产生了积极而深远的影响。

从2004年开始，ISO /TC176又策划了对2000版ISO 9001标准的修订工作，期间开展了在全球范围内征求对2000版标准的使用意见、协商修订的程度与范围等活动，在2008年7月中旬，FDIS稿出台并在全球范围内征求修订意见。2008年11月15日，ISO组织正式颁布了ISO 9000：2008版标准。

四、ISO 9000认证的应用

1. 国际标准化组织（ISO）

国际标准化组织（International Organization for Standardization）是在1947年由131个国家的标准化机构/团体组成的世界性组织，是目前世界上最具权威性的标准化专门机构，其主要宗旨和任务是“促进世界标准化及其相关活动的发展，制定国际标准，协调世界范围内的标准化工作”。相关国际标准的产生、修订和发展与认证认可活动有着重要和直接的关系。

ISO设立有若干技术委员会（TC），制定国际标准的工作通常由ISO的技术委员会完成。目前由ISO制定的国际标准已经有1万多个，其内容主要以涉及各行各业、各种产品的技术标准、要求和规范为主。直到20世纪80年代末期至90年代中期，ISO才相继出台了两大管理体系国际标准，即目前国际上通行的质量管理体系标准ISO 9000标准族和环境管理体系标准ISO 14000系列标准。

国际标准化组织于1970年成立了认证委员会（ISO /CERTICO）。1985年ISO认证委员会更名为合格评定委员会（International Standardization Organization/Conformity Assessment Committee）。1994年该委员会改为合格评定发展委员会（仍简称CASCO），其主要职责为：

①研究评定产品、过程、服务和管理体系（包括质量、环境等）符合相

应的标准和技术规范的方法。

②制订与检测、检查和认证有关的国际指南和标准，作为对产品、过程、服务和管理体系进行评定的基础，以及作为检测实验室、检查机构、认证机构和认可机构的认可评审和运作的准则。

③促进国家和区域间合格评定结果的相互承认，以及国际标准和指南在检测、检查和认证等合格评定活动中的广泛采用。

CASCO 作为国际合格评定活动的指挥部和有关规则的制定者，与其他相关的国际和区域性组织保持着良好的合作关系，包括世界贸易组织、国际电工委员会（IEC）、国际认证论坛（IAF）、国际实验室认可合作组织（ILAC）、国际审核员培训与注册协会（IATCA）等。

2. 我国现行的认证制度

我国现行的认证认可制度主要分为认证制度和认可制度两大块。国家认证制度，依据认证对象的不同，可以分为产品认证（含服务认证）、体系认证和人员认证三类，其中产品认证又可以根据其强制程度的不同，分为强制性产品认证和自愿性产品认证。而国家认可制度的内容主要包括认证机构认可、检查机构认可和检测机构/实验室认可三大类。

3. 我国现行的认证类别

我国的认证类别主要有产品认证、管理体系认证和服务认证三个类别。

（1）产品认证。产品认证是指以产品为认证对象的认证，包括强制性产品认证和自愿性产品认证。

①强制性产品认证。强制性产品认证是指国家为保护公众的人身、财产安全、保护环境等目的，通过立法或颁布强制性指令等方式，要求对涉及人类、动植物生命和国家安全、环境影响的产品，必须经过特定的认证并标注规定认证标志的产品评价制度，又称法规性认证。强制性产品认证，在推动国家各种技术法规和标准的贯彻，规范市场经济秩序，打击假冒伪劣行为，促进产品质量管理水平的提高，保护消费者权益等方面，具有不可替代的作用和优势。这项制度已经被世界大多数国家广泛接受和采用，正在成为国际通行的认证制度。尤其是一些实行市场经济制度的国家，政府往往把强制性产品认证制度作为部分产品市场准入的手段。

②自愿性产品认证。自愿性产品认证是指产品的生产商或贸易商自愿向认证机构申请，以证明其产品符合相关标准或技术规范要求的产品评价制度。自

愿性产品认证的主要作用是，引导消费者选购产品质量稳定、性能良好的商品，提供诚信证明，满足市场需求，服务于贸易、消费者，为政府产业政策、贸易政策、规范市场秩序服务。自愿性产品认证涉及的范围很广，种类较多，目前在我国有节能认证、无公害农产品认证、绿色食品认证、有机食品认证等。

（2）管理体系认证。管理体系认证是指由管理体系认证机构，依据公开发布的管理体系标准，对组织的管理体系进行评定，评定合格的由管理体系认证机构颁发管理体系认证证书，予以注册公布并进行定期监督，从而证明组织在特定的范围内满足规定要求的评价制度。管理体系认证一般是自愿性质的活动，组织自主决定是否申请认证和选择认证机构等。按照管理体系认证所依据的标准不同，可以分为质量管理体系 QMS 认证、环境管理体系 EMS 认证、职业和安全管理体系 OHSAS 认证、危害分析和关键控制点 HACCP 管理体系认证等。

（3）服务认证。服务认证是指依据特定的标准或规范，对提供的服务的符合性和符合程度所进行的评价制度，如旅游、汽车修理、体育、医疗、美容、保健等领域的服务认证制度。需要说明的是，虽然国际标准化组织把产品划分为四种：硬件、软件、服务和流程性材料，服务属于产品的一部分。但我国《认证认可条例》仍将服务作为一个单独的认证对象予以明确，这是针对我国目前服务领域认证工作现状作出的特别要求。服务作为独立的认证对象，将有助于尽快建立国家协调一致、规范有序的服务认证制度，为加强服务认证工作，全面提高我国的服务质量，发展第三产业创造良好的环境条件。

4. 国内现行的认证机构

（1）认证机构的概念。认证机构是指对产品、服务、管理体系按照标准和技术规范要求进行合格评定活动的经营机构。

（2）认证机构的类别。根据认证机构的能力和从事认证活动业务领域的不同，认证机构可以分为管理体系认证机构、产品认证机构、服务认证机构、特种职业人员认证注册机构等。其中，把验证组织管理体系与规定要求符合性的机构称为管理体系认证机构，如质量管理体系 QMS 认证机构；把验证组织（供方）提供的产品与规定要求符合性的机构称为产品认证机构；把验证服务过程和结果与规定要求符合性的机构称为服务认证机构。而特种职业人员认证注册机构，按照国际上的划分，可以认为其是一种特殊的服务认证机构。

（3）认证机构组织结构与管理要求

对认证机构的组织结构和管理要求主要有以下几点：

①对其认证决定负责。

②具备对相关工作负责的管理者。

③允许与认证活动相关的利益方参与和监督其认证活动。

④具备机构稳定运作的资源，包括人力、物力、财力、信息源等广义的资源。

⑤规定授予认证的条件。

⑥具有处理申诉和投诉的机制。

⑦避免受商业利益的驱动。

⑧避免相关机构的利益影响。

⑨建立和运行质量管理体系等。

5. 认证机构的认证人员

认证人员是指从事认证及认证活动的人员，包括管理体系认证审核员、产品认证检查员等，以及认证机构的业务管理人员。

从事认证活动的审核人员应当经过注册机构注册以后，方可从事相应的认证活动。审核人员的注册又称审核人员认证，它也是一种认证形式，是对审核人员满足相关标准或规范要求所提供的第三方证明。目前我国从事审核人员注册的机构，是经过国务院认证认可监督管理部门确定的中国认证认可协会（CCAA）。

认证人员应遵守以下主要执业规定：

①认证人员从事认证活动应当在一个认证机构执业，不得同时在两个或者两个以上认证机构执业。

②在认证机构执业的专职或者兼职认证人员，具备相关认证培训教员资格的，经所在认证机构与认证培训机构签订合同以后，可以在一个认证培训机构从事认证培训活动。

③认证人员不得受聘于认证咨询机构或以任何方式从事认证咨询活动。

④国家公务员不得从事认证活动。

6. 认证机构的认证程序

认证程序是指在认证活动中任何直接或间接用以确定是否满足技术法规或标准中相关要求的程序。认证机构实施认证活动应当遵循认证基本规范、认证准则的要求，并编制本机构详细的认证程序。

认证程序一般包括以下基本内容，以质量管理体系认证为例。

(1) 公布申请信息。在实施认证业务之前，认证机构应当公布实施认证所依据的审核准则和全部相关认证信息，包括认证机构信息、认证要求和程序信息，以及描述获证组织权利和义务的文件等。例如与组织相关的管理体系标准和其他规范性文件。

(2) 认证受理（包括合同评审等活动）。

①认证机构应要求由申请认证的组织提出正式申请。认证审核开始前，认证机构应审查：组织的简况；组织提供的质量管理体系所覆盖的范围的描述；申请认证的标准的清单；质量手册及相关的支持性文件和记录，并对这些信息充分性进行评价。

②根据申请信息，初步确定组织的认证范围。

③认证机构应实施认证资源的复核。认证机构应从自身方针和能力等方面，复核是否有能力对申请人实施审核，能力包括：是否有适当能力的审核员和专家，以及其及时实施初次审核的能力。

(3) 审核准备（包括审核方案策划等）。审核准备活动可能包括：初次审核前的预访问；审核方案策划；允许组织对指派的审核员和技术专家提出异议；就审核计划与组织达成一致；为审核组提供审核文件和记录等。

(4) 实施审核（包括审核各阶段的安排和要求等）。ISO 10011：2002《质量和/或环境管理体系审核指南》标准，为审核实施提供了指南。通常审核包括：文件审核、现场审核和审核后续活动。对于质量管理体系认证审核，要特别关注对 ISO 9001：2008 标准要素删减的适宜性。

审核组应在审核完成后，撰写审核报告、作出审核结论和提出推荐意见。

审核组应分析审核中收集的所有相关信息和证据，该分析需足以使审核组确定组织的质量管理体系与认证要求的符合性和一致性。

(5) 认证决定（包括授予认证的条件与认证依据等）。认证机构应规定适用的管理体系标准或其他规范性文件要求，授予、保持、缩小及扩大认证的条件，以及全部或部分暂停或撤销组织认证范围的条件。认证机构应特别要求组织供方及时通报对质量管理体系拟实施的变更，或其他可能影响其符合性的变更。

根据认证过程中和其他方面得到的信息，认证机构对组织作出是否批准认证的决定。只有在所有不符合项都已经得到纠正，并且采取的纠正措施经认证机构验证以后，才可以授予认证。

（6）认证证书与认证标志的管理（包括认证资格的宣传和认证标志的使用要求等）。认证机构应对质量管理体系认证证书与认证标志的所有权、使用和展示实施作出适当的规定和控制。应有程序确保获证组织不允许以可能引起误解和混淆的方式使用其证书和标志。如果组织只有质量管理体系认证，不允许在产品上使用认证标志，产品上使用认证标志意味着产品已得到认证。

（7）监督审核（包括监督审核的安排、要求和程序等）。为验证获证组织的质量管理体系是否持续有效运行，考虑组织运作的变化可能对其管理体系产生的影响，确认对认证要求的持续符合性和保持认证的资格，认证机构应该在足够短的时间间隔内实施监督方案。多数情况下，定期的监督审核时间间隔不超过一年。

（8）复评（包括复评审核的安排、要求和程序等）。为验证作为一个整体组织质量管理体系的全面持续有效性和保持认证资格，大多数情况下，以三年为一个周期，对组织的质量管理体系进行复评。复评一般至少包括一次对质量管理体系文件的审查和一次现场审核。

（9）认证变更与通报。认证机构需要规定要求和制定程序，特别要求组织及时通报对组织管理体系拟实施的变更，或者其他可能影响其符合性的变更。如果一个组织对它的质量管理体系进行了重大改变，或发生了其他可能影响认证基础的变化，监督活动应遵循特别的规定。

（10）认证资格的暂停与通报。认证机构需要规定全部或部分暂停或撤销获证组织认证范围的条件，并制定相应的程序，以实施暂停、撤销、扩大或缩小认证的范围。

（11）申诉和投诉的处理。认证机构需要定义申诉、投诉和争议的范围，并制定和公布处理申诉、投诉和争议的方针和程序。

7. 认证机构的证书

认证证书是指产品、服务和管理体系通过认证所获得的证明性文件。认证证书的范围包括产品认证证书、服务认证证书和管理体系认证证书等。

（1）认证机构应按照认证基本规范、认证规则从事认证活动，对认证合格的，应在规定的时间内向认证申请人出具认证证书。

（2）认证证书的基本内容。产品认证证书的基本内容包括：申请人名称、地址；产品名称型号、规格，需要时对产品功能、特性的描述；产品商标、制造商名称、地址；产品生产厂名称、地址；认证依据的标准、技术要求；认证模式；证书编号；发证机构、发证日期和有效期；其他需要说明的内容等。

服务认证证书的基本内容包括：获得认证的组织名称、地址；获得认证组织的服务所覆盖的业务范围。认证依据的标准、技术要求；认证模式；证书编号；发证机构、发证日期和有效期；其他需要说明的内容等。

管理体系认证证书的基本内容包括：获得认证的组织名称、地址；获得认证组织的管理体系所覆盖的业务范围；认证依据的标准、技术要求；认证模式；证书编号；发证机构、发证日期和有效期；其他需要说明的内容等。

（3）认证证书的使用。获得认证的组织应当在广告、宣传等活动中，正确使用认证证书和有关信息。获得认证的产品、服务、管理体系发生重大变化时，获得认证证书的组织和个人，应当向认证机构申请变更，未经变更或经认证机构调查发现不符合认证要求的，不得继续使用该认证证书。

认证机构应建立认证证书管理制度，对获证组织和个人使用获证证书的情况进行有效的跟踪调查和控制。

不得利用认证证书的使用对社会公众进行误导性宣传。

8. 认证的标志

认证标志是证明产品、服务和管理体系通过认证的专有符号、图案或者符号、图案以及文字的组合。认证标志包括产品认证标志、服务认证标志和管理体系认证标志。

（1）认证标志可以分为自愿性认证标志与强制性认证标志

自愿性认证标志包括国家统一的自愿性认证标志和认证机构自行制定的认证标志。强制性认证标志和国家统一的自愿性认证标志属于国家专有认证标志。认证机构自行制定的认证标志是指认证机构专有的认证标志。

（2）认证标志的基本要求

认证机构自行制定的认证标志，应满足国家认监委的相关规定，并不得违反法律、行政法规或者国家制定的相关技术规范和标准的规定。

认证机构自行制定的认证标志，应当自发布之日起 30 日内，报送国家认监委备案。

认证机构应当建立认证标志管理制度，明确认证标志使用者的权利和义务，对认证标志的使用提出管理和控制要求，并对获证组织使用认证标志的情况实施有效的跟踪控制。

获证组织应当在广告、产品介绍等宣传材料中正确使用认证知识。

（3）认证证书与认证标志的监督管理

国务院认证认可监督管理部门组织地方认证认可监督管理部门，对认证证书和认证标志的使用情况实施监督检查，对伪造、冒用、转让和非法买卖认证证书和认证标志的违法行为，依法予以查处。国家认监委对认证机构的认证证书和认证标志管理情况，实施监督检查。

9. 适用于 ISO 9000 标准系统的组织

国际认可论坛 IAF 组织对适用 ISO 9000 标准的 39 类行业分类是：①农业、渔业。②采矿业及采石业。③食品、饮料和烟草。④纺织品及纺织产品。⑤皮革及皮革制品。⑥木材及木制品。⑦纸浆、纸及纸制品。⑧出版业。⑨印刷业。⑩焦炭及精炼石油制品。⑪核燃料。⑫化学品、化学制品及纤维。⑬医药品。⑭橡胶和塑料制品。⑮非金属矿物制品。⑯混凝土、水泥、石灰、石膏及其他。⑰基础金属及金属制品。⑱机械及设备。⑲电子、电气及光电设备。⑳造船。㉑航空、航天。㉒其他运输设备。㉓其他未分类的制造业。㉔废旧物资的回收。㉕发电及供电。㉖气的生产与供给。㉗水的生产与供给。㉘建设。㉙批发及零售汽车、摩托车、个人及家庭用品的修理。㉚宾馆及餐馆。㉛运输、仓储及通信。㉜金融、房地产、出租服务。㉝信息技术。㉞科技服务。㉟其他服务。㊱公共行政管理。㊲教育。㊳卫生保健与社会公益事业。㊴其他社会服务。

10. 适用于 ISO 9000 标准体系的服务组织

在 ISO 9004-2：1991《质量管理和质量体系要素第 2 部分：服务指南》的附录 A 中，列出了可运用 ISO 9000 标准的 12 类 68 种服务组织①如下。

①接待服务——餐馆，饭店，旅行社，娱乐场所，广播，电视，度假村。

②交通与通信——机场与空运，公路、铁路和海运，电信，邮政，数据通信。

③健康服务——药剂师/医生，医院，救护队，医疗实验室，牙医，眼镜商。

④维修业——电器，机械，车辆，热力系统，空调，建筑，计算机。

① 制造性公司在其市场销售系统和售后活动中也提供内部的服务。

⑤公用事业——清洁工作，废物处理，供水，场地维护，供电，煤气和能源供应，消防，治安，公共服务业。

⑥贸易业——批发，零售，仓储，配送，营销，包装。

⑦金融业——银行，保险，津贴，财产服务，会计。

⑧专业——建筑设计（建筑师），勘探，法律，执法，安全，工程，项目管理，质量管理，咨询，培训和教育。

⑨行政管理业——人事，计算机处理，办公服务。

⑩技术——咨询，摄影，实验室。

⑪采购——签订合同，库存管理和分发。

⑫科学——探索，开发，研究，决策支援。

第二节　国际食品质量认证系统 ISO 22000

一、国际食品质量认证 ISO 22000 的管理体系

2001 年国际标准化组织计划开发了一个可用于审核的食品安全管理体系标准，即 ISO 22000：200X，这个标准进一步确定了 HACCP 在食品安全管理体系中的作用。ISO 技术委员会已经发布 ISO 22000：2005 标准，即：食品安全管理体系（ISO 22000：2005 Food Safety Management System）。我国也采用了此标准，即中华人民共和国国家标准 GB/T 22000—2006/ ISO 22000：2005 食品安全管理体系——食品链中各类组织的要求（Food Safety Management System—Requirement for Any Organization in the Food Chain）（ISO 22000：2005），中华人民共和国国家质量监督检验检疫总局、中华人民共和国标准化管理委员会于 2006 年 3 月 1 日发布，2006 年 7 月 1 日正式实施。

二、国际食品质量认证体系 ISO 22000 的特点

ISO 22000 不仅仅是通常意义上的食品加工规则和法规要求，还是一个更为集中、一致和整合的食品安全体系。它将 HACCP 体系的基本原则与应用步骤融合在一起，既是描述食品安全管理体系要求的使用指导标准，又可提供认证与注册的可审核标准，利于食品安全领域多标准的统一，也成为在整个食品供应链中实施 HACCP 技术的一种工具。

ISO 22000 是按照 ISO 9001：2000 的框架构筑的，覆盖了 CAC 关于 HACCP 的全部要求，并为 HACCP“先决条件”概念制定了“支持性安全措施”（SSM）的定义。ISO 22000：2005 将 SSM 定义为“特定的控制措施”，而不是影响食品安全的“关键控制措施”，它通过防止、消除和减少危害产生的可能性来达到控制目的。依据企业类型和食品链的不同阶段，SSM 可以被以下活动所代替，如：良好操作规范（GMP）、先决方案、良好农业规范（GAP）、良好卫生规范（GHP）、良好分销规范（GDP）和良好兽医规范（GVP）。ISO 22000：2005 将要求食品企业建立、保持、监视和审核 SSM 的有效性。

ISO 22000 表达了食品安全管理中的共性要求，而不是针对食品链中任何一类组织的特定要求，它可以适应于从饲料生产者、初级食物生产者、食品制造商、储运经营者、转包商到零售商和食品服务端的任何组织，以及相关的组织，如设备、包装材料、清洁设备、添加剂和成分的生产者。

三、国际食品安全管理体系的产生

从 20 世纪 50 年代后期，美国宇航局（NASA）和食品生产企业共同开发 HACCP，到 20 世纪后期，HACCP 已经得到了持续发展。HACCP 不是依赖对最终产品的检测来确保食品的安全，而是将食品安全建立在对加工过程的控制上，以防止食品产品中的可知危害或将其减少到一个可接受的程度。HACCP 已经被多个国家的政府、标准化组织或行业集团采用，或是在相关法规中作为强制性要求，或是在标准中作为自愿性要求予以推荐，或是作为对供货方的强制要求。如美国水产品和果蔬汁法规（FDA 1995 和 FDA 2001），国际食品法典委员会（CAC）《食品卫生通则》（CAC 2001），丹麦 DS 3027 标准，荷兰 HACCP 体系实施的评审准则等都采用了 HACCP。进入 21 世纪，世界范围内的消费者要求安全和健康的食品的呼声越来越高，食品加工企业也要求有一个食品安全管理体系，以确保生产和销售安全食品，国际贸易也要求建立一个食品安全管理和认证体系，确认企业具有提供安全食品的能力。为了满足各方面的要求，在丹麦标准协会的倡导下，国际标准化组织协调，将相关的国家标准在国际范围内进行整合，于 2005 年 9 月 1 日发布了国际标准 ISO 22000：2005，食品安全管理体系——对食物链中任何组织的要求。

四、国际食品安全管理体系的内容

ISO 22000：2005 食品安全管理体系是一个基于 HACCP 原理，能提供关于 HACCP 概念的国际交流的平台；一个协调自愿性的国际标准；一个可用于审核（内审、第二方审核、第三方审核）的标准；一个在体系结构上与 ISO 9001：2000 和 ISO 14001：1996 相一致的标准。ISO 22000：2005 标准既是描述食品安全管理体系要求的使用指导标准，又是可供食品生产、操作和供应的组织认证和注册的依据。

ISO 22000：2005《食品安全管理体系——食品链中各类组织的要求》标准包括 8 个方面的内容①，即范围，规范性引用文件，术语和定义，食品安全管理体系，管理职责，资源管理，安全产品的策划和实现，食品安全管理体系的确认、验证与改进。

为保证 ISO 22000 在全球范围内有效实施，ISO 还出台了配套的三个文件，包括：ISO/TC 22004，食品安全管理体系——ISO 22000：2005 应用指南；ISO/TC 22004，食品安全管理体系——对提供食品安全管理体系审核和认证机构的要求，将对 ISO 22000 认证机构的合格评定提供协调一致的指南，并详细说明审核食品安全管理体系符合标准的规则；ISO 22005，饲料和食品链的可追溯性体系设计和发展的一般原则和指导方针。

五、国际食品安全管理体系的要点

食品安全管理体系的宗旨是为了确保整个食品链直至到达消费者手中的食品的安全。该标准强调了它的通用性，适用于所有在食品链中的各种组织，无论该组织类型、规模和所提供的产品如何，包括直接或间接介入食品链中一个或多个环节的组织。标准明确了食品安全管理体系 4 个关键要素：体系管理，相互沟通，前提方案和 HACCP 原理。

（1）该标准强调了组织的管理职责。组织的经营目标是食品安全。最高管理者应承诺建立和实施食品安全管理体系并持续改进其有效性；宣传与食品安全相关的法律法规、本标准以及顾客要求；制定食品安全方针；进行管理评审；确保食品安全管理体系持续更新；确保提供各种资源。最高管理者应任命

① 详见附录 1。

食品安全小组。食品安全小组应具备多学科的知识和建立与实施食品安全管理体系的经验。

（2）该标准强调了沟通，包括外部沟通和内部沟通。在外部沟通方面组织应制定、实施和保持有效的措施，以便与供方和承包方、顾客或消费者、立法和执法部门等方面进行沟通，确保能够获得充分的食品安全方面的信息。在内部沟通方面，组织应制定、实施和保持有效的安排，以便与有关人员就影响食品安全的事项进行沟通。

（3）前提方案是指在整个食品链中为保持卫生环境所必需的基本活动，以适合生产、处理和提供安全最终产品和人类消费的安全食品。前提方案为良好农业操作规范 GAP、良好兽医操作规范 GVP、良好加工操作规范 GMP、良好卫生操作规范 GHP、良好生产操作规范 GPP、良好分销操作规范 GDP、良好贸易操作规范 GTP 等。操作性前提方案是指为减少食品安全危害在产品或产品加工环境中引入和污染或扩散的可能性，通过危害分析确定的基本前提方案。

（4）HACCP 是通过危害分析，然后确定关键控制点，确定关键限值来控制危害的控制措施。标准将 HACCP 原理作为方法应用于整个体系，明确了危害分析作为实现食品安全的核心地位，将 HACCP 计划与前提方案、操作性前提方案动态地结合在一起。

六、国际食品安全管理体系的特点

ISO 22000 标准将 HACCP 原理作为方法应用于整个体系；明确了危害分析作为安全食品实现策划的核心地位，并将国际食品法典委员会所制定的预备步骤中的产品特性、预期用途、流程图、加工步骤和控制措施和沟通作为危害分析的输入；同时将 HACCP 计划与其前提条件、前提方案动态、均衡结合。但与 HACCP 相比较，ISO 22000 标准具有以下明显的特点。

1. 标准适用范围更广

ISO 22000 标准适用范围为食品链中所有类型的组织。ISO 22000 表达了食品安全管理中的共性要求，适用于在食品链中所有希望建立保证食品安全体系的组织，无论其规模、类型和其所提供的产品，而不是针对食品链中任何一类组织的特定要求。它适用于农产品生产厂商，动物饲料生产厂商，食品生产厂商、批发商和零售商。也适用于与食品有关的设备供应厂商、物流供应商、包装材料供应厂商、农业化学品和食品添加剂供应厂商、涉及食品的服务供应商和餐厅。

2. 标准采用了 ISO 9000 标准体系结构

ISO 22000 采用了 ISO 9000 标准体系结构，突出了体系管理理念，将组织、资源、过程和程序融合到体系之中，使体系结构与 ISO 9001 标准完全一致，强调标准既可单独使用，也可以和 ISO 9001 质量管理体系标准整合使用，充分考虑了两者的兼容性。

3. 标准体现了对遵守食品法律法规的要求

ISO 22000 标准不仅在引言中指出，“本标准要求组织通过食品安全管理体系以满足与食品安全相关的法律法规要求”，而且标准的多个条款都要求与食品法律法规相结合，充分体现遵守法律法规是建立食品安全管理体系的前提之一。

4. 标准强调了沟通的重要性

沟通是食品安全管理体系的重要原则。顾客要求、食品监督管理机构要求、法律法规要求，以及一些新的危害产生的信息，须通过外部沟通获得，以获得充分的食品安全相关信息。通过内部沟通可以获得体系是否需要更新和改进的信息。

5. 标准强调了前提方案、操作性前提方案的重要性

前提方案可等同于食品企业的良好操作规范。操作性前提方案则是通过危害分析确定的基本前提方案。操作性前提方案在内容上和 HACCP 相接近。但两者区别在于控制方式、方法或控制的侧重点并不相同。

6. 标准强调了“确认”和“验证”的重要性

“确认”是获取证据以证实由 HACCP 计划和操作性前提方案安排的控制措施是否有效。ISO 22000 标准在多处明示和隐含了“确认”要求或理念。“验证”是通过提供客观证据对规定要求已得到满足的认定，证实体系和控制措施的有效性。标准要求对前提方案、操作性前提方案、HACCP 计划及控制措施组合、潜在的不安全产品处置、应急准备和响应、撤回等都要进行验证。

7. 标准增加了“应急准备和响应”规定

ISO 22000 标准要求最高管理者应关注有关影响食品安全的潜在紧急情况和事故，要求组织应识别潜在事故与紧急情况，组织应策划应急准备和响应措施，并保证实施这些措施所需要的资源和程序。

8. 标准建立了可追溯性系统和对不安全产品实施撤回机制

标准提出了对不安全产品采取撤回要求，充分体现了现代食品安全的管理理念。要求组织建立从原料供方到直接分销商的可追溯性系统，确保交付后的不安全产品能够及时、完全地撤回，降低和消除不安全产品对消费者的伤害。

第三节　全球食品安全倡议（GFSI）

全球食品安全倡议（Global Food Safety Initiative，GFSI）是根据比利时法律创建的非营利性基金会。食品商业论坛（CIES）承担该基金会的日常管理工作。食品商业论坛（CIES）已竭力确保本刊物信息准确，但CIES将不对合同中或因本出版物或其所含内容而出现的损害（包括但不局限于业务损失或利润损失），抑或因阅读本出版物及其信息后采取的行为和作出的决定负有任何责任。文件中体现的基本原则经过连续审查以反映零售商和供应商的要求。当立法对某一特定行业部门有更高标准的要求时，文件无意取代任何法律、法规要求。

一、全球食品安全倡议的基本情况

2000年8月，全球食品安全倡议（GFSI）由食品商业论坛协助成立。由零售商和生产商咨询人员共同推动的GFSI基金董事会将为全球食品安全倡议提供战略指导并检查其日常管理。只有受到邀请，方可加入全球食品安全倡议董事会，具备会员资格。

GFSI的使命旨在持续改善食品安全管理体系以确保为消费者提供可靠食品。

GFSI的目标：如本指导文件概要所述，维持食品安全管理方案的基准审核流程，以实现食品安全标准的统一。

通过全世界零售商公认且普遍接受的GFSI标准，提高整个食品供应链的成本效率。为全球利益相关者提供一个独特的平台，利于他们进行网络沟通、知识交流及分享最佳食品安全实践和信息。

GFSI基金董事会也将管理技术委员会——一个拥有50多个食品安全专家的关注全球多种利益相关者的小组。技术委员会向所有零售商和其他受邀人员开放。技术委员会每年将对GFSI基金董事会批准的特定项目负责以完成GFSI

的使命。

二、全球食品安全倡议的相关规定

食品生产和采购的全球化使得食品链延伸得越来越长、越来越复杂，这增加了食品安全事件的风险。全球食品安全倡议（GFSI）通过设立基准标准，规范了全球的食品安全标准，对整个食品行业产生了重要和深远的影响。目前获得 GFSI 认可的食品安全标准主要有：BRC 食品安全全球标准（第七版）、IFS 国际食品安全标准（第六版）、食品安全体系认证FSSC 22000（第三版）、食品安全与质量认证 SQF（第七版）、全球良好农业规范认证 GLOBALGAP（第五版）。

全球食品安全倡议（GFSI）由消费品论坛负责管理和指导，消费品论坛是一个以平等为基础、会员制的全球性行业组织。他们积极参与技术工作组、利益相关者会议、研讨会和区域活动，分享知识，共同推动全球采用协调统一的方法来管理整个行业的食品安全。

全球食品企业的首席执行官都聚集在消费品论坛（CIES 食品链国际委员会）认为消费者的信任需要加强，并通过一个安全的供应链保持。为实现这一目标创立了 GFSI，通过融合食品安全标准，降低整个供应链重复审核。GFSI 因此设定了标准比对的路径，开发一个模型以确定现有的食品安全方案之间的等效性，同时保持市场的灵活性和选择权利。

2001 年 8 月，GFSI 发布了第一稿指南文件。GFSI 指南文件本身并不是一个食品安全标准，GFSI 也并不参与认证或认可活动。这个基准模型，采用来自世界各地的食品安全专家的输入，定义了食品安全计划通过哪些过程可以获得 GFSI 的认可。GFSI 给出了一个食品安全计划寻求认可所需的指导和需要满足的特定要求。GFSI 列出了生产安全的食品、饲料或包装或服务提供所需的关键要素。指南文件通过全球食品行业的协作定期更新，以确保方案的先进性。2000 年 5 月，来自全球 70 多个国家 650 多家零售生产服务商以及利益相关方的首席执行官及高级管理层，共同创建了全球食品安全倡议（GFSI）组织，其目的是通过设立基准标准，以协调现有食品安全标准，减少食品链的重复审核。下面分别予以介绍。

1. BRC 食品安全全球标准

英国零售商协会（BRC）是一个重要的国际性贸易协会，其成员包括大型的跨国连锁零售企业、百货商场、城镇店铺、网络卖场等各类零售商，涉及产品种类非常广泛。1998 年，由英国零售商协会应零售行业需求，发起并制定了 BRC 食品技术标准（第一版），用以对零售商自有品牌食品的制造商进行评估。该标准发布后不久即引起食品行业其他组织的关注，目前已经成为该行业良好操作规范的样本。该标准在英国乃至其他国家的广泛应用使其发展成为一个国际标准。它不但可用以评估零售商的供应商，还被众多公司作为基础准则，以此建立自己的供应商评估体系及品牌产品生产标准。目前，英国和北美、欧洲国家的大部分零售商只接受通过 BRC 认证的企业作为他们的供应商。2000 年 BRC 食品安全全球标准成为第一个被 GFSI 认可的标准。英国零售商协会定期更新全球食品安全标准，以反映最新的食品安全思想。最新一版的食品安全全球标准（第七版）已于 2015 年 1 月颁布，从 2015 年 7 月 1 日开始生效。

BRC 制定了各种类型的全球标准，以规定食品和消费品生产、产品所用的保护性包装以及这些产品存储与分销的要求。其他 BRC 标准对食品安全标准形成补充，并且为供应商审核和认证提供资源。BRC 包装与包装材料全球标准是规定食品和消费品材料生产要求的审核标准。BRC 存储分销全球标准是规定包装与非包装食品产品、包装材料和消费品存储、分销、批发和合约服务要求的审核标准。BRC 消费品全球标准是适用于消费品生产和装配的审核标准。

目前，BRC 已在全球 100 多个国家颁发了 BRC 证书，总发证量为 18000 多张，其中在中国 BRC 发证数量为 1500 多张。

2. IFS 国际食品安全标准

多年来，供应商审核已成为零售商体系和流程中固定的组成部分。德国零售联盟的成员——德国零售业联合会（HDE）和其法国的合作伙伴——法国批发和零售联合会（FCD）为了用统一的标准评估供应商的食品安全与产品质量管理体系，共同起草了关于零售商品牌食品的产品质量与食品安全标准：国际食品标准（IFS）。这个标准适用于所有出农场后的食品加工。

IFS 第三版由德国零售业联合会（HDE）在 2003 年发布并执行。2004 年 1 月，在法国批发和零售联合会（FCD）的协作下，第四版 IFS 发布并出版。

2005—2006 年，意大利零售联合会（ANCC、ANCD）加入了第五版 IFS 标准的制定。目前已发布了第六版 IFS 国际食品标准，并于 2012 年 7 月 1 日正式实施。目前，IFS 在全球 90 多个国家拥有 135 个成员组织，在全球发证数量约 16000 张。IFS 国际食品标准作为一项零售商品牌食品的质量和食品安全标准，普遍被德国及法国的零售商接纳，该标准在德国和法国等欧洲国家比较有影响力，IFS 也是获得国际食品零售商联合会认可的质量体系标准之一。

IFS 是以 ISO 9000 标准的程序导向模式编排，涵盖 HACCP、品质管理、产品控制、流程控制、工厂环境及人员管理等内容。IFS 标准与其他食品安全标准不同，对要求进行了划分，这也是此标准的突出特点。除了一般的具体要求外，IFS 还有一种非常重要的要求。在 IFS 中，有特殊要求的条款被确定为 KO 要求。

3. 食品安全体系认证

食品安全体系认证（FSSC 22000）是近几年快速发展起来的一个食品安全认证项目，其认证依据主要基于国际标准 ISO 22000 食品安全管理体系，以及针对食品链的各部分技术规范，如 ISO/TS 22002-1《食品加工业的食品安全前提方案》、ISO/TS 22002-4《食品包装业的食品安全前提方案》，以及项目的一些附加要求。

国际标准化组织于 2005 年发布了 ISO 22000 食品安全管理体系标准。此标准最突出的特点是引入了“从初级生产到最终消费”（从农田到餐桌）的食品安全概念，适用于食品链内的所有组织。因此，确保了食品链的完整性。

确保食品安全的另一个重要前提是食品链中的组织维护卫生的环境和生产条件。由于食品链中不同环节的基本卫生要求会发生相当大的变化，ISO 22000标准并没有针对不同环节明确规定其前提方案的要求。ISO 22000 标准仅要求组织为这些基本的卫生条件选择和实施特定的前提方案，在选择前提方案时要考虑和利用适宜的信息，如：食品法典委员会（CAC）的食品卫生通则、CAC 特定的规范、食品安全法规、客户要求等。2007 年由欧洲食品和饮料行业联盟（CIAA）发起，达能、卡夫、雀巢、联合利华共同参与开发了适用于食品加工行业的前提方案。2008 年英国标准协会（BSI）正式发布了这些要求，即公开可获取规范 BSI-PAS 220。2009 年 ISO 基于此标准发布了技术规范 ISO/TS 22002-1 食品安全前提方案第 1 部分食品加工业。

食品安全认证基金会（2004 年在荷兰成立的独立非营利性机构）于 2009 年 5 月 15 日正式发布了食品安全体系认证项目（FSSC 22000）。这一项目的目的就是协调食品链中食品安全体系的认证要求和方法，确保颁发的食品安全认证证书的内容、范围的可信性。2013 年，食品安全认证基金会推出了第三版

FSSC 22000 认证方案。FSSC 22000 在全球 139 个国家共颁发了认证证书 11000 多张，其中食品加工企业 10000 多张，食品包装制造企业 1000 多张，饲料企业 20 张。发证数量前 5 位的国家为美国 1004 张、日本 851 张、中国 803 张、印度 614 张和荷兰 303 张。

4. 食品安全与质量认证

食品安全与质量认证（SQF 2000）标准为食品供应商提供了一整套以 HACCP 为基础的食品安全与质量管理认证方案，使他们能够满足产品追溯、法规、食品安全和质量标准要求。

SQF 2000 标准最初由澳大利亚农业委员会于 1994 年开发并加以实施。2003 年 8 月美国食品营销研究院（Food Marketing Institute，FMI）取得了 SQF 的所有权并建立 SQF 研究院来管理这一项目。2004 年 SQF 2000 标准获得全球食品安全倡议组织（Global Food Safety Initiative，GFSI）的认可。2008 年 8 月 SQF 研究院发布了 SQF 2000 第六版标准。2012 年 SQF 2000 标准得到了重新设计，以满足食品链从初级生产到运输和分销各环节的应用。2013 年 5 月 SQF 研究院发布了第七版 SQF 2000 标准，取代了第六版 SQF 2000 标准以及第五版 SQF 1000 标准。

SQF 2000 标准是过程和产品认证标准。SQF 2000 标准的主要特性是强调 HACCP 的系统应用，以控制食品质量和食品安全危害。SQF 管理体系的实施注重于采购商的食品安全和质量要求，并为当地和全球食品市场供应商提供解决方案。

供应商可根据客户的需要以及自身食品安全和质量管理体系发展阶段选择认证等级。根据 SQF 2000 标准（第七版）所进行的认证有三个等级：食品安全基础、经认证的 HACCP 食品安全计划、全面的食品安全和质量管理体系。只有通过 SQF 2000 等级 3 认证，食品企业才可以将认证标志直接使用在企业的广告和产品包装上，这也是 SQF 2000 与其他认证体系（诸如 HACCP、ISO 9000等）最大的区别。在独立的第三方认证机构的监督管理下，该标志体现了企业展示其生产高质量、安全食品的能力和承诺，通过实施 SQF 2000 认证体系，企业能够提升其良好的社会效益，扩大产品市场占有率。

目前，全球获得 SQF 2000 认证的供应商约 7800 多家，其中美国的供应商有 5271 家，澳大利亚的供应商有 1127 家，加拿大的供应商 682 家，来自中国的供应商仅有 7 家。

三、全球食品安全倡议指导文件

2007年9月，全球食品安全倡议发布指导文件（第五版），按照食品安全管理方案要求列出了食品生产中的关键要素，并对寻求符合要求的方案提供指导。在此（指导文件）框架内可对食品安全管理方案进行评估。因此，GFSI指导文件本身不是标准，不参与任何认证或授权活动。

此外，指导文件设定了递送合规方案的要求，并包括获取证书的流程操作指导。指导文件根据本文件设定了向GFSI提交年度报告的流程，以及根据本文件新版本设定了审核方案的流程。

所有食品供应链、供应商均可申请合规食品安全管理方案。零售商和供应商对于该方案适用何种产品具有决断力。不同的公司政策、基本规章要求、应履行义务和产品可靠性决定了方案的适用情况也有所相同。

GFSI对本指导文件的制定和维护负责。指导文件至少每五年推出一套新版本，且附录内容有可能增加。利益相关者将受邀提交评论和建议。新版本草案将在利益相关者之间流通。

指导文件（第五版）主要包括三个部分。①

（1）第一部分——食品安全管理方案要求：简介、范围、定义、GFSI指导文件概览、食品安全管理方案应用与基准审核程序。

（2）第二部分——合规食品安全管理标准要求（关键要素）：食品安全管理体系、良好生产实践、良好农业实践、良好分销实践、危险分析与关键控制点（HACCP）。

（3）第三部分——食品安全管理体系递送要求：简介、认证管理机构指南、审计频率/持续时间、食品证书——种类、审计人员资质、培训、经验和能力、利益冲突、审计人员最低要求、评估、非合规行为的纠正、认证决定、审计报告阅读权限。

四、全球食品安全倡议新发展

2020年2月20日，全球食品安全倡议（GFSI）发布全新、完善后的案例手册。②《全球食品安全倡议案例研究手册》展示了全球食品安全倡议组织如

---

① 详见附录2指导文件第五版（2007年9月）。

② 美通社．亚马逊、雀巢、沃尔玛等在《全球食品安全倡议案例研究手册》中分享食品安全最佳实践［EB/OL］．（2020-2-20）［2020-8-13］．https：//www.prnasia.com/lightnews/lightnews-1-102-24172.shtml.

何与企业合作，在企业内部及企业供应链上改善食品安全实践。每个案例翔实解释了为什么企业选择与 GFSI 合作，如何合作以及合作所带来的好处。通过参与，企业有机会分享食品安全管理方面的最佳实践，并展示他们正在努力推动积极的变革，并在业界建立消费者信任。

延续原版《全球食品安全倡议案例研究手册》的成功，新推出的版本包括一些食品行业顶级大公司的最新观点主张。贡献案例公司包括：（1）AEON 永旺。（2）Ahold Delhaize 皇家阿霍德德尔海兹集团。（3）Amazon 亚马逊。（4）Cargill 嘉吉。（5）Danone 达能。（6）Ecolab 艺康。（7）Kroger 克罗格。（8）McDonald's 麦当劳。（9）METRO Turkey 麦德龙土耳其。（10）Mondelez International 亿滋国际。（11）Nestle 雀巢。（12）Walmart 沃尔玛。（13）Wegmans 韦格曼斯。（14）Weifang Artisan Foods 潍坊匠造食品。

2020 年 2 月 26 日，2020 年度 GFSI 全球食品安全倡议大会在美国西雅图市召开，超过 1000 位食品分销商、生产商和安全专业人士相聚一堂，全球食品安全倡议（GFSI）发布最新版对标要求。①

GFSI 长期致力于为业界设定“全球标准”，而最新版的 GFSI 对标要求绝非仅仅只是更新。相反，此新版本是一次全新思维尝试，标志着新一代承认要求的开启。为强调最新版中变动内容的重要性，GFSI 打破了传统的命名方式，将每一套更新标准的名称与发布年份对齐。此新版对标要求为“2020 年版”。

GFSI 对标要求是世界上最广为接受的食品安全认证方案的对标文件。依据国际食品法典委员会之要求，这些基于科学的要求，促使供应链上各方达成共识和互信，从而促进贸易、提高效率，并向经 GFSI 承认的认证方案的运作方提供标识授权。对标要求纳入了来自公众咨询利益相关方的意见，并定期修订，以反映行业的最佳实践和不断变化的需求。

2020 年版为确保全球安全食品奠定了新的基础，它对食品安全认证提出了新的要求，同时简化并标准化方法。2020 年版将有助于实现两个主要目标，即透明度和客观性，以确保实现 GFSI 愿景——为全球消费者提供安全食品。2020 年版本中新增和强化内容包括两个新范围，重点放在卫生设计，食品安全文化要素和加强审核过程的公正性和认证机构的监督上。

当前，全球食品系统和粮食从农场到餐桌的旅程日益复杂，使得市场和国家之间的协调变得越来越重要。GFSI 作为一项自愿性倡议，汇聚了来自零售

① 美通社．全球食品安全倡议提高食品安全标准，发布全新 GFSI 对标要求［EB/OL］．（2020-2-26）［2020-7-19］．https：//www.prnasia.com/story/273476-1.shtml.

商、生产商和食品服务商，以及国际组织、政府、学术机构和服务提供商的专家，推动着全球食品安全管理体系不断完善。全面遵守以2020年版为基准的认证方案，使分销商和生产商遵守一套标准，这意味着为消费者提供了更好的保证和结果。

第四节　中国食品质量标准认证体系

一、农产品质量安全认证

我国农业进入新的发展阶段，农产品质量安全体系建设步伐全面加快，认证成为农产品质量安全管理工作的重要组成部分。加入WTO以后，为适应农产品国际贸易发展的需要，认证已成为贸易企业走向国际市场的一条重要途径。随着城乡居民生活水平的不断提高，农产品质量安全认证日益受到生产者和消费者的关注。本章将对我国农产品质量安全认证体系进行较为全面的介绍，包括产品认证、体系认证及我国农产品质量安全认证的发展。

我国农产品质量安全认证工作是从绿色食品认证起步的。农产品质量安全认证的产生，具有深刻的国际和国内背景。

1. 国际背景

（1）环境和资源问题日益受到人们的关注，工业化的发展和人口的急剧增加使得环境遭到破坏的速度加快，资源面临枯竭。农业作为人类生存最基本的活动，是维持资源、环境、食物、生命系统良性运转不可替代的产业。因此，实现农业的可持续发展，已成为当今世界农业发展需要研究、解决的重大课题，而认证是推动农业可持续发展的重要手段和措施。

（2）20世纪末，由于疯牛病、二噁英等食品污染事件的发生，使得人们对食品安全越来越重视。生产安全的农产品及食品已成为各国的共同目标，进行农产品质量安全认证是保证食品安全、增强消费者安全感的必要措施之一。

（3）虽然WTO规定其成员可以进行自由贸易，但许多发达国家出于各种需要对农产品进口设置“绿色壁垒”或“认证壁垒”。为进行公平的国际贸易，实行农产品质量安全认证以满足不同国家的要求，已成为各国开展国际贸易最常用的手段之一。

2. 国内背景

（1）随着城乡居民消费水平的不断提高，人们对农产品的消费需求发生了重大转变，即由数量型向质量型转变，对农产品质量安全问题日益关注，消费市场对安全优质农产品的需求迅速增长，认证是推动安全优质农产品发展的重要方式之一。

（2）我国农业进入新的发展阶段，农产品质量安全问题日益成为农业和农村经济发展中需要着力解决的重点问题。开展农产品质量安全认证，全面提高农产品质量安全水平，既是新阶段农业发展的需要，又是提高农业竞争力、增加农民收入的重要途径，也是保障食品安全、维护人民群众身体健康的基本要求。

（3）我国加入了 WTO 以后，面对竞争日益激烈的国际市场，开展农产品质量安全认证，提高农产品质量安全，开拓国际市场，显得尤为必要。因此，通过实施农产品质量安全认证，实现农业标准化生产，提高农产品质量安全水平和我国农产品的国际市场竞争力，具有客观必然性。

近年来，在农业部以及国家有关部门的共同努力下，我国农产品质量安全认证工作从无到有，逐步规范、不断发展，基本形成了以产品认证为重点、体系认证为补充的农产品质量安全认证体系。

二、无公害食品认证

按照农业部作出的无公害农产品、绿色食品和有机食品“三位一体、整体推进”的战略部署，我国在农产品认证方面主要开展了无公害农产品认证、绿色食品认证和有机食品认证（三者简称“三品”认证）。

1. 无公害食品认证

无公害食品是指产地环境、生产过程、产品质量符合国家有关标准和规范的要求，经认证合格获得认证证书并允许使用无公害农产品标志的未经加工或初加工的食用农产品。无公害农产品认证是依据国家认证认可制度和相关政策法规、程序，按照无公害食品标准，对未经加工或初加工食用农产品的产地环境、农业投入品、生产过程和产品质量进行全程审查验证，向评定合格的农产品颁发无公害农产品认证证书，并允许使用全国统一的无公害农产品标志的活动。无公害农产品，也就是安全农产品，或者说是在安全方面合格的农产品，是农产品上市销售的基本准入条件。

为解决我国食品基本质量安全问题，经国务院批准，农业部于 2001 年 4 月启动“无公害食品行动计划”，并于 2003 年实现了“统一标准、统一标志、统一认证、统一管理、统一监督（五统一）”的全国统一的无公害农产品认证。2003年以来，无公害农产品保持了快速发展的态势，具备了一定的发展基础和总量规模，已成为许多大中城市农产品市场准入的重要条件。目前，无公害农产品认证已经不仅仅是促进农户、企业和其他组织提高生产与管理水平、保证农产品质量安全、提高竞争力的可靠方式和重要手段，同时也成为了国家从源头上确保农产品质量安全、保护环境和人民身体健康、规范市场行为、指导消费、促进对外贸易、建设和谐社会的战略性选择。

无公害食品认证的产品主要是老百姓日常生活离不开的“菜篮子”和“米袋子”产品，其产品质量必须达到我国对农产品质量安全的强制性标准要求。也就是说无公害农产品认证的目的是保障基本安全，满足大众消费，属于政府推动的公益性认证，不收取费用，同时具有一定的强制性。无公害农产品认证推行“标准化生产、投入品监管、关键点控制、安全性保障”的工作制度。从产地环境、生产过程和产品质量三个重点环节控制危害因素，保障农产品消费安全。

无公害食品认证采取产地认定与产品认证相结合的模式，遵循从“农田到餐桌”全过程管理的指导思想，打破过去农产品质量安全管理分行业、分环节管理的做法，强调以生产过程控制为重点，以产品管理为主线，以市场准入为切入点，以保证最终产品消费安全为基本目标。无公害农产品认证的过程是一个自上而下的政府监督管理行为，产地认定主要解决生产环节的质量安全控制问题，是对农业生产过程的检查监督行为；产品认证主要解决产品安全和市场准入问题，是对管理成效的确认，包括产地环境、投入品使用、生产过程的监督检查及产品的准入检测等方面。

2. 无公害食品认证依据的法律法规

《中华人民共和国农业法》《中华人民共和国认证认可条例》和《中华人民共和国农产品质量安全法》是制定无公害农产品认证工作制度所遵循的法规。“无公害食品行动计划”是制定无公害农产品认证制度的政策依据，并提供政策导向。《无公害农产品管理办法》（农业部与国家质检总局联合令第12号）是全面规范农产品认定认证、监督管理的法规。《无公害农产品标志管理办法》（农业部与国家认监委联合公告第231号）规范了无公害农产品标志印制、使用、管理等工作。《无公害农产品产地认定程序》和《无公害农产品认证程序》（农业部与国家认监委联合公告第264号）规范了认定认证工作的行为。其他关于检测机构、检查员、现场检查、复查换证、检测抽样等都有相应制度文件，无公害农产品认证制度框架如图5-1所示。

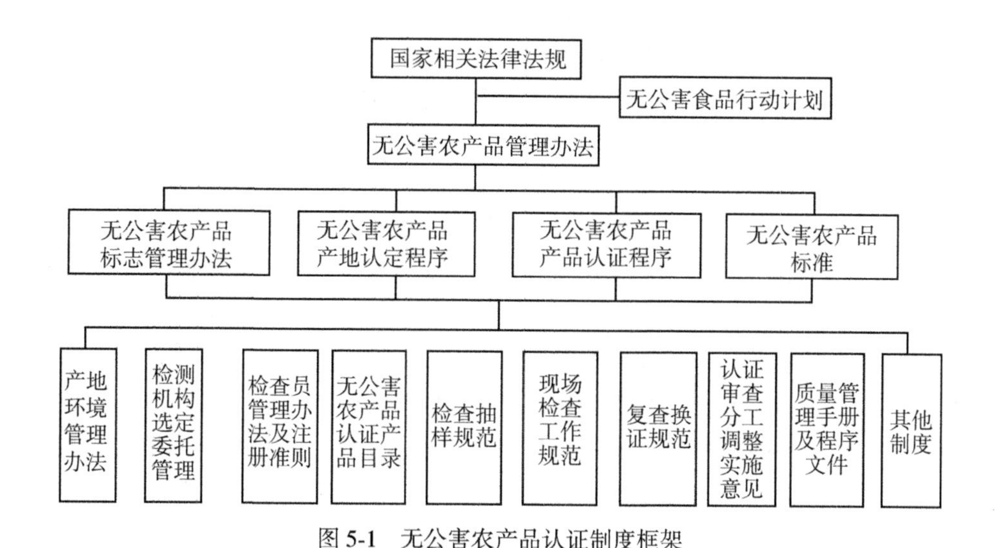

图 5-1　无公害农产品认证制度框架

3. 无公害食品认证的标准依据

无公害食品标准是无公害农产品认证的技术依据和基础，是判定无公害农产品的尺度。为了使全国无公害农产品生产和加工按照全国统一的技术标准进行，树立标准一致的无公害农产品形象，农业部针对无公害农产品组织制定了包括产品标准、产地环境条件、投入品使用、生产管理技术规范、认证管理技术规范在内的无公害食品系列标准，标准系列号为 NY5000。截至 2006 年年底，农业部共制定 395 项无公害食品标准，现行有效的有 281 项，其中产品标准 127 项，产地环境标准 20 项，投入品使用准则 7 项，生产管理技术规范 105 项，加工技术规程 10 项，认证管理技术规范 12 项，初步形成了无公害食品标准体系。①

无公害食品标准贯穿了生产、销售全过程的所有关键控制环节，基本覆盖了包括种植业、畜牧业、渔业产品在内 90%的农产品及其初加工产品，为无公害农产品生产、检测、认证和管理提供了技术依据，在提高农产品质量安全水平，打造我国农产品优质品牌、增强我国农产品市场竞争力，推动农业标准

① 农产品质量安全基本概念介绍［EB/OL］.（2013-3-19）［2019-11-14］. http://www.fubosoft.com/clbweb2005/Public_Web/webpage/SNewDetails.aspx? InfoID = 664&dbname = dwnj.

化生产、产业化经营，规范市场等方面发挥了重要作用。

4. 无公害食品认证的组织机构及管理

由农业部和国家认证认可监督管理委员会联合公告的《无公害农产品认证程序》，明确了农业部农产品质量安全中心承担无公害农产品认证工作。

农业部农产品质量安全中心根据自身职能，为满足无公害农产品认证工作的需要，逐步形成了相对完善的无公害农产品认证的组织机构。中心内设办公室、技术处、审核处、监督处 4 个处室，下设种植业产品、畜牧业产品、渔业产品 3 个分中心。

5. 无公害食品认证的程序要求

（1）产地认定程序。首先由申请人提出产地认定申请。申请人应具备产地申请的相应条件，并要提交申请书、产地环境状况、质量控制措施等材料。之后由县、市、省级农业行政主管部门依据《无公害农产品产地认定程序》进行初审、复审、现场检查、产地环境检测与评估，最后作出终审结论。符合条件的由省级农业行政主管部门颁发《无公害农产品产地认定证书》，产地证书有效期 3 年。无公害农产品产地认定程序如图 5-2 所示。

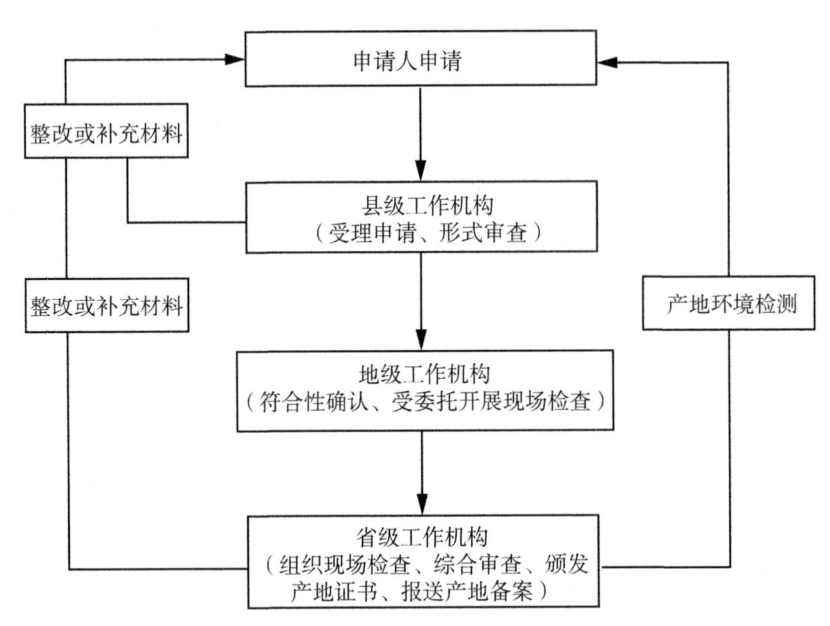

图 5-2　无公害食品产地认定审查流程

（2）产品认证程序。个人和单位都可以申请无公害农产品认证，申请无公害农产品认证的产品的产地应获得无公害农产品产地认定证书，同时产品应在《实施无公害农产品认证的产品目录》范围内（2006年的产品目录共有815个）。根据《无公害农产品认证程序》，认证过程包括认证申请、初审、复审、终审（又称专家评审）和颁证等环节符合条件，并由农业部农产品质量安全中心颁发《无公害农产品证书》，产品证书有效期3年。无公害农产品认证程序如图5-3所示。

获证产地和产品在3年有效期满后，如需继续使用产地认定证书或产品认证证书，应按规定提出复查换证申请，经确认合格即可换发新的证书。此外，为方便申请人、提高工作效率，2006年开始开展无公害农产品产地认定和产品认证一体化推进试点工作，即将产地认定与产品认证在程序上合二为一，产地认定与产品认证申报材料合为一套，认定认证审查合并进行，改变单品种独立申报为同一产地、同一申请人多品种一次性申报。无公害农产品产地认定与产品认证一体化流程如图5-4所示。

6. 无公害食品认证的现状

截至2006年年底，全国累计认定无公害食品产地30255个，其中种植业产地21701个，面积规模2327万公顷，占全国总耕地面积的17.9%（总面积按1.3亿公顷计算）；畜牧业产地5188个，养殖规模2.75亿头（只、羽），渔业产地3366个，面积达216万公顷。全国累计认证无公害农产品23636个，获证单位14806个，产品总量1.44亿吨，其中种植业产品17996个，畜牧业产品2484个，渔业产品3156个。①

三、绿色食品认证

1. 绿色食品的概念与内涵

绿色食品是指遵循可持续发展原则，按照特定生产方式生产，经专门机构认定，许可使用绿色食品标志的无污染、安全、优质食品。可持续发展原则的要求是生产的投入量和产出量保持平衡，既要满足当代人的需要，又要满足后代人同等发展的需要。绿色食品在生产方式上对农业以外的能源采取适当的限制，以更多地发挥生态功能的作用。

① 截至2006年年底我国累计认证无公害农产品23636个［EB/OL］．（2007-5-12）［2019-12-5］．http：//www.gov.cn/jrzg/2007-05/12/conent_611891.htm.

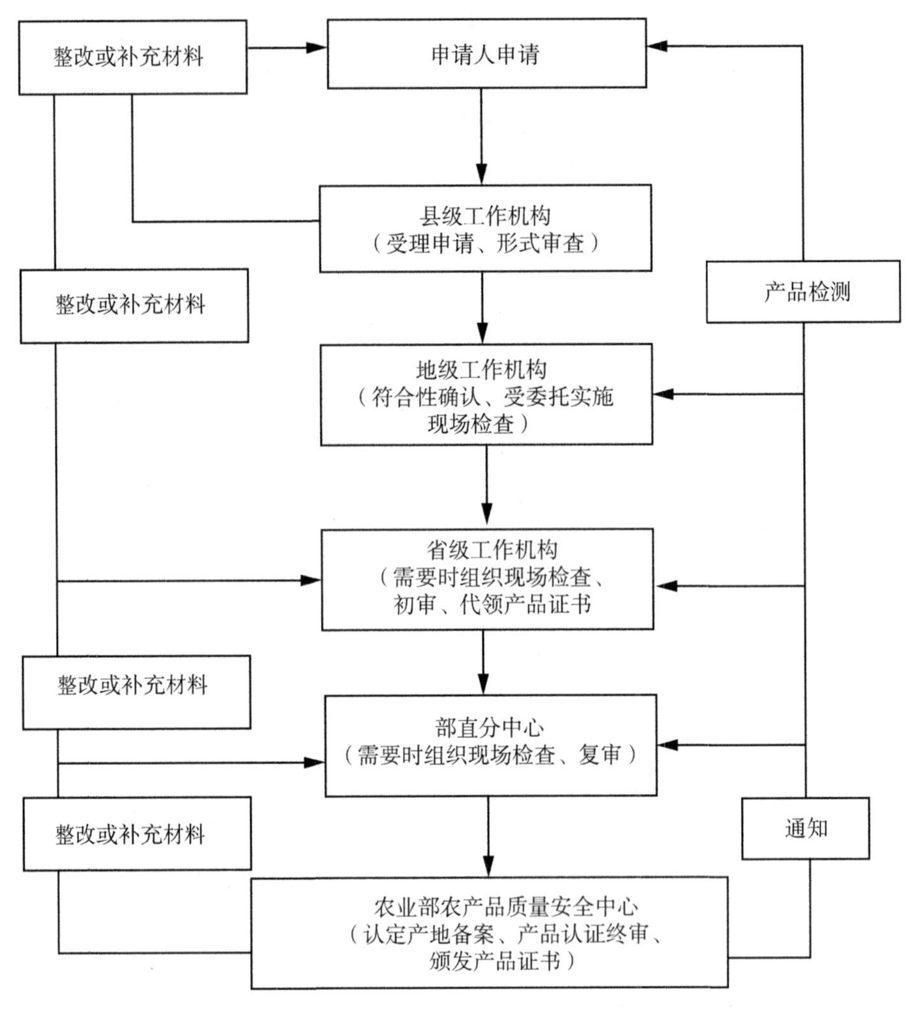

图 5-3　无公害食品认证审查流程

绿色食品的产生有其独特时代背景。20 世纪 90 年代初期，我国基本解决了农产品的供需矛盾，但食物中毒事件频频发生，农产品农药残留问题引起社会广泛关注，“绿色”成为社会的强烈期盼。1990 年，中国绿色食品事业发展的序幕拉开，目的是通过发展无污染的安全、优质、营养类食品，保护和改善生态环境，促进农业可持续发展；保障食品消费安全，增进城乡人民身体健康。1992 年，农业部成立中国绿色食品发展中心，1993 年农业部发布《绿色食品标志管理办法》，正式开展了全国统一的绿色食品认证。

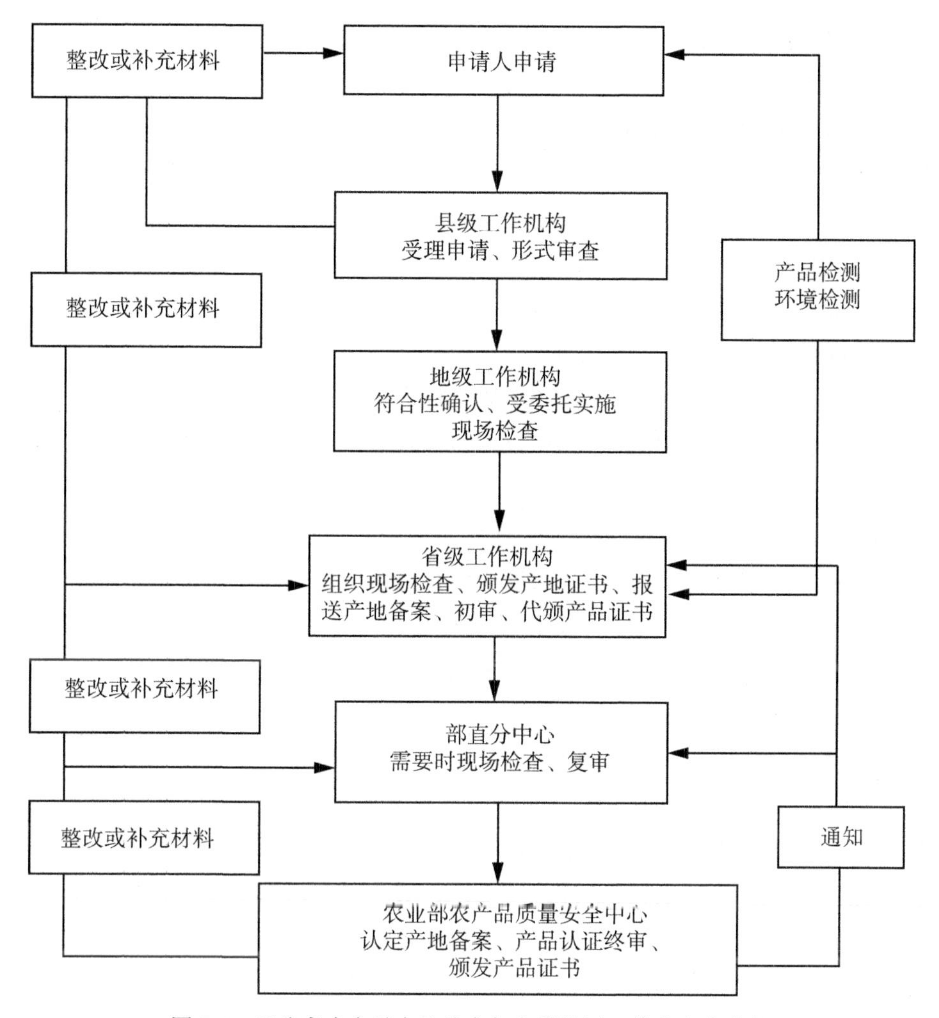

图 5-4 无公害农产品产地认定与产品认证一体化审查流程

我国的绿色食品分为 A 级和 AA 级两种。其中 A 级绿色食品生产中允许限量使用化学合成生产资料，AA 级绿色食品则较为严格地要求在生产过程中不使用化学合成的肥料、农药、兽药、饲料添加剂、食品添加剂和其他有害于环境和健康的物质。按照农业部发布的行业标准，AA 级绿色食品等同于有机食品。

绿色食品与普通食品相比具有三个显著特点：一是强调产品出自良好生态环境；二是对产品实行“从土地到餐桌”全程质量控制；三是对产品依法实

行统一的标志与管理。

2. 绿色食品认证依据的法律法规

绿色食品认证依据的法律法规包括：

《中华人民共和国农产品质量安全法》《中华人民共和国认证认可条例》《认证违法行为处罚暂行规定》《认证机构及认证培训、咨询机构审批登记与监督管理办法》《认证及认证培训、咨询人员管理办法》《认证证书和认证标志管理办法》《绿色食品标志管理办法》《绿色食品检查员注册管理办法》《绿色食品企业年度检查工作规范》。

3. 绿色食品认证的标准依据

绿色食品标准体系包括产地环境质量标准、生产技术标准、产品标准、包装和储运标准、抽样和检验标准 5 大组成部分。绿色食品标准体系框架如图 5-5所示。

4. 绿色食品认证的组织机构及管理

农业部下属的中国绿色食品发展中心是全国统一的绿色食品认证和管理机构。此外，全国已有绿色食品省级管理机构 42 个，地市级和区县级管理机构 1000 余个，绿色食品产品检测机构 38 家，环境监测机构 71 家，绿色食品认证检查员 794 人，标志监管员 845 人。①

5. 绿色食品认证的程序与要求

为规范绿色食品认证工作，中国绿色食品发展中心依据《绿色食品标志管理办法》，将绿色食品认证的程序分为八个步骤：①认证申请。②受理及文审。③现场检查、产品抽样。④环境监测。⑤产品检测。⑥认证审核。⑦认证评审。⑧颁证。凡具有绿色食品生产条件的国内企业均可按程序申请绿色食品认证，境外企业另行规定，绿色食品认证程序如图 5-6 所示。

6. 绿色食品认证的现状

绿色食品产品日益丰富，现有的产品门类包括农林产品及其加工产品，畜禽、水产品及其加工产品，饮品类产品等 5 个大类、57 个小类、近 150 个种类，基本上覆盖了全国主要大宗农产品及加工产品。截至 2015 年年底，全国绿色食品企业总数达到 9579 家，产品总数达到 23386 个，年均分别增长 8%和 6%。绿色食品产品国内年销售额由 2010 年末的 2824 亿元增长到 4383 亿元，

---

① 人力资源和社会保障部人事考试中心．农业经济专业知识与实务［M］．中国人事出版社，2017：6.

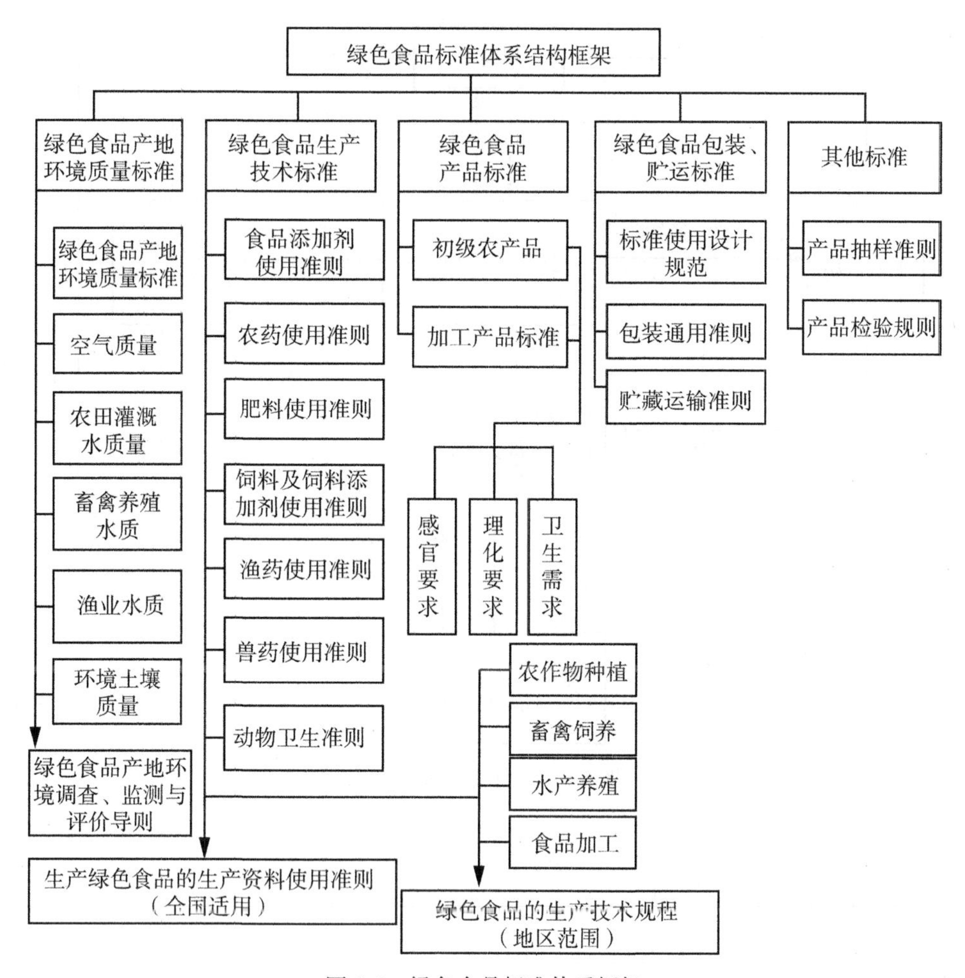

图 5-5　绿色食品标准体系框架

年均增长 9.2%，年均出口额达到 24.9 亿美元。绿色食品产地环境监测面积达到 2.6 亿亩。全国已创建 665 个绿色食品原料标准化生产基地，21 个有机农业示范基地，总面积 1.8 亿亩，对接 2500 多家企业，覆盖 2100 多万户农户，每年带动农户增收超过 10 亿元。①

① 王运浩主任在全国“三品一标”工作会议上的讲话［EB/OL］.(2015-3-28)［2019-12-19］.http：//jiuban.moa.gov.cn/sydw/lssp/zl/zyjh/201603/t20160328-5072352.htm.

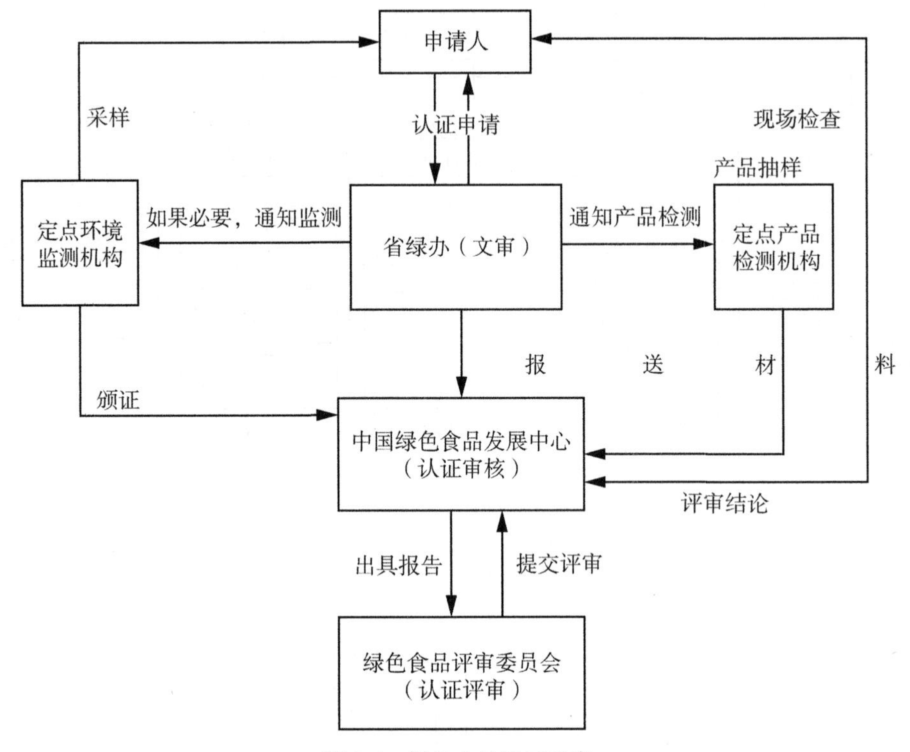

图 5-6　绿色食品认证程序

四、有机食品认证

有机食品是指来自有机农业生产体系的食品，有机农业是指一种在生产过程中不使用人工合成的肥料、农药、生长调节剂和饲料添加剂的可持续发展的农业，它强调加强自然生命的良性循环和生物多样性。

为促进食品案例，保障人体健康，防止农药、化肥等化学物质对环境的污染和破坏，由通过资格认可的注册有机食品认证机构依据有机食品认证技术准则、有机农业生产技术操作规程，对申请的农产品及其加工产品实施规定程序的系统评估，并颁发证书，该过程称为有机食品认证。认证以规范化的检查为基础，包括实地检查、可追溯系统和质量保证体系的实施。有机食品认证范围包括种植、养殖和加工的全过程。有机食品认证的一般程序包括：生产者向认证机构提出申请和提交符合有机生产加工的证明材料，认证机构对材料进行评审、现场检查后批准。

根据有机食品产业在中国的发展情况，我国有机食品的发展大致可分为三个阶段。1990 年至 1994 年为有机食品产业发展的探索阶段，这一时期，国外机构进入中国，推动了中国有机食品的发展。1995 年至 2002 年为有机食品产业发展的起步阶段，在此期间，中国相继成立了自己的认证机构，并开展了相应的认证工作。自 2003 年开始，中国有机食品发展进入了规范快速发展阶段。本阶段以 2003 年 11 月 1 日开始实施的《中华人民共和国认证认可条例》的正式颁布实施为起点。此后，《有机产品认证管理办法》、有机产品国家标准 GB/T19630—2005《有机产品》《有机产品认证实施规则》相继由国家质量监督检验检疫总局、国家认证认可监督管理委员会等部门发布实施。至此，我国有机产品认证法规、标准体系正式建立。

第五节 本 章 小 结

随着食品质量与安全管理体系的进一步完善，构建监管体系脚步的进一步加快，获取食品质量与安全管理体系认证已经成为食品生产企业降低食品安全风险、加强质量管理和品质控制最有效的方法之一。同时，作为取得客户供应资格和进入多元化国际市场的敲门砖，更是企业运行供应链管理的重要依据。本章首先对国际质量认证 ISO 9000、国际食品质量认证系统 ISO 22000 和全球食品安全倡议（GFSI）进行详细介绍，然后，对中国食品质量标准认证体系进行梳理。

第六章　食品安全文化

近年来，葡萄酒农药残留、奶酪宝宝杯、劣质奶粉大头娃娃事件、“陈馅月饼”和“过期面包汉堡”等食品安全危机事件层出不穷，在国家食品安全体系建设中，应确保国民健康素质，保证舌尖上的安全。提升食品安全能力，需要企业文化和领导层的重视与协调。食品行业有着其他行业不具备的市场特征，包括市场完全开放、技术门槛不高、竞争充分、产品同质化程度高。食品行业巨大的市场机遇和受社会经济波动小的特点，使得食品行业竞争日趋白热化。“广告+明星+产品”能让企业在市场中赢得短期效益，而外部资源和市场机遇等才是食品企业竞争制胜的砝码，食品企业的成功是核心竞争力的竞争优势造就的，食品企业能否形成无可取代的核心竞争力的关键，除了战略因素，重要的就是企业文化因素。

第一节　食品安全文化概述

一、文化概述

1. 文化的起源

“文化”一词由“文”与“化”复合而成。“文”是初民用交错的划痕来表达“复杂”“纷繁”之意，在此基础上，“文”字被引申出若干含义，包括：语言文字内的各种符号及其排列规律，进而具化为文章典籍；由典籍而引申出的礼乐制度、法律条例等；由纹理之义演化而来的天道自然规律或人伦社会规律；由伦理的含义导出彩描、装饰、人为修养之义；在第三和第四种含义之上，更导出关、善、德行之义。“化”的本义是转变、生成、造化等，指事物形态或性质的转变。

西汉以后将“文”与“化”合成一个整词使用，刘向的《说苑·指武》中指出：“圣人之治天下也，先文德而后武力。凡武之兴，为不服也。文化不改，然后加诛。”这里的“文化”就是指“义治教化”。“文化”的本义就是“以文教化”，表示对人的性情的陶冶，品德的教养。这与西方语言中“Culture”的引申含义不谋而合。

2. 文化的概念

许多学者一直不断努力，试图从各自学科出发来定义文化的含义，但目前仍没有获得一个公认的定义。确切地说，文化是指一个民族的历史、地理、风土人情、传统习俗、生活方式、文学艺术、行为规范、思维方式、价值观念等。

（1）广义文化。广义的文化概念的界定主要见于当今的各类汉语辞典中，在《现代汉语词典》中指“人类在社会历史发展过程中所创造的物质财富和精神财富的总和”。专注于人与其他动物、人类社会与自然界的区分，人类作用于自然的独特生存方式，其涵盖面十分宽泛，因此也被称为大文化观。

通常文化哲学、文化人类学等学科的学者多以支持此类广义文化的说法，而在安全文化领域，我们并不倡导这一广义的概念。

（2）狭义文化。狭义的文化概念排除了物质部分，仅仅保留精神财富文化，在《现代汉语词典》中指精神财富，如文学、艺术、教育、科学等，排除人类社会发展中有关物质创造活动及其结果，而专注于精神创造活动及其结果，重要的是心态文化。

二、安全文化概述

1. 安全文化的概念

要了解什么是食品安全文化，首先要清楚什么是安全文化。“安全文化”的概念产生于20世纪80年代的美国，其英文为“Safety Culture”。

（1）广义安全文化。广义安全文化包括了人类所创造的安全物质财富和精神财富，目的是为人类创造健康的工作和生活条件。安全文化的本质是指，当安全文化只有与人们的社会实践相结合，通过文化的教养，提高安全修养，才能真正发挥预防事故发生且保障生活质量的作用。

（2）狭义安全文化。狭义安全文化是指表现为人类在生产、生活等活动过程中，为保障身心安全所获得的精神财富。

对上述广义和狭义安全文化概念进行比较后，发现两者的主要不同在于含义，广义的安全文化涉及物质财富和精神财富两个方面，而狭义的安全文化只包括精神财富的总体，二者的外延则基本相同，都是涉及以安全为目的的人类活动领域。

2. 安全文化的分类

安全文化按照不同的标准有不同的划分。

（1）按照安全文化的主体来分类：一是个体安全文化，是指社会中每一个人本身所独自具备的安全文化。二是群体安全文化，是由某种特定人群的集合所共有的安全文化，由该人群群体中的个体安全文化汇合而成。

（2）按照安全文化所涉及的人群对象来分类：一是企业安全文化，是目前最受关注的安全文化类型。二是政府安全文化，是我国在 2004 年提出并大力提倡的一种安全文化，通常指各级政府应当具备的安全文化。三是民众安全文化，指普遍存在于公众中，随着社会发展而自然形成并传承的安全文化。

三、食品安全概述

1. 食品安全的含义

技术不断发展导致食品危害也在不断变化，食品安全的含义经历了动态的变化过程。对食品安全的理解很难形成一致的看法，其中涉及多个学科等多种因素。食品安全的一般理解是保证食品按照其用途在准备或食用时不会对消费者造成危害。

（1）食品安全从物质角度加以界定。食品安全的最初保证是通过食品说明来实现的。由于食品的多样性，可以允许某些化学物质的应用。

（2）食品安全与生产过程有关，即应该将生产过程与生产方法的安全纳入食品安全内涵中。在整个食品链中需要实施恰当的方法来预防风险。最初食品生产过程的规范是卫生条件的要求，随后食品技术解决了食品工业中的卫生问题。当食品链条变长，生物风险导致食源性疾病不断发生。许多食品安全生产实践规范得以发展，确保食品生产过程的安全性，危险分析与关键控制点制度同样是防范食品生产过程风险的手段。

（3）食品安全与食品信息有关。食品标签信息可以为消费者提供恰当的信息，满足消费者不同食品喜好的目的。包含某些强制性的信息，如食品名称、生产商的名称、使用说明书、健康问题的成分信息等，其中营养声明信息必不可少。

2. 食品安全相关概念的比较

（1）食品安全与食品质量比较。这两个概念在某种程度上密切相关，但也存在差异。质量是由“质”和“量”所构成的事物的规定性，是某种产品所具有的优劣程度。食品质量具有多维度的属性，食品安全是其中之一，除了安全性考量，也包括营养属性、价值属性和包装属性等。不同于其他的属性，安全性是食品允许进入市场的强制性要求。食品质量不同的属性定位可以成为食品竞争力的衡量因素。例如，如果食品达成了更高的质量标准，可以使该食品具有较强的市场竞争力。因此，食品质量的标准制定可以交由市场来处理，由私法规范予以调整。

（2）食品安全与食品卫生比较。食品安全与否，卫生往往是第一标准。随着食品领域的发展，这两者含义开始有了区别。《加强国家级食品安全性指南》强调食品卫生与食品安全的区别，前者是确保食品链中安全性的所有必要条件，后者是指保证食品按其用途在食用时不会导致消费者受到伤害。食品安全既是食品卫生问题，也涉及其他方面，食品卫生是食品安全的一个方面，食品卫生的基本部分是符合食品安全要求的。关注食品安全成为食品监管与治理的基础，而食品卫生只是一个从属的要求。

（3）食品安全与食品营养比较。食品的基本功能是为满足身体基本需要而提供营养物质。营养问题成为食品安全的关注点，营养素的摄入量是基于个人的不同情况而保持生理平衡，人类基本的营养素需要是相同的，营养素的摄入过多或者过少都会导致疾病，不仅关系人类的生存，同样关系人类的健康乃至生命安全。食品营养是食品安全的主要关注点。

以上三组概念比较有助于理解食品安全。食品营养监管与治理的难点更多的与信息相关，因为政府干预食品营养非常有限。广大民众应该拥有充分的信息来作出关于营养食品的决定，食品标签规范有助于指导消费者作出恰当的食品选择。

四、食品安全文化概述

1. 食品安全文化的概念

有人用冰山或者洋葱来形象地剖析文化的层次概念，食品安全文化同样如同一座冰山，我们看到的那些只是水面上的一小部分。位于水面以上一层，就是通常说的外显文化，是指如设备、文档、操作；位于中间一层，就是通常说的价值体现，是指如训练过程、沟通流程、奖惩机制等；位于最下面的一层，就是通常说的基本假设，是潜在的价值，它是最难触及和改变的一个环节。对食品安全的重视，不管是从哪个角度去理解，它和品牌本身的核心价值观和公司文化结构都是紧密相关的。

“食品安全文化”一词在行业中很常用，有时甚至被滥用，很难确切理解其内涵，可以指具体的微生物、食品安全标准和流程控制，这些被称为“硬科学”；讨论与组织文化和人类行为有关的术语，这些被称为“软科学”。从多年的食源性疾病数据来看，软科学依然是“硬伤”，甚至是最“硬”的。

（1）弗兰克·扬纳斯①认为，食品安全文化是公司或者企业的员工如何解读食品安全，是他们常规实践和所展示的食品安全的行为。员工只需成为公司或者企业里的一分子就会掌握这些思想和行为。此外，这些思想和行为将会渗透和贯穿整个企业。如果你真的创造了一种食品安全文化，这些思想和行为将会随着时间的推移不断持续，而不仅仅是成为一个“月计划”或者某年度的焦点而已。这表明了食品安全是独立的，企业的每一员工对提供安全的食品都有各自的责任。它也表明食品安全是相互依赖的，公司的所有员工有确保食品安全的共同责任。一个组织整体的食品安全取决于每个部门，其整体效果大于各部门之和。

（2）2013 年，中国农业大学罗云波教授提出“建立以尊重为纽带的食品安全文化”，一时引起了相关学者的高度关注。对此观点的具体解释如图 6-1 所示。

图中可以看到“以尊重为纽带的食品安全文化”包括五个方面的尊重。尊重也是一种文化，是建立在感性基础上的食品安全监管。食品安全文化既存在于食品安全生产管理当中，同时又存在于每一个与食品安全相关的人。

对于食品企业来说，要从以食品安全为核心的企业文化着手提供健康的食品。食品安全文化需要渗入到企业的理念和行为实践中。食品安全文化是安全文化的子文化，是安全文化的重要组成部分。

2. 食品安全文化的特征

（1）可塑性。文化是可以不断被继承的，不同文化可以在融合中不断创新。文化可为不同社会、不同民族、不同国家所接受。按照时代的需求，不同的文化互相借鉴，形成优势互补，科学地创造出一种最佳的文化。

（2）时代性。随着管理水平的不断提升，在树立食品安全价值观的基础

---

① 弗兰克·扬纳斯（Frank Yiannas），全球食品安全领域的知名专家、沃尔玛食品安全副总裁，他首先在国际上倡导食品安全文化，出版了《食品安全文化》和《食品安全等于行为：30 条提高员工合规性的实证技巧》等专著。

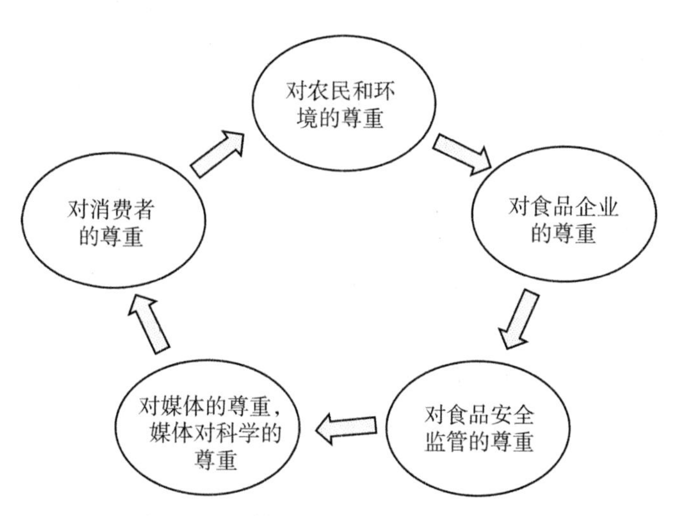

图 6-1 以尊重为纽带的食品安全文化

之上，民众倍加爱护自己的生命。总的来说，人们的安全文化素质不断提高，对食品安全文化的需求空前活跃。食品安全文化表现了民众和社会发展的需求时代性，是生命价值观发生巨大变化的客观反映。新形势下，食品安全文化的时代特征很强，反映了人们对生命价值的认识不断深化，食品安全文化素质不断提高，自救互救的技能不断增强，这也是时代发展的必然趋势。

（3）预防性。从培育人的安全意识、行为和价值观着手，通过食品安全文化知识的传播，贯彻企业职工安全卫生教育管理规定，以及对决策层、管理层、操作层人员进行食品安全文化知识教育，以促进其食品安全文化素质的提高，同时宣传防范胜于救灾、预防为主、防治结合等安全防范思想。

（4）实践性。真知源于实践，创新源于实践。食品安全文化是人类安全生产、安全生活、安全生存的实践活动之一。食品安全文化实践活动是安全文化丰富、发展的源泉和动力。

时刻都要坚持“安全第一”的准则，依托安全技术和安全系统工程成果，建立现代化的监测处理安全隐患机制。对安全状态和环境要监控，要预测、评价和安全预报，对重大事故发生要有应急抢救和逃生的措施。在处理安全与生产矛盾时，要安全第一；在处理安全与经济工作关系时，要安全第一。

3. 食品安全文化的创建

（1）高层管理者。食品安全文化的传播是从上而下的，需要上行下效，高层管理者担负着最核心的管理任务，只有当他们以身作则，员工才会自觉地执行相关规定。

(2) 中层管理者。中层管理者通过投入时间和精力来对食品安全问题负责，是高层管理者和员工之间的重要纽带，起着双向沟通的作用，为员工提供必要支持。对中层管理者的食品安全文化培养要尽早开始，需要取得相关证书，每年进行必要培训。

(3) 员工。在第一线直接接触食品（菜品）或者客人的员工，是食品安全的第一个关口，关注食品安全是每一个食品生产和加工企业员工的工作职责，其肩负着非常重要的责任。企业要加强对员工的安全教育，提高员工的食品安全意识。员工入职和执行训练是企业对员工进行食品安全教育的重要方式，这会让员工非常清楚地认识到自己的不当行为可能会为食品安全带来不良后果。

4. 食品安全文化的特性

(1) 主动性。深入分析食品安全问题的原因，了解同类公司对于此类事件的解决办法，对于行业新趋势和规章制度调整要敏锐。近几年食品安全问题出现的领域和以往有很大的区别，在饮食习惯和餐饮不断变化的今天，及时更新配套的食品安全规范非常关键。

(2) 目的性。食品安全占企业愿景的一部分，围绕着它的是有效的策略和坚定的目标。不论是快餐店还是知名的酒店，员工需在工作中严谨且享受，以及如何给消费者带来成就感，这种状态是与员工培训和整体气质相吻合的。

(3) 系统性。员工都需要经过系统训练，在食品安全问题上具有一定的决定权，对于突发事件有充分的反应能力。对规范的行为加以鼓励，让员工意识到保证食品安全是工作的核心。一线员工不只是食品的直接接触者，也是食品安全的最重要监督者。

(4) 控制性。食品安全文化氛围较好的企业说明其已经具备了较好的引导和团结能力，强大的员工参与度，未来能够在卫生检查和危机公关等方面节约成本。各个部门都要将食品安全放在重要位置，确保食品安全规章持续适配企业发展的状态。食品安全文化可以成为顾客门店体验的核心宗旨，是个人和集体价值观的产物，决定了公司内部健康卫生项目的风格和效率。

第二节　食品安全文化经验借鉴

一、美国食品安全文化

1880年，美国的彼得·科利尔建议通过一部食品和药品法，但是该议案当时被驳回了。但随后不久，美国于1897年通过了《茶叶进口法》，1902年通过了《生物制品控制法》等。1906年，联邦政府开始对食品安全进行监管，通过了《食品和药品法》和《肉类检查法》，这两部法为食品安全的有效监管奠定了法律基础，但是这两部法都没有对食品标准作出明确规定。在前一部法律中规定禁止掺假的食品或者药品流入市场，同时这部法是最早制定的保护民众免受因食品导致疾病危害的法律，并且规定禁止销售被污染的食品。1938年，美国通过了《食品、药品和化妆品法》，极大地杜绝了食品安全问题。1957年美国制定了《禽类产品检测法》，规定对家禽等相关产品进行不间断的检查。1958年美国通过了《食品添加剂修正案》。1970年美国通过了《蛋类产品检测法》，该法律要求在检测员没有确认是否掺杂之前，动物畜体及加工成品不能运出工厂，且对蛋产品的生产过程的检查是相当严格且全方位的。1995年年底，在海产品检测中美国执行了危害分析与关键控制点体系，时隔两年，该体系又被运用在肉类及禽类检测中，该体系是食品行业各个部门的职责。现在美国在食品安全的保障体系中强调对员工的培训，有效的员工培训是减少食品安全事故的主要方法，这帮助美国建立起了良好的食品安全文化氛围。

二、英国食品安全文化

1202年，英国颁布了《面包法》，这部法是最早关于在面包里掺入蚕豆粉等造假被禁止的法律。1736年，英国通过了《杜松子酒取缔法》，由于当时爆发的“杜松子酒危机”，导致大量工人因无节制的喝酒而死亡，致使议会立法禁酒；1860年英国颁布了第一部食品安全法《食品与饮料掺假法》，确保消费者食品安全是政府应尽的义务。1872年英国通过了《食品与药品搀假法》。1875年英国又通过了《食品与药品销售法》，1899年该法律被高度强化。1999年《食品标准法》通过，2000年英国根据该法案设立了食品标准署。目前英国成立了食品标准局，负责食品安全总体事务和制定各种标准。

三、丹麦食品安全文化

目前，丹麦颁布了《食品法》《农业法》《动物保护法》《屠宰法》等食品安全相关法律。1998 年 7 月 1 日实施的《食品法》，宗旨是确保民众获取正确的食品信息；大力推广合理的膳食习惯；创造公平合理的环境，鼓励食品的有序出口。主要内容包括：首先，该法案规定了食品生产、加工、零售等各环节。通过授权丹麦食品农业渔业部，制定安全法律，逐步规范农场生产行为，实行标准化生产。其次，该法案中有关标签的规定。在丹麦市场上没有所谓的"功能食品"，尽管欧盟法院使功能食品在丹麦市场流通合法，但仍需要兽医食品管理局的批准才能进行流通。最后，该法案还根据欧盟相关规则，制定了"食品可追溯性"的相关法律。

总之，英、美等国食品安全制度的共性就是食品安全法律完备，监管机制健全，惩罚力度强劲，召回制度完善，反应速度较快。这些不仅成为食品安全文化的重要组成部分，而且很好地营造了食品安全文化氛围。

第三节　食品安全文化历史阶段、现状及作用

明胶虾、三聚氰胺奶粉、地沟油油条、苏丹红鸭蛋和鸡翅、塑化剂饮料、染色馒头……每一个触目惊心的字眼背后都意味着众多消费者的健康被损害，甚至有些消费者为此付出了生命。现实敦促着我们回顾漫漫历史长河中的饮食文化，了解千百年前中国饮食文化的传统精神财富，践行食品生产的工匠精神和诚信经营理念。

一、食品安全文化历史阶段

1. 先秦两汉时期

通过先秦时期有关食品安全治理的记载，可以得知中国在彼时就开始对食品安全有了了解。《周易》中指出禁止未成熟的粮食或水果进入市场交易，避免造成食物安全问题，这是中国早期对食品安全问题作出的相关规定。《二年律令》指出导致人生病或死亡的肉，需要将此肉烧掉，追查相关负责人的责任，并对负责人予以处罚。

2. 唐朝时期

《唐律疏议》中提到变质或致人生病的食物，需立刻毁掉，不执行者将得到相应惩罚。唐代法典的规定非常具体，重点强调追究犯罪者行为对消费者的

危害，这个时期对食品安全犯罪者的处罚十分严厉。另外，设立了有关皇帝御膳食品安全的法律。

3. 宋朝时期

宋朝时期食品市场十分繁荣，拜金主义盛行，从而带来了一些食品安全的问题，不法商贩为了获得盈利，经常在食品里加入沙子或注水。宋代法律规定，对于销售劣质食品行为，必须严厉惩罚。如《大观茶论》中指出茶叶贸易市场发达，造假现象十分严重，采用“开汤审评”以辨真假的方法，通过职业监察官员现场泡茶，观察茶色或茶味等，如果发现掺假，则严惩不贷。又如《宋建隆重详定邢统》强调卖肉者无意或者有意将变质的肉卖出，应得到相应的惩罚。

4. 唐宋时期

为了让不法商贩不再提供劣质食品，唐宋时期的文人写了许多相关著作，在这些文章中还特别提倡“因果报应说”。在封建社会，“因果报应说”重塑了安全道德观念，极大地保证了食品安全。

5. 清朝时期

清朝茶叶贸易频繁，造假者非常多，为了防止茶叶造假现象，政府制定了严格的食品安全检验抽查制度，增强了对茶叶的检查力度；实行了茶叶执照经营，有专人负责茶叶质量抽查；制定了茶叶质量标准，全方位监管茶叶质量。

二、食品安全文化的作用

食品安全文化无形中对食品安全起着主动保护作用。食品安全文化是企业的一种软实力，是制约企业员工安全行为的道德规范，企业要赢得信誉和实现经济效益，需把食品安全文化摆在重要的位置。然而，缺乏食品安全文化会产生不良影响，具体包括：无视食品安全的重要性；选购食品原料过于随意；过度强调管理事务；忽视对消费者损害的补偿，等等。中国传统饮食文化非常注重色、香、味，同时现代技术大规模地进入食品行业，为食品创新提供了可能，但是，因此而产生的因过度加工而使食品转变为不安全问题也逐渐增多。食品安全问题的解决得益于诚信观念的树立，同时得益于文化氛围的熏陶。

食品安全事件对食品企业生产有严重的影响，必须全面提高员工的安全素质，推进食品安全文化建设。培养员工的安全意识是食品安全文化建设的中心任务。有的人严格落实安全措施，是由于受到了食品安全文化的引导。食品安全文化的作用是对人的深层次的人文因素的强化，提高其安全意识，使其将维护食品安全转变成自觉的行动。食品企业在员工培训和日常管理中要时刻宣贯食品安全文化，潜移默化地影响员工的安全生产行为，以达到降低食品安全事故、提高企业社会形象的目的。

第四节　食品安全文化的现状

一、有史以来食品最安全的时代

时任美国农业部副部长的任筑山指出，我们现在所处的是“有史以来食品最安全的时代”。建立良好的食品安全文化环境，防止产生不必要的食品安全恐慌。在食品安全中，“量”是一个关键因素，然而这一关键因素，时常没有引起充分的重视，媒体对食品安全问题十分关注，但缺少必要的知识。根据国家质量监督检验检疫总局公布的产品质量国家监督抽查数据（如图 6-2 所示），2012—2016 年食品相关产品抽查合格率分别是 97.2%、91.8%、98.5%、96.8%、97.6%，抽查合格率都在 90%以上，抽查合格率最高的 2014 年达到 98.5%。

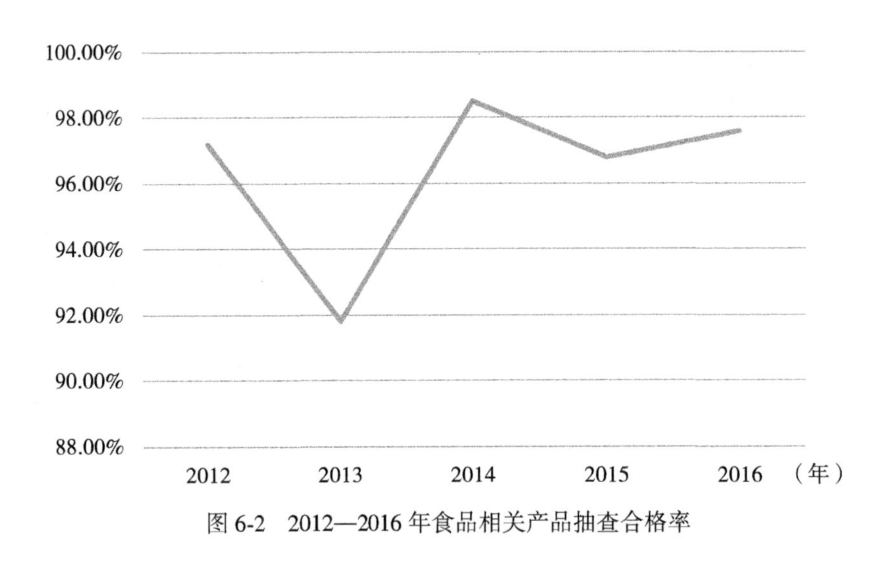

图 6-2　2012—2016 年食品相关产品抽查合格率

由于政府对食品安全的监管非常严格，现在已是历史上中国食品最安全的阶段，随着消费者生活水平的提高，国家食品安全标准也在不断提高完善。如果企业不能创造一种食品安全文化，就难以减轻全球食源性疾病带来的困扰，并在全世界推进食品安全。首先要认识到推进食品安全需要超越传统的风险管理方法，包括培训、测试和检查、组织文化和食品安全中人的因素。

从原始的狩猎、采集维持生计，到后来工业化农作和现代零售，目前购物正在进入一个全新的时代。现在我们可以购买本土商品，也可以选择其他优质商品；可以在网上购物，也可以门店购物，这种购物的便利性是由于食品供应链的发展。当消费者在享用一块蛋糕时，其食用的蛋糕配料可能来自世界各地：中国的植物性奶油、韩国的精致砂糖、美国密歇根州的酸樱桃、比利时的白巧克力（如图 6-3 所示）。这块蛋糕看上去很一般，但是原料来自全世界不同的地方，而且是全世界最优质的配料。如果现在中国某个品牌的植物性奶油正在进行全球召回，消费者一定不希望涉及其刚才享用的奶油，食品生产者或零售商为了将对业务的影响降至最低，需要马上了解这些情况。中国与其他国家正在共同制定食品安全法律，而企业之间也在共享食品安全的最佳实践。现在多数消费者惧怕食品添加剂，对于食品使用添加剂是否会造成食品不安全，有数据表明，大约 1/3 的人认为不安全，2/3 的消费者认为安全。

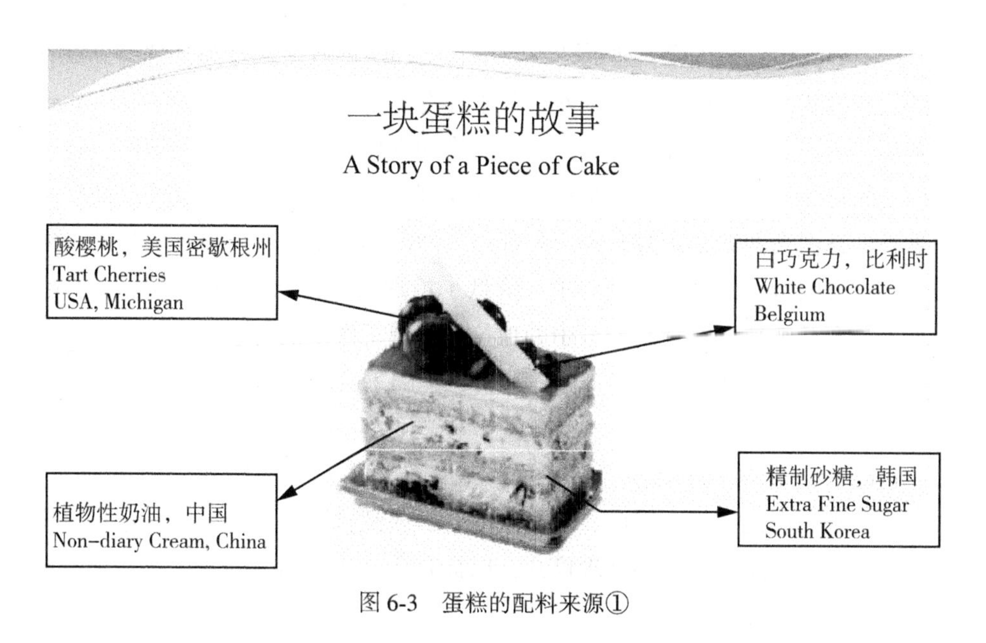

图 6-3　蛋糕的配料来源①

① Kenny Chuang. 食品安全文化和以行为为基础的工厂培训［EB/OL］.（2015-11-3）［2019-12-13］. http：//www. docin. com/p-1765881673. html.

二、食品安全监管不断完善

中国食品产业主体多且分散，食品安全监管服务不均衡，食品产业基础不牢，导致食品安全问题层出不穷。现在有许多无证生产经营的小摊贩及小餐饮等，食品安全事件责任追究等制度尚未落实到位。对于分散的小摊贩及小餐饮企业需办证登记，把这些都纳入行业协会，对其实现高效管理，避免任何企业存在于行业组织外。新一轮食品体制改革，取消了食品监管部门省以下垂直机制，食品安全监管实行单部门统一监管的体制转变，建立健全了食品安全监管责任体系。新的《食品安全法》规定，以最严肃的问责保障了规范的监管，预防行动中工作不力、工作人员不作为乱作为的现象。为保障消费者“舌尖上的安全”，需重拳治理，构建食品安全治理体系。通过完善监管制度，设立相应管理机构，真正实现全方位有效衔接。

三、我国食品安全公共治理现状

目前，我国食品安全治理属于典型的自上而下的政府垄断和多部门分段管理的治理模式。这种模式表面上看，似乎存在多重保障机制，然而实际中导致了各部门事前竞争预算和治理权力，事后推卸责任的问题。其主要缺陷：各个部门之间存在机会主义，相互指望，交叉模糊地带无人负责，形成管理的空白地带，一旦出现问题，很容易造成各部门之间的相互推诿；导致了大量的重复检测和重复收费，提高了治理成本，降低了治理效率；缺少必要的民意沟通，忽视了公众及消费者在食品安全中的地位，忽视了民众的智慧和力量。政府在食品安全监管方面尽管作出了不懈努力，但各种各样的食品安全问题依然存在。

食品安全治理，既需要“自上而下”的政府监管，更需要“自下而上”的民众围观和舆论压力。因此，将公众参与引入到食品安全治理的全过程，构筑公众参与的食品安全公共治理模式，以提高食品安全治理的效率，是十分重要的。

我国急需建立一套有序的制度，推进公共治理。一是加强公众参与食品安全公共治理模式的制度设计；二是着力构建食品安全的新闻媒体治理模式；三是探索食品安全的内部特工培育及发现机制；四是强化食品安全的公众举报与奖励机制；五是探索食品安全的团体诉讼机制。

四、国家食品安全示范城市的创建

为督促落实食品安全党政同责和“四个最严”，鼓励地方政府发挥首创精神，探索食品安全治理制度方法，示范带动全国食品安全治理水平提升，国务院食品安全委员会办公室于2014年部署开展国家食品安全示范城市创建行动。2016年3月，国家食品安全示范城市创建工作被写入国家“十三五”规划纲要，成为国家“十三五”期间食品安全工作的一项重大任务。2016年9月下旬，国务院食安办出台了《国家食品安全示范城市创建标准（2017版）》和《国家食品安全示范城市创建评价与管理办法（暂行）》，进一步统一评价和管理办法、创建标准和行动指南。

自2014年创建以来，国家食品安全示范试点城市不断扩大，截至2016年12月，已覆盖包括31个省（区、市）所有省会城市、计划单列市及部分基础较好的地级市在内的67个城市。据初步统计，67个试点城市现有全职从事食品安全监管的人员82968人，食品安全年工作经费达48.81亿元，食品安全监管执法车辆11144辆，食品安全监管执法装备价值21.98亿元，食品安全年现场检查612.31万户次，食品检验年样本量210.56万批次，年均查办食品安全案件8.62万件。第一、第二批试点城市创建前后对比显示，创建后食品安全现场检查量增幅达28.41%，食品检验样本量增幅达20.98%，查办食品安全案件增幅达16.29%。①

各创建城市注重引导全民创建，政府部门、企业主体和社会各界“三位一体”整体联动，地区社会共治格局初步形成，公众食品安全知晓率不断提升，创建参与度和支持率继续攀升，国家食品安全示范城市品牌效应初步显现。2016年7—8月的第二批试点城市中期评估结果显示，75%的受访者关注食品安全工作，95%的受访者支持国家食品安全示范城市创建，75%的受访者支持把“群众满意”作为国家食品安全示范城市创建衡量标尺。②

国家食品安全示范城市创建虽然取得了一定成绩，但与群众的要求还有一定差距，还存在着创建进展不平衡、顽疾治理成效不大、创新成果转化利用不足、舆论宣传氛围营造不够等问题。各地要把创建工作真正作为民生工程、民

---

① 国家食品安全示范创建城市品牌效应初步显现［EB/OL］.（2016-12-14）［2020-3-2］. http：//www. xinhuanet. com/politics/2016-12/14/c-129404769. htm.

② 国家食品安全示范创建城市品牌效应初步显现［EB/OL］.（2016-12-14）［2020-3-2］. http：//www. xinhuanet. com/politics/2016-12/14/c-129404769. htm.

心工程来抓，统一调配部门资源和社会力量，充分激发创建活力和合力，加速推进食品安全社会共治。加快建立科学完善的食品安全治理体系和安全放心的食品消费市场。树立标杆，提高示范创建的含金量。

五、食品快检设备迅速崛起

为了整治社会不良风气，切实保障人们饮食安全，国家及相关部门政策相继出台，监督检查部门也加大力度，严厉打击部分企业的不良行为，对有毒有害食品及时发现并销毁。在这一过程中，食品检测仪器发挥着重要作用，尤其是近几年，随着仪器设备朝着小型化、便携式方向发展，食品快检设备迅速崛起，在现场检测、抽检等工作中发挥着重要作用，为人们的食品安全提供了实实在在的保障。

目前，各地已经配备众多食品快检设备。相较于传统的仪器设备，这类仪器具有检测速度快、携带方便、使用简单的特点，能在很短的时间里便能对食品进行检测，为现场抽检和突击检查提供了便利。

此前，食品药品监管总局发布关于食用农产品市场销售质量安全监督管理有关问题的通知，就抽检、快检等工作也作出相关要求，提出要加大配备快速检测设施、设备的工作力度，有能力、有条件的地区要配备快检车或功能齐全的快检设备。可见，快检设备对食品安全检查工作尤为重要，是保障食品安全必不可少的硬件支撑。

如今，随着我国仪器设备的研发实力不断提升，对分析检测仪器设备的检测精度、功能配置、检测速度等方面均在不断地改进和完善。加之，近年来，食品安全事故频现，引起全社会高度重视，国家对食品安全的重视力度只增不减，快检设备还将得到更进一步的发展。就当前快检设备应用领域来看，大部分在相关检查部门、企业自身检测领域有着广泛需求，而随着居民食品安全意识的不断提升，部分家庭也配备了一些快检设备，真正实现了仪器设备从实验室走进寻常百姓家。

我国食品快检设备属于新兴产业，有庞大的市场需求。食品污染物和有害因素监测覆盖全部县级行政区域，这无疑给食品检测行业带来极大的发展机遇。各企业也需加大投资研发力度，生产出更加快速高效的快检产品，净化广大消费的饮食环境。

由于快检仪器市场缺口巨大，现在有许多企业介入到食品安全检测领域，呈现出良莠不齐的增长态势。大部分食品快速检测设备的检测能力和范围有限，食品检测仪器包括了酸碱度、温度、油品极性和盐度四个传感器，使用成本很高，在检测的精准度和效果上差距也很大，往往与产品宣传存在一定差距。

第五节　食品安全文化的问题

一、食品安全难点问题是微生物污染

食品微生物作为自然界存在的一种生物与我们赖以生存的食品有着密切的关系。有的微生物在许多食品的生产中起着至关重要的作用，比如酿酒用的酒曲就是用谷物培养霉菌等微生物制成的。做面包发酵用的酵母、酸奶中的乳酸菌都属于微生物。它同时也会导致我们的食品发霉腐烂变质，对我们的食品造成污染。有害微生物对食品造成的污染包括细菌性污染、病毒和真菌及其毒素的污染。

据世界卫生组织估计，在全世界每年数以亿计的食源性疾病患者中，70%是由于食用了各种致病性微生物污染的食品和饮水造成的。微生物性食物中毒在影响我国食品安全因素中排名第一。江南大学食品安全风险治理研究院联合多家大学发布的《中国食品安全发展报告（2018）》指出，目前我国食品安全还存在四大主要风险，微生物污染问题最为严重，占抽检不合格样品的32.74%，较2016年上升了4.84%，主要表现在米粉制品、餐饮食品等食品中大肠杆菌、菌落总数超标。在微生物污染中，细菌性污染是涉及面最广、影响最大、问题最多的一种污染。在食品的加工、储存、运输和销售过程中，原料受到环境污染、杀菌不彻底、贮运方法不当以及不注意卫生操作等，都是造成细菌和致病菌超标的主要原因。

从源头上控制风险的关键在于过程管理。食品行业产品丰富多样，工艺各不相同，食品行业应提倡食品安全文化，遵循规范的操作过程，加强门店监督和检查，做好卫生控制，最大限度地保障消费者食用安全。

二、食品安全最大危机是信任危机

要使中国食品工业持续发展，有五个主要矛盾需要化解：食品安全中的原料污染问题凸显；环保压力加大；主要产品产能过剩，食品供给侧结构性矛盾较为突出；中国主要农产品原料价格偏高，进口依存度加大；最难以消解的是百姓对中国食品安全的信任危机。

2008年三聚氰胺事件对中国乳品工业产生致命打击，尽管经过多年努力，

中国的乳品质量与安全水平显著提升，乳制品抽检合格率近100%，但乳制品产业仍没有走出低谷，消费信心没有充分恢复，我国民众仍在抢购国外奶粉，乳制品在进口食品中占到一半以上。

食品安全是一种文化，食品安全是一种态度，食品需要优秀的监管体系和社会共治。总体上，中国的食品安全较之过去，水平有了明显提升，但食品安全是一个复杂的全球问题，涉及科学、技术、法规和管理。确保食品安全是农业和食品行业、政府、学术界、媒体和消费者的共同责任，只有当所有社会群体均认识到食品安全问题并相互协作，才有望形成食品安全文化。

三、中国食品企业缺少自主品牌

品牌可以直接为企业带来商业利益。然而，我国大多数食品企业仍然处于“产品制造”阶段，只有产品，没有品牌。目前只有食用油、奶制品行业和部分休闲食品企业进入到品牌经营阶段，其他领域的食品企业开始考虑品牌建设，但是仍是“多、乱、小”状态，价格几乎成为唯一的竞争利器，品牌建设任重而道远。

质量管理体系严控是确保食品企业生产安全产品的基础，如今我国仍有部分企业忽视食品安全问题，例如鸭蛋里面检查出的苏丹红、火腿肠被查出含有瘦肉精、奶粉中检测出三聚氰胺等事件，这些食品安全事件对食品企业的品牌声誉造成严重的负面影响，如果食品企业不重视这些问题，企业及其品牌的健康发展将会受到遏制。

在创立品牌时，需全力把控食品安全，建立良好的食品安全文化。通过员工培训，提高服务效率，用户体验相结合，可视化操作过程，把食品安全价值观融入到企业文化，最终实现品牌的全面提升。

老字号承载着中华民族工匠精神和优秀传统文化，具有广泛的群众基础和巨大的品牌价值、经济价值和文化价值。老字号食品品牌是历史的积淀，承载着人们美妙的味蕾体验和情愫，满足了人们的生活需要并促进着社会和经济的发展。诚信是老字号文化传承的要义，如果经营者随意定价，偷工减料，以次充好，那么品牌就不可能延续。

老字号之所以称为“老”，不仅仅是指其存在时间久，关键是指其独特的产品和服务为消费者所认可而且长久地喜欢这一品牌，以及其特有的商业文化为人们所称道。因此，无论时代如何变迁，老字号得以持续发展的关键因素永远都要坚守。而坚守即是传承，传承不仅要坚持老字号诚信经营的理念，产品价格、质量不欺瞒顾客，还要传承并践行工匠精神。让广大消费者代代喜爱的老字号食品是出自多年来不断提升的生产工艺，源自生产者对制作工艺的执著，是对工匠精神的薪火相传。事实证明，一些老字号食品品牌的逐渐消亡是因为后来的老字号经营者缺失了先辈精益求精的工匠精神，使得产品和服务质量大不如前而丢失了消费者。

四、食品安全各类谣言仍时有发生

广大民众之所以对国产食品的信心并没有增加，这与谣言传播密不可分。因为广大民众和事实真相之间的信息不对称，误读成为当前突出的食品安全风险。在当今谣言动动嘴、辟谣跑断腿的年代，网络谣言就像病毒一样，造成广大民众对食品安全的恐慌，既扰乱了社会秩序，又危害国家安全和公众利益。谣言总是比科学更受人们认同，它就像一把刀。例如“金沙河挂面含胶”的谣言从湖北、湖南、黑龙江等省份开始，慢慢传播到全国各地。谣言散播 15 天左右，就已经对公司造成了很大的损失，全国各地的产品都出现了滞销问题。

食药监总局在治理食品谣言上取得了一定的成果，但在转基因食品等食品谣言信息上广大民众仍判断有误，这需要对消费者继续加强食品科普教育。食品安全类谣言的特点是范围广、变种多、反复出现。微博、微信、论坛等社交媒体的运行使得网民既是谣言的接收者又是传播者，比其他谣言传播得更广更远。谣言最终要么不攻自破，要么一捅即破。

从传播效果的角度来看，食品谣言传播是一种叙事诉求逻辑，这容易产生立竿见影的效果，生动形象直接诉求于人的常识，而且它需要受众所投入的认知资源比较少，这符合社交媒体语境中的快餐式信息消费特点。但是科学地辟谣更多遵循一种科学解剖逻辑，谣言传播本身跟社交媒体环境高度黏合，这需要专家的多次解释，所以这是现在辟谣所面临的一个巨大挑战，而我们的辟谣确实相对滞后。辟谣是为了消除谣言的负面影响，但是有时却无意中助长了谣言的负面影响，导致适得其反的后果。

第六节　食品安全文化的要素

食品安全必须成为食品企业的内在文化。促进食品安全文化发展，需要关注有组织的领导、有效的培训、惩罚奖励、预防和检测技术及品牌文化建设。要追求卓越，在技术上确保食品的品质，同时要遵守诚信，从而确保食品的安全。

一、有组织的领导

企业要建立自己的食品安全文化，不仅需要企业领导者自身的强烈意愿，同时还要带动企业中每一层级的员工拥有相同的思想，并激发他们对食品安全的执著和热情。带有这种热情建立的食品安全文化，才是由心而发的，才会持续继承和发展下去。

违章行为是因安全意识淡薄、安全素质低造成的。食品安全管理是需要全员参与的动态管理过程。要做到安全生产关键在于发展企业食品安全文化。如新希望六和一直专注于农牧产业，构建了从良种繁育、畜禽养殖等多个环节的全产业链，创立了食品安全控制和追溯体系，打造企业品牌。一是良种繁育。新希望六和通过合作，引入最先进的品种及管理技术，保证畜禽种群健康。二是饲料生产。在国内外建设了现代化饲料加工厂，采购优质饲料原料，建立先进的原料检测体系。三是畜禽养殖。通过自建养殖示范场，实现与农户合同养殖，提供信息化技术的系统服务，向现代化家庭农场升级，创立了养殖基地。四是屠宰加工。引入新型加工机械设备，形成了科学的现代化管理体系。公司通过了“ISO 9001 质量管理认证”和“ISO 22000 食品安全认证”等权威认证。五是终端销售。拓展餐饮、商超新型渠道，不断升级食品供应链管理体系，促进餐饮产业现代化发展。公司成立美食发现中心，汇聚行业专家，研究消费需求，为消费者发现美食，奉献安全、健康的鲜肉和肉制品。

二、有效的培训

1. 员工培训

每个食品企业都有自己的企业文化，通过培训了解并融入企业文化中，将个人目标与企业目标达成一致，可以使他们能够根据环境和企业的要求转变观念，形成统一的价值观，增加员工的归属感和对文化的认同。

建立培训考核制度，制定员工培训规划，提高检测产品质量的有关技能，提高人员素质。企业应有计划地开展全员教育培训，对企业各级的教育培训，应进行分别专项培训。在员工上岗前必须经过技术培训，培训员工成为优秀人才。首先，应对企业各级行政领导者进行食品安全意识的教育培训，这是搞好食品安全的前提。其次，对技术管理人员应进行高层次的专业培训，为体系运行取得成效作出贡献，而且不仅质量管理人员需要培训，对其他部门管理人员也应进行相应培训。最后，企业必须对所有生产班组长和操作工人进行生产所需的知识培训，使其了解本岗位的质量责任安全，并对某些特殊的操作人员的技能进行考核。培训形式可多样化，比如，参加专业培训班、观看录像、现场推导等。对从事特殊工艺的员工，应严格考核掌握的技能，持证上岗，以适应质量体系运行的需要。

人是食品安全的第一关键，质量与每个人都密切相关。食品行业的员工都应进行在线课程培训并通过考核，不断完善认知模块，通过培训来加强安全意识。同时企业为所有员工提供培训可以创造就业岗位，建立食品安全的文化氛围。培训和教育的目的是要影响行为，而不只是传授知识，过犹不及都是不好的，多做总是比少做来得好。食品企业通过加强员工教育培训，制定一些简单和容易遵循的标准和流程，提高员工的工作责任心，是建立食品安全文化的保障。

2. 供应商培训

企业应舍得花成本对供应商进行培训，并确保每位供应商都能遵循标准。食品安全的风险防范体系必须有一个全程透明的供应链，对所有供应商实行透明化的管理。在食品安全追溯体系上，定期对所有供应商进行评估，促进供应商进步。国内许多知名的食品企业都建立了全产业链生产模式，并建立了完善的食品安全追溯体系，可追溯整个生产过程，从而确保食品安全。

例如："来伊份"① 的企业文化是通过传统门店打通线上线下，"来伊份"的门店90%以上都是直营，这样就确保了品牌质量。门店都统一安装两层视频监控，确保供应商的生产环境透明。现在还没有做到所有工厂都配有监控，但核心工厂的监控正在一步步推进。"来伊份"对供应商不是监督，而是通过培养帮助其提升，同时"来伊份"会让自己的团队入驻供应商的工厂。有部分供应商以前是家庭作坊，近几年，"来伊份"每年为其提供培训，后来慢慢成为省农副产品龙头企业。

三、惩罚和奖励

食品企业提供给消费者高品质的食物，这是企业经营的立足之本。食品企业对员工具有特定的惩奖办法，通过建立惩罚和奖励机制来鼓励食品安全生产，从源头上保障食品安全。要激励员工的积极性，促进员工增强食品安全意

① "来伊份"是上海来伊份股份有限公司旗下品牌，"来伊份"自1999年成立以来，始终致力于传播休闲文化，公司确立了"立足于上海，着手于全国，放眼于世界"的发展战略梯度，采用了"直营连锁专卖店"的发展模式进行市场开拓，足迹遍布上海、江苏、浙江、山东、湖北等地区。

识，提高工作质量，明确自身从事的工作在质量体系运行中的主要作用，考核员工完成规定的质量目标情况。对完成质量目标的员工应加以肯定，对质量上没有成绩的员工应批评教育。总之，每个人都必须遵循同样的规则。

为了激励食品企业严格要求自身，遵守法律和食品标准，可实行荣誉奖励和物质奖励相结合的原则。年度考核优秀的部门或者个人应给予相应的奖励，并颁发荣誉奖状或者现金奖励。提出合理化建议并被采纳的部门和个人，可给予相应奖励。给顾客提供优质服务的员工可以获得主管的奖励卡，这个卡片就是一种正面的强化刺激。

四、预防和检测技术

最近有关食品供应链的预测，麻省理工学院开创了一种前景广阔的新探测方法，预测何种食品存在易于受到利益驱动而导致掺假的危害，以及食品系统中何处可能有造假行为发生，并将食品供应商的关键特征与预测掺假指标的动态数据库进行对比，生成由利益驱动的食品掺假风险数据排名，让食品生产商在风险最高的领域针对性地检测食品掺假。虽然目前食品供应链透明度不足，但仍可以在其中发现许多重要的信息，帮助监管机构、企业更加了解和预测其中的风险。

随着中国经济与人口的持续增长，许多中国家庭选择禽类食品。禽类生产商也意识到需要改进禽类饲养方法，以提高食品安全标准，维护消费者信任。除高校及研究机构受资助外，中国知名的食品生产企业圣农、新希望六和以及江丰参与其中，监测食源性疾病的起因，并创建控制战略以降低其危害程度。项目提出的监控与测试方案计划将创建一个综合数据库，还将建立动态的风险评估模型，帮助供应链中的利益相关方了解相关信息，抑制污染产品的扩散，激励良好行为，并减少经济损失，未来可供其他产品使用，让消费者及其家庭吃得更安全。食品工业正朝着一个基于风险检测系统的方向发展，并且该系统将会提升整个食品供应链在优化资源的分配与整合方面的效率。

聚焦食品安全产业链，预防和检测共同发展，具有同等重要性，应该齐头并进，同时采用这两种方法，从而真正有效地控制食品安全风险。在大多数情况下，预防措施甚至比检测更能够有效地确保食品的安全性。提升中国食品全产业链的安全治理能力，食品供应链在经济日益互联且数字化的背景之下变得更为复杂。食品相关组织要持续探索，不断提供面对食品安全挑战的有效解决方案。

五、品牌文化

对于食品行业来说，食品已经不再是解决消费者基础欲望的消费品，而是承载着感情体验和生活趣味的文化产品。一个食品品牌如果能够满足目标消费者的文化诉求，那么它将在同质产品中脱颖而出。中国传统食品文化是从我们祖先传承下来的历史遗产，回归自然和传统成为全球食品行业文化建设的主旋律。在企业文化建设中利用回归自然和传统这两个概念，是广大食品企业品牌文化建设的重中之重。营养和健康可以通过品牌文化建设来传递，构建食品企业文化传播体系，通过各种载体，让大家能够感受到品牌形象。

由于食品行业的特殊属性，品牌文化建设中可以加入很多有关消费者诉求的文化色彩，如食品企业 LOGO 的设计，不仅要激发消费者食欲，而且要表现出温馨和时尚等。字体最好是手写体，要以柔性为主，给人舒适的感觉。颜色方面选择绿色、橙色等，呈现出健康和活力。在网站、广告语等方面都可以融入大众的文化诉求，让大众了解企业倡导什么理念，并理解品牌的内涵，这才能更好地建设食品文化。

第七节　食品安全文化的建设

在中国创建强大的食品安全文化体系，必须让政府、企业、学界、媒体、消费者五种力量都参与进来，在安全问题上达成共识，达到政府从法治到德治转变、企业从他律到自律、学界提供健全的教育和培训、媒体加大宣传力度、消费者能够从被动消费到主动消费。

一、政府相关部门

政府的角色是制定食品安全标准和政策，从而将食源性疾病的风险控制在最小范围内。有关部门需监管食品企业，以确保其履行食品安全责任，同时对特定病原体开展调查。当与食品相关的疾病存在暴发的隐患时，政府要对疾病采取主动的监管，调查相关疾病的源头，提供参照实验室服务、实施风险检查等，并在必要时采取召回措施。政府也可以在发生食品污染事件和对食源性疾病的暴发进行调查时，将有关情况通报医学界、食品行业等，还可以为消费者编写相关教材。

食药监部门要对违法企业实行一次违法终生禁入的制度，设置高昂的违法成本。各级农业部门主要做到强化标准引领，强化绿色生产，强化规模经营，强化品牌创建，强化依法监管五个强化；提升农业标准化生产水平，提升农业可持续发展水平，提升规范化生产的自觉性，提升农产品的市场竞争力，提升全程监管能力五个提升。要加强对不合格企业的查处力度，严厉打击违法犯罪行为，通过查处违法案件，依法严惩相关人员，营造食品安全市场的环境。

食品安全进入大数据时代，需加强食品安全大数据分析利用。如面对超市货架上的许多商品，食药监总局推出“食安查”的手机 APP，这能为消费者购物省不少心，扫下二维码就可以显示商品合不合格，对不合格食品标红并注明原因，为广大消费者提供购买参考。

二、食品企业

在食品安全保障的过程中，食品企业负有最主要的责任。对食品企业来说，他们有很大的动力来接受系统的培训以减少不安全的隐患。食品企业要选择重点环节，进行更加严谨的食品生产作业，在生产、销售、零售过程中坚守透明及诚信的原则，管控食品安全生产过程。

首先，食品生产企业是食品安全的源头，要让消费者了解并相信所购买和食用的产品都是安全且品质优良的，透明地与消费者交流是每个企业应尽的义务。其次，生产环节是保证食品安全的重点环节，要做到从田间到餐桌的管理模式，提高食品生产企业自检能力。在企业内部形成食品安全文化，并最终转化为企业的生产力。

食品企业既是食品安全第一责任人，又是辟谣第一责任人。近几年，面对食品安全谣言，食品企业积极运用法律武器维护自身权益。如金龙鱼集团启动“亮剑网络谣言”行动并悬赏 1000 万元，搜查针对金龙鱼集团失实报道的造谣传谣者。网民对于我国食品安全的信任度呈现上升的趋势，甚至在某些特定品类，民众对国产食品安全的信任度反超国外同类产品。要深入了解谣言的传播过程机制，借助前沿研究方法确定谣言传播过程中的影响因素，这样才可能更有效地减少谣言对信息传播环境的污染。

三、新闻媒体

在食品安全治理中，媒体的重要作用在于实现五种力量的相互交流。食品安全问题不仅需要新闻媒体的作用，而且，需要理论界和新闻媒体联合起来，共同推动食品安全文化的普及。新闻媒体的监督是保障食品安全的主要力量，通过发挥媒体在解决食品安全问题中取得的成果，更好地推动食品安全事业的发展，食品安全社会共识的形成需要新闻媒体继续发挥建设性作用。

开展食品法制宣传和安全教育，建立全国范围内的“食品安全宣传周”“食品安全文化活动月”。如近日消费者用美团外卖下单订餐，餐袋中多了一份有关食品安全的公益材料，切实帮助广大民众合理饮食，保障食品安全。新闻媒体上设置专栏，发布安全预警等内容，营造民众关注食品安全的良好氛围。开辟食品安全宣传专栏，开展食品道德宣传教育，宣传食品安全基本知识，发布质量检验、案件统计分析，曝光销售假冒伪劣食品的案件；还可以设置食品安全法制专栏，加强舆论监督和宣传。完善投诉举报机制，设立食品安全举报电话，鼓励消费者或新闻媒体进行举报。

四、消费者

只有所有人都参与食品安全活动，食品才能尽可能地安全，只有所有人把食品安全放在首要位置，才能够建立持久的食品安全文化。消费者对食品安全有责任，还应有分辨食品安全错误信息的能力。每年有数百万人受到食源性疾病的影响，食源性疾病的症状可能类似流感，但也有可能导致更为严重的健康问题，甚至死亡。任何人食用变质食品都有可能生病，有些人群甚至更易受到食源性疾病的影响。这需要消费者了解全面的食品安全常识，不仅要注意在家烹饪的餐食，还要关注日常生活中不安全的食品环境，不健康的饮食习惯也会带来诸多食品安全风险。在选择食品时，要选择信誉好的企业生产的食品。同时，广大民众应培养甄别伪劣产品的能力，提高自我防范意识。在购买食品后，尽可能索要发票、收据等，以便在自身健康受到侵害时能够有效地维护自己的权益；当感觉自己患上了食源性疾病时，患者立即咨询医生并接受治疗，留下食品的包装以便测试，如果认为致病的食物来自用餐的餐厅或者其他食品公司，可联系当地卫生主管部门。

让学龄前儿童养成长期的健康习惯。鼓励孩子在使用洗手间后、用餐前后、和宠物接触后，或在任何双手不干净的情况下都要洗手。如果学龄前儿童养成洗手习惯，那么他们生病的几率就会降低。被多人接触过的零食容易导致细菌的传播，将零食用小袋分装，或者购买有独立分包装的零食。如将水果或蔬菜作为零食食用时，应当在切和装盘之前进行冲洗。

开展社会服务，推进食品安全文化宣传普及工作。食品安全治理协同创新中心发布了《小学生膳食营养与食品安全读本》，推动将膳食营养与食品安全运用到学生营养改善计划中。开展食品安全进学校、进社区等一系列社会实践活动，把食品安全理念和知识传播给每一位消费者。

五、学术界

学术界不仅能提供科学研究数据，而且需要负责培训食品安全人员，并向大家提供食品安全知识。随着更加快速的检测手段成为新的研究方向，传统的分析方法已经无法满足，现在检测过程要求直观且能用肉眼完成。学术界要加快食品科研和教育培训事业工作开展的步伐，开展科研攻关和推广应用，以科技创新支撑食品安全。科学技术是现代生产力发展的重要因素，是促进国家富强的重要组成部分。在保障食品安全的同时，仍然离不开科技力量。保障食品安全的方法多种多样，食品类科研人员和教师在企业兼职，有利于推广先进技术，有利于食品安全的顺利进行。

现在我国鼓励科研人员通过公益性兼职获得合法收入，并鼓励网络平台等多种媒介将科研成果应用到食品企业，以有利于促进校企合作，推动我国食品产业快速发展，有利于积极探索有效模式解决食品科技推广问题。科研机构是研究开发食品生产技术的重要基地，推广食品安全保障技术，帮助食品企业解决食品安全质量方面的问题。不定期的新成果推介观摩会，面向社会推介新的科技成果，满足国家重大需求和服务现代建设主战场方面的需求，肩负着实现我国食品安全的重大使命。目前，我国形成了涵盖多学科的体系，创建了学科完整、优势明显的研究体系。

第八节　本 章 小 结

食品安全文化是食品企业内或食品链全产业内的食品人（具有共同职业特性的群体）在食品安全领域共享的观念、思维方式和行动准则。正如弗兰克・杨纳斯所说，对于食品安全从业者来说，食品安全文化可以理解成一个社会群体（无论是公司还是国家）里的人如何看待食品安全，他们日常践行和表现出的食品安全行为。本章主要对食品安全文化概述、食品安全文化经验借鉴、食品安全文化历史阶段及作用、食品安全文化的现状、食品安全文化的问题与建设等方面进行了阐述。

第七章　食品安全展望

我国高度重视食品安全问题，已将食品安全战略提升到国家级战略层面①，并提出要牢固树立和贯彻落实创新、协调、绿色、开放、共享的发展理念，坚持“四个最严”②，全面实施食品安全战略，着力推进监管体制机制改革创新和依法治理，着力解决人民群众反映强烈的突出问题，推动食品安全现代化治理体系建设，促进食品产业发展，推进健康中国建设。

第一节　食品安全治理的指导思想

党的十八大以来，习近平总书记高度重视食品安全问题，先后走访和考察了北京庆丰包子铺、伊利集团、福建新大陆科技集团和超市等，深入了解食品的原料采购、生产、监测、销售和监管等相关情况；多次针对食品安全工作作出重要指示；发表了许多相关重要论述，逐步形成了关于食品安全治理的思想体系。同时，在习近平新时代食品安全治理思想的指引下，我国当前食品安全状况呈现出“总体稳定，趋势向好”的总体格局。近 5 年来，我国未发生一起重大食品安全事件，食品国家质量抽查合格率持续上升，稳定在 95%以上。

习近平新时代食品安全治理思想比较系统地回答了一系列相关的基本问题，形成了食品安全治理的一系列新理念、新思想和新战略，它既是习近平新时代中国特色社会主义思想的一部分，体现了其精神，又是其在食品安全治理方面的具体应用。

---

① 中华人民共和国国民经济和社会发展第十三个五年规划纲要，简称“十三五”规划（2016—2020 年）明确提出食品安全战略，这是我国首次将食品安全战略提到国家级战略。

② “四个最严”。2015 年 5 月，习近平总书记在主持中共中央政治局第二十三次集体学习时强调，要切实加强食品药品安全监管，用最严谨的标准、最严格的监管、最严厉的处罚、最严肃的问责，加快建立科学完善的食品药品安全治理体系，坚持产管并重，严把从农田到餐桌，从实验室到医院的每一道防线。

一、对食品安全问题的新认识

新时代，我国社会主要矛盾已经转化为人民日益增长的美好生活需要和不平衡不充分的发展之间的矛盾，习近平总书记对我国社会主要矛盾变化作出的科学而又重大的判断，这也是习近平新时代中国特色社会主义思想的重要组成部分。

而食品安全问题正是这一社会主要矛盾的具体形式之一。目前，我国人均GDP 已超过 1 万美元①，步入食品消费结构加快转型升级的阶段，人民对食品消费的需求正从“吃饱吃好”向“吃得安全、吃得营养、吃得健康”快速转变，而人们对优质、安全、生态食品的需求难以得到充分满足，这导致了人民对美好生活的需求和向往受到了一定程度的阻碍。这正是基于中国国情对食品安全问题的新认识。

二、坚持以人民为中心

民以食为天，食以安为先。食品安全关系人民群众的身体健康和生命安全，关系社会和谐、国家稳定，因此，习近平总书记将食品安全视为最基本的重大民生问题，同时也将其视为政治问题，并指出，食品安全关系中华民族的未来，老百姓能不能吃得安全、能不能吃得安心，已经直接关系到对执政党的信任问题，对国家的信任问题。

习近平总书记多次强调，确保食品安全是民生工程、民心工程，是各级党委、政府义不容辞之责；要牢固树立以人民为中心的发展理念，坚持党政同责、标本兼治，加强统筹协调，加快完善统一权威的监管体制和制度，落实“四个最严”的要求，切实保障人民群众“舌尖上的安全”。

这些重要论述都充分彰显了习近平总书记坚持以人民为中心的核心价值取向，以及执政为民的责任担当。

三、食品安全治理的新思路和新举措

保障食品安全不仅要体现在食品安全治理的理念上，也要转化为具体举措和行动。习近平新时代食品安全治理思想确立了我国食品安全工作的思想基

---

① 2020 年 1 月 17 日，国家统计局公布了 2019 年的中国国民经济运行数据：GDP 接近 100 万亿元，按照年平均汇率折算达到 14.4 万亿美元；2019 年我国人均 GDP 超过 1 万美元；GDP 和人均 GDP 双双突破重要关口。

础、理论指导、制度框架、实践方法，为从根本上解决食品安全问题提供了新思路、新举措和新战略。

第一，“产”“管”并重。食品安全是“产”出来的。食品安全源头在农产品，基础在农业，必须正本清源，把住生产环境安全关，治地治水，净化农产品产地环境，切断污染物进入农田的链条。同时，推进农业供给侧结构性改革，加快转变农业发展方式，促进农业农村发展由过度依赖资源消耗、主要满足量的需求，向追求绿色生态可持续、更加注重满足质的需求转变，引导农民根据市场需求发展生产，增加优质、安全、绿色农产品供给。

食品安全也是“管”出来的。用“最严谨的标准、最严格的监管、最严厉的处罚、最严肃的问责”的要求，形成覆盖从田间到餐桌全过程的监管制度，建立更为严格的食品安全监管责任制和责任追究制度，使权力和责任紧密挂钩，构建食品安全治理体系。

第二，食品安全监管体制改革。2013 年 3 月 22 日，国家食品药品监督管理总局正式成立，此次改革将原国务院食品安全委员会办公室和食品药品监管局的职责、质检总局生产环节的食品安全监管职责、工商总局的流通环节食品安全监管职责进行整合，组建为正部级直属国务院的国家食品药品监督管理总局，从而实现了对从生产、流通、消费环节的食品安全实施统一无缝监管，由“分段监管为主，品种监管为辅”的监管模式转变为集中监管模式。

第三，食品安全法修订。2015 年 4 月 24 日，习近平同志签署予以公布了“史上最严食品安全法”，即新修订的《中华人民共和国食品安全法》。该法为首次大幅度修订，新增法规 50 条，法律责任从 15 条增加至 28 条，原有 70% 的条款得到适时性修改。其主要变化为禁止剧毒高毒农药用于果蔬茶叶；保健食品标签不得涉防病治疗功能；婴幼儿配方食品生产全程质量控制；网购食品纳入监管范围；生产经营转基因食品应按规定标示等。

第四，实施食品安全战略。2016 年国家的“十三五”规划将食品安全上升为国家战略，提出实施食品安全战略，并相应地制定了“十三五”国家食品安全规划，提出要牢固树立和贯彻落实创新、协调、绿色、开放、共享的发展理念，坚持“四个最严”，全面实施食品安全战略，着力推进监管体制机制改革创新和依法治理，着力解决人民群众反映强烈的突出问题，推动食品安全现代化治理体系建设，促进食品产业发展，推进健康中国建设。习近平总书记在十九大报告中也强调，人民健康是民族昌盛和国家富强的重要标志，要实施食品安全战略，形成严密高效、社会共治的食品安全治理体系，让人民吃得放心。

总之，习近平新时代食品安全治理思想的体系和轮廓已基本构建，同时正在不断丰富和完善。在其指引下，我国食品安全相关工作均取得了长足的进步，开创了食品安全治理的新境界，并将不断提升食品安全水平，切实保障人民群众“舌尖上的安全”，保障人民群众身体健康和生命安全。

第二节　食品安全治理的基本原则

我国食品安全治理的基本原则如下。

一、预防为主

坚持关口前移，全面排查、及时发现处置苗头性、倾向性问题，严把食品安全的源头关、生产关、流通关、入口关，坚决守住不发生系统性区域性食品安全风险的底线。做好食品安全工作，必须坚持预防为主，就是要将食品安全相关的各项工作关口前移；各地、各部门不要等到发生问题再查处、追责，而是要通过加强日常的监管工作，加强食品安全风险监测，消除隐患，防患于未然。

二、风险管理

树立风险防范意识，强化风险评估、监测、预警和风险交流，建立健全以风险分析为基础的科学监管制度，严防严管严控风险隐患，确保监管跑在风险前面。具体而言：食品安全相关法律、法规、条例和措施应当以充分的科学依据和风险分析原则为基础，确保从生产到消费整个流程全部环节的食品安全。食品安全风险分析是包含风险评估、风险管理和风险沟通三个组成部分的科学框架，其中风险评估是整个体系的核心和基础。① 风险评估就是通过监测发现风险之后，对风险的大小作出科学判断，是食品安全风险管理技术的关键，其核心是要坚持以科学为基础，运用科学的手段，遵循科学的规律，讲求科学的实效，最终实现科学监管。

三、全程控制

严格实施从农田到餐桌全链条监管，建立健全覆盖全程的监管制度、覆盖

① 食品安全风险分析就是通过对影响食品安全的各种危害进行评估、定性或定量的描述风险的特征，在参考有关因素的前提下，提出和实施风险管理措施，并对有关情况进行交流的过程。其中风险评估涉及的领域很广，包括食品、微生物、化学、流行病等。

所有食品类型的安全标准、覆盖各类生产经营行为的良好操作规范，全面推进食品安全监管法治化、标准化、专业化、信息化建设。食品安全全程控制的核心就要保证食物链全过程的可控制和食品安全的可追溯；通过建立覆盖“农田到餐桌”全程的食物链、监管链和信息链，实现三链合一的无缝监管体系；建立以源头控制为主体、以溯源为特征、以终端产品的抽样检测为手段的产业链安全的全过程控制；建立支撑全过程控制、覆盖全程的食品安全监管信息平台，实现相关监管部门信息互通和共享，提高食品安全处置和决策能力。

四、社会共治

全面落实企业食品安全主体责任，严格落实地方政府属地管理责任和有关部门监管责任。充分发挥市场机制作用，鼓励和调动社会力量广泛参与，加快形成企业自律、政府监管、社会协同、公众参与的食品安全社会共治格局。食品安全社会共治是多元社会力量共同参与食品安全治理，是参与食品安全治理的主体、行为、责任、能力以及制度等要素的有机结合，通过各种机制共同保障食品安全；食品安全社会共治可以克服中国面临的相对有限的行政监管资源和相对无限的监管对象之间的矛盾，充分发挥和利用多元主体的力量，弥补政府监管力量的不足、单一监管的缺陷和市场失效。

第三节　食品安全治理的具体措施

我国食品安全治理的具体措施如下。

一、严格源头治理

深入开展农药兽药残留、重金属污染综合治理。开展化肥农药使用量零增长行动，全面推广测土配方施肥、农药精准高效施用。加快高效、低毒、低残留农药新品种研发和推广，实施高毒、高残留农药替代行动。实施兽用抗菌药治理行动，逐步淘汰无残留限量标准和残留检测方法标准的兽药及其制剂。严格落实农药兽药登记和安全使用制度，推行高毒农药定点经营和实名购买制度。推进重金属污染源头治理，摸清土壤污染分布情况，开展污染耕地分级分类治理。

提高农业标准化水平。实施农业标准化推广工程，推广良好农业规范。继续推进农业标准化示范区、园艺作物标准园、标准化规模养殖场（小区）、水产健康养殖场建设。支持良好农业规范认证品牌农产品发展，提高安全优质品牌农产品比重。建立健全畜禽屠宰管理制度，加快推进病死畜禽无害化处理与养殖业保险联动机制建设，加强病死畜禽、屠宰废弃物无害化处理和资源化利用。加强粮食质量安全监测与监管，推动建立重金属等超标粮食处置长效机制。推动农产品生产者积极参与国家农产品质量安全追溯管理信息平台运行。开展肉类、蔬菜等产品追溯体系建设的地区要加快建立高效运行长效机制。

二、严格过程监管

严把食品生产经营许可关。对食品（含食品添加剂）生产、直接接触食品的包装材料等具有较高风险的相关产品、食品经营依法严格实施许可管理。整合现有资源，建立全国统一的食品生产经营许可信息公示系统。落实地方政府尤其是县级政府责任，实施餐饮业质量安全提升工程。推进餐厨废弃物资源化利用和无害化处理试点城市建设。

严格生产经营环节现场检查。食品生产经营企业应当认真履行法定义务，严格遵守许可条件和相关行为规范。科学划分食品生产经营风险等级，加强对高风险食品生产经营企业的监督检查。科学制定国家、省、市、县级食品检查计划，确定检查项目和频次。

国务院食品安全监管有关部门负责建立和完善食品生产经营监督检查制度和技术规范，依据职责监督抽查大型食品生产经营企业；省级食品安全监管部门负责制定本省（区、市）年度监督管理计划，抽查本行政区域内大型食品生产经营企业，督导核查市、县级监督管理工作；市、县级食品安全监管部门负责日常监督检查，在全覆盖基础上按照“双随机、一公开”原则开展日常检查。现场检查应按照年度监督检查计划进行，覆盖所有生产经营者，重点检查农村、学校、幼儿园等重点区域，小作坊、小摊贩、小餐饮等重点对象，冷链储运等重点环节，以及中高风险食品生产经营者。大力推进学校食堂、幼儿园食堂实时监控工作。

三、强化抽样检验

食品安全抽样检验覆盖所有食品类别、品种，突出对食品中农药兽药残留的抽检。科学制定国家、省、市、县级抽检计划。国务院食品安全监管有关部门主要承担规模以上或产品占市场份额较大食品生产企业的产品抽检任务，省级食品安全监管部门主要承担本行政区域内所有获得许可证的食品生产企业的产品抽检任务，市、县级食品安全监管部门主要承担本行政区域内具有一定规模的市场销售的蔬菜、水果、畜禽肉、鲜蛋、水产品农药兽药残留抽检任务以及小企业、小作坊和餐饮单位抽检任务。市、县级食品安全监管部门要全面掌握本地农药兽药使用品种、数量，特别是各类食用农产品种植、养殖过程中农药兽药使用情况，制定的年度抽检计划和按月实施的抽检样本数量要能够覆盖全部当地生产销售的蔬菜、水果、畜禽肉、鲜蛋和水产品，每个品种抽样不少于20个，抽样检验结果及时向社会公开。将食品安全抽检情况列为食品安全工作考核的重点内容。

四、完善法律法规制度

加快构建以食品安全法为核心的食品安全法律法规体系。修订《农产品质量安全法》《食品安全法实施条例》《农药管理条例》《乳品质量安全监督管理条例》。推进土壤污染防治法、粮食法、肥料管理条例等立法进程。推动各地加快食品生产加工小作坊和食品摊贩管理等地方性法规规章制修订。制修订食品标识管理、食品安全事件调查处理、食品安全信息公布、食品安全全程追溯、学校食堂食品安全监督管理等配套规章制度。完善国境口岸食品安全规章制度。

五、提升技术支撑能力

（1）提升风险监测和风险评估等能力。全面加强食源性疾病、食品污染物、食品中有毒物质监测，强化监测数据质量控制，建立监测数据共享机制。完善食品安全风险评估体系，通过综合分析监测数据及时评估并发现风险。建立食品安全和农产品质量安全风险评估协调机制，将“米袋子”“菜篮子”主要产品纳入监测评估范围。食品污染物和有害因素监测网络覆盖所有县级行政区域并延伸到乡镇和农村，食源性疾病监测报告系统覆盖各级各类医疗机构。

（2）健全风险交流制度。按照科学、客观、及时、公开的原则，定期组织食品生产经营者、食品检验机构、认证机构、食品行业协会、消费者协会以及新闻媒体等，就食品安全风险评估信息和食品安全监督管理信息进行交流沟通。规范食品安全信息发布机制和制度。建立国家、省、市、县四级食品安全社会公众风险认知调查体系和国家、省、市三级风险交流专家支持体系。鼓励大型食品生产经营企业参与风险交流。

（3）加快建设食品安全检验检测体系。构建国家、省、市、县四级食品安全检验检测体系。国家级检验机构具备较强的技术性研究、技术创新、仲裁检验、复检能力和国际合作能力；省级检验机构能够完成相应的法定检验、监督检验、执法检验、应急检验等任务，具备一定的科研能力，能够开展有机污染物和生物毒素等危害物识别及安全性评价、食源性致病微生物鉴定、食品真实性甄别等基础性、关键性检验检测技术，能够开展快速和补充检验检测方法研究；市级检验机构具备对食品安全各项目参数较全面的常规性检验检测能力；食品产业大县和人口大县要具备对常见微生物、重金属、农药兽药残留等指标的实验室检验能力及定性快速检测能力。加强检验检测信息化建设。鼓励大专院校、企业检验机构承担政府检验任务。组织开展食品快速检测方法评价，规范快速检测方法应用。

(4) 提高食品安全智慧监管能力。重点围绕行政审批、监管检查、稽查执法、应急管理、检验监测、风险评估、信用管理、公共服务等业务领域，实施“互联网+”食品安全监管项目，推进食品安全监管大数据资源共享和应用，提高监管效能。

(5) 加强基层监管能力建设和应急处置能力建设。各级食品安全监管机构业务用房、执法车辆、执法装备配备实现标准化，满足监督执法需要。完善国家、省、市、县四级应急预案体系，健全突发事件跟踪、督查、处理、报告、回访和重大事故责任追究机制。强化食品安全舆情监测研判。开展应急演练。

六、严厉处罚违法违规行为

整治食品安全突出隐患及行业共性问题。重点治理超范围超限量使用食品添加剂、使用工业明胶生产食品、使用工业酒精生产酒类食品、使用工业硫磺熏蒸食物、违法使用瘦肉精、食品制作过程违法添加罂粟壳等物质、水产品违法添加孔雀石绿等禁用物质、生产经营企业虚假标注生产日期和保质期、用回收食品作为原料生产食品、保健食品标签宣传欺诈等危害食品安全的“潜规则”和相关违法行为。完善食品中可能违法添加的非食用物质名单、国家禁用和限用农药名录、食用动物禁用的兽药及其他化合物清单，研究破解“潜规则”的检验方法。

整合食品安全监管、稽查、检查队伍，建立以检查为统领，集风险防范、案件调查、行政处罚、案件移送于一体的工作体系。各级公安机关进一步加强打击食品安全犯罪的专业力量建设，强化办案保障。加强行政执法与刑事司法的衔接，建立证据互认、证据转换、法律适用、涉案食品检验认定与处置等协作配合机制。推动出台食品安全违法行为处罚到人的法律措施。完善政法委牵头、政法部门和监管部门共同参与的协调机制。

七、深化国际交流与合作

加强与发达国家食品安全监管机构及重要国际组织合作，积极参与国际规则和标准制定，应对国际食品安全突发事件，提高全球食品安全治理能力和水平。加强食品安全国际化人才培养，鼓励支持我国专家在食品相关国际机构任职。做好我国作为国际食品法典添加剂委员会和农药残留委员会主席国的相关工作。

加快食品安全标准与国际接轨。建立最严谨的食品安全标准体系；加快制修订产业发展和监管急需的食品基础标准、产品标准、配套检验方法标准、生产经营卫生规范等。加快制修订重金属、农药残留、兽药残留等食品安全标准。密切跟踪国际标准发展更新情况，整合现有资源建立覆盖国际食品法典及有关发达国家食品安全标准、技术法规的数据库，开展国际食品安全标准比较研究。

加强标准跟踪评价和宣传贯彻培训。鼓励食品生产企业制定严于食品安全国家标准、地方标准的企业标准，鼓励行业协会制定严于食品安全国家标准的团体标准。依托现有资源，建立食品安全标准网上公开和查询平台，公布所有食品安全国家标准及其他相关标准。整合建设监测抽检数据库和食品毒理学数据库，提升标准基础研究水平。将形成技术标准作为组织实施相关科研项目的重要目标之一，并列入食品科研重要考核指标，相关成果可以作为专业技术资格评审依据。

八、建立职业化检查员队伍

依托现有资源建立职业化检查员制度，明确检查员的资格标准、检查职责、培训管理、绩效考核等要求。加强检查员专业培训和教材建设，依托现有资源设立检查员实训基地。采取多种合理有效措施，鼓励人才向监管一线流动。

（1）建立职业化检查员队伍。加强培训考核，使职业化检查员符合相应的工作要求。

（2）加强人才培养。推进网络教育培训平台建设。依托现有省级教育培训机构建立专业教学基地。加强跨学科高端人才培养。

监管人员的专业化培训时间人均不低于40学时/年，新入职人员规范化的培训时间人均不低于90学时。对地方各级政府分管负责人进行分级培训。对各级监管机构相关负责人进行国家级调训。本科以上学历专业技术人员达到食品安全监管队伍总人数的70%以上，高层次专业人才占技术队伍的15%以上。食品安全一线监管人员中，食品相关专业背景的人员占比每年提高2%。此外，有条件的要通过国际交流与合作，请进来、走出去，开展多种形式的培训，提高能力，提升素质。

九、形成社会共治格局

完善食品安全信息公开制度。各级监管部门及时发布行政许可、抽样检验、监管执法、行政处罚等信息，做到标准公开、程序公开、结果公开。将相关信息及时纳入食品生产经营企业信用档案、全国信用信息共享平台及国家企业信用信息公示系统，开展联合激励和惩戒。

畅通投诉举报渠道，严格投诉举报受理处置反馈时限。鼓励食品生产经营企业员工举报违法行为，建立举报人保护制度，落实举报奖励政策。加强舆论引导，回应社会关切，鼓励新闻媒体开展食品安全舆论监督。食品安全新闻报道要客观公正，重大食品安全新闻报道和信息发布要严格遵守有关规定。

支持行业协会制订行规行约、自律规范和职业道德准则，建立健全行业规范和奖惩机制。提高食品行业从业人员素质，对食品生产经营企业的负责人和主要从业人员，开展食品安全法律法规、职业道德、安全管控等方面的培训。

加强消费者权益保护，增强消费者食品安全意识和自我保护能力，鼓励通过公益诉讼、依法适用民事诉讼简易程序等方式支持消费者维权。继续办好“全国食品安全宣传周”，将食品安全教育纳入国民教育体系，作为公民法制和科学常识普及、职业技能培训等的重要内容。加强科普宣传，推动食品安全进农村、进企业、进社区、进商场等，鼓励研究机构、高校、协会等参与公益宣传科普工作，提升全民食品安全科学素养。

第四节　食品安全治理新形势与新探索

一、新形势

1. 中国进入数字化时代

随着互联网、通信和大数据等技术的迅猛发展，中国已进入数字经济时代。根据2020年3月中国互联网信息中心（CNNIC）第45次《中国互联网络发展状况统计报告》，截至2020年3月，我国网民规模达9.04亿，较2018年底增加7508万，互联网普及率达64.5%，较2018年底提升4.9个百分点；我国手机网民规模达8.97亿，较2018年底增加7992万，网民中使用手机上网的比例高达99.3%。其中城镇网民规模达6.49亿，占网民整体的71.8%；农村网民规模达2.55亿，占网民整体的28.2%。

同样，截至2020年3月，我国网络购物用户规模达7.10亿，较2018年底增加1.00亿，占网民整体的78.6%；手机网络购物用户规模达7.07亿，较2018年底增加1.16亿，占手机网民整体的78.9%。我国网络支付用户规模达7.68亿，较2018年底增长1.68亿，占网民整体的85.0%；手机网络支付用户规模达7.65亿，较2018年底增长1.82亿，占手机网民的85.3%；我国网络视频（含短视频）用户规模达8.50亿，较2018年底增长1.26亿，占网民整体的94.1%；其中，短视频用户规模为7.73亿，占网民整体的85.6%。

2. 农产品电子商务发展迅猛

近年来，我国电子商务迅猛发展，市场规模持续扩大。根据国家统计局电子商务交易平台调查显示，2019年，全国电子商务交易额达34.81万亿元，比上年增长6.7%；全国网上零售额10.63万亿元，比上年增长16.5%，其中，实物商品网上零售额为8.52万亿元，增长19.5%，占社会消费品零售总额的比重为20.7%，对社会消费品零售总额增长的贡献率达45.6%。①

2019年，我国农产品网上零售交易额达3975亿元，同比增长27%，在全国网上零售额中占比超过3.7%，较上年有所提升。② 自2015年以来，随着我国互联网在商业发展中的加速渗透和电子商务的迅速普及，农村居民和农业企业的电商意识不断增强，我国农产品网上零售额稳步攀升，天猫、淘宝、京东、拼多多等头部电商企业和电商平台也加快了农产品电商的布局。根据农业部印发的《全国农产品加工业与农村一二三产业融合发展规划（2016—2020年）》中的预测，2020年我国农产品网上零售额将达到8000亿元的规模。在消费升级和互联网新兴技术的催化下，一个新的万亿市场正在形成，将对我国的社会经济建设和农业农村发展全局产生重要影响。

在现阶段下，我国农产品电子商务显现出重要趋势和特征。

第一，政府出台的利好政策不断。农产品电子商务作为推动农业农村发展的新型产业模式，对于促进农产品流通、农民增收、产业扶贫上发挥了重要作

① 商务部：2019年全国电子商务交易额达34.81万亿元［EB/OL］.(2020-6-30)［2020-8-3］.http：//www.chinanews.com/cj/2020/06-30/9225677.shtml.

② 商务部：2019年全国电子商务交易额达34.81万亿元［EB/OL］.(2020-6-30)［2020-8-3］.http：//www.chinanews.com/cj/2020/06-30/9225677.shtml.

用，获得政府的关注和大力支持。在近几年的中央“一号文件”中，均释放出推动农业农村电商发展的利好信号。2020年中央“一号文件”提到，要“有效开发农村市场，扩大电子商务进农村覆盖面，支持供销合作社、邮政快递企业等延伸乡村物流服务网络，加强村级电商服务站点建设，推动农产品进城、工业品下乡双向流通”。在政策的支持和推动下，我国农产品电子商务将迎来更为广阔的发展空间。

第二，电子商务企业的参与性明显增强。农产品电子商务的发展不仅促进了农业农村的发展，也给我国农产品和电子商务市场带来了新的市场空间，越来越多的电商企业和平台也加入了这个市场。据统计，目前我国各种涉农电商平台已达3万多个，其中农产品电商平台接近4000多个。其中既有天猫、淘宝、京东这样的头部电商平台，也涌现出了美菜网、小象生鲜等一批新兴农产品电商平台，形成了各具特色的发展模式。五大电商平台：天猫平台的农产品网络零售额约为994.9亿元，市场份额高达45.7%，淘宝、京东、拼多多和苏宁分别占比28.4%、23.8%、1.72%和0.45%。①

第三，消费者对线上购买农产品的接受程度提高。电子商务已经成为人们的一种生活方式，消费者选择线上购买的商品种类也越来越丰富。尤其是在2019年年底到2020年年初爆发的新型冠状病毒疫情期间，通过线上购买水果、蔬菜等农副产品已经成为更多人的选择。据相关数据显示，在2020年的春节防疫期间，京东到家的全平台销售额同比去年增长470%，盒马生鲜的日均供应量也达到了平时蔬菜供应量的6倍。② 根据商务部对2018年我国各类农产品网络零售额的统计显示，农产品电子商务中农产品类别的市场集中度正在下降，水果、蔬菜等以往主要在超市、菜市场交易的农产品也开始成为更多消费者的线上选择，消费者对线上购买农产品的接受程度正在不断提高。

第四，消费者越来越关注品质和健康。近年来，食品安全问题频曝，消费者对食品安全的意识越来越强，在购买生鲜食品时更加重视产品质量。中国网络消费者协会在3月份的调研数据显示，70%的消费者在购物时优先考虑产品/服务的质量，64.4%的消费者考虑价格；在生鲜领域，对商品质量的重视表现得更为明显，57%的用户表示在选择生鲜电商平台时最看重食品安全，价

---

① 我国农产品电商已进入“数字发展”新阶段［EB/OL］.(2019-7-19)［2020-5-18］. http：//www.ce.cn/xwzx/gnsz/gdxw/201907/19/t20190719-32671644.shtml.

② 疫情下生鲜线上订单暴增470%，危机催生新零售新机遇［EB/OL］.(2020-2-7)［2020-6-18］.http：//www.shohu.com/a/371182882-787408.

格为第二考虑因素，占比约11.8%。用户对品质和体验的高要求，将促进生鲜平台更加严格地选品、把控供应链、创新经营模式。

3. 环境不确定性增加

当前，新冠肺炎疫情已影响到全球200多个国家和地区。根据Worldometers实时统计数据显示，截至北京时间11月1日07时36分，全球新冠肺炎（COVID-19）确诊病例达4636万例，新增473458例至46365730例，死亡病例达119万例，新增6476例至1199715例，近120万；全球确诊病例超过了10万例的国家增至50个；截至美国东部时间10月31日17时30分，美国新冠肺炎确诊病例超过910万例，达9104336例，死亡病例为230281例。①

新冠肺炎是自20世纪初西班牙流感以来，波及范围最广、影响程度最深的全球大流行疾病。百年未遇的超级大流行和百年未有之国际大变局相互叠加并相互激荡，对世界经济的冲击和影响将是巨大而深远的，对当前的国际体系已经产生了诸多方面的超级“量变”冲击，国际体系的部分“质变”将因此加速到来。

同样，新冠疫情农产品（食品）生产、运输、配送、销售和国际贸易等方面带来了巨大冲击。根据中国商务部流通产业促进中心开展的线上调查发现，疫情对农产品消费习惯、购买渠道和产品价格等产生了一定影响。其一，安全和品质成为购买首选因素，便利消费、安全消费和品质消费特征明显。随着居民疫情防控意识增强，消费者更加关注农产品安全质量，价格不再是决定性因素，卫生干净和食品新鲜成为首要决策因素；疫情促使消费者对农产品安全和品质的需求放大，推动消费升级；倒逼农业经营主体更好发力供给端，加快农产品标准化、品牌化和质量全程可追溯体系建设，发挥农产品供应链协同作用，以快速响应消费者便利消费、安全消费和品质消费需求。其二，线上线下融合发展，社区菜店和生鲜电商成为仅次于超市的“菜篮子”。疫情期间，终端零售渠道结构发生了明显变化，超市消费受影响不大，生鲜电商、社区菜店和社区团购消费激增，农贸市场消费下降明显。线上企业布局线下渠道，线上线下渠道加快融合。

此外，病虫害、气候变化、洪灾和干旱等都会带来巨大的不确定性，同样

① 2020年11月1日全球新冠肺炎（COVID-19）疫情简报，确诊超4636万，疫苗本月最值期待［EB/OL］.（2020-11-1）［2020-11-3］. https://www.medsci.cn/article/show_article.do?id=7be0202e4577.

给农产品的生产、供给、消费和交易等带来巨大的危害。

二、食品安全问题的反思

1. 食品安全问题的根源

食品安全问题是伴随着社会变迁和农业食品体系变迁而产生的。一般而言，人类的食品（农业生产）体系发展主要经历了两个阶段。

第一，自给自足阶段（前工业社会）。指的是工业革命之前的漫长时期，当时大部分人都居住在乡村，食物自给自足，生产与消费重合，生产者就是消费者，两者之间没有信息不对称，也没有运输成本。即使在城市，城市与乡村之间有着千丝万缕的联系，城市居民与农民之间也有着千丝万缕的联系，同样，城市中的产业与农业也有着千丝万缕的联系，当时的社会就是乡村社会、农业社会和熟人社会。农业社会的小镇集市，发挥着调剂农户之间由于自然与社会的不确定性导致的食物余缺。因而，自给自足阶段，生产者与消费者之间相互了解，相互信任，不存在信息不对称问题，也没有机会主义行为。

第二，生产与消费分离阶段（现代社会）。工业革命之后，工业化导致大量的农村人口移居城市，产生了大量的食品需求，同时，随着城镇化进程的加快，传统的城乡一体模式开始出现分离和断裂；城市与农村空间分离，由此催生出专业化、规模化的农产品生产基地和从产地到销地之间漫长的供应链（生产者—多级批发商—零售商—消费者）。为了满足人们日益增长的食品需要，工业化农业受到政府的鼓励和推动，并正在迅速取代延续数千年的传统农耕方式。在这样的食物体系之下，食品原料来源越来越多元化和全球化，食品生产的中间环节越来越多，生产工序越来越复杂，导致生产者与消费者之间的空间距离越来越远，两者之间互动越来越少，也越来越难，两者之间的心理距离也越来越疏远，进而，生产者与消费者之间的关系断裂，信任消失。生产者并不了解消费者的真实需求，或无法满足消费者的需求及其变化。在发展主义和工业化范式导向的治理思维和发展政策的影响下，长期以来，农业和食品部门致力于解决过去数十年内快速增长的全球人口的温饱问题，即粮食安全问题，各国的重要农业技术进步和农业支持政策都是以提高产量为核心。因此，食品生产者以提高产量、改善外观、延长储藏期等目的，进而降低成本，获取利润，但并不真正关心消费者对健康、营养、质量和安全等方面的要求。同样，消费者也并不了解农业生产和食品生产的真实情况，而且，消费者也无法与生产者之间对话与互动，无法将自己的需求传递到生产者，消费者主权逐渐丧失。

总之，自给自足阶段，不存在食品安全问题。而现阶段，生产者与消费者之间关系彻底断裂，导致两者之间存在严重的信息不对称，互信沦丧，甚至出现冲突加剧，对立凸显的趋势。因此，食品安全问题的根源在于当下食物体系以及生产者与消费者之间的关系出了问题。

2. 人与自然的关系

自20世纪60年代以来，日益严峻的全球性生态危机引起了社会各界的广泛关注。1962年，《寂静的春天》在美国面世，它是人类首次关注环境问题的标志性之作，问世之时，一度引起很大的争议。在《寂静的春天》里，作者蕾切尔·卡森以大量经过深入调查分析得出的数据和科学结论，揭示了因滥用杀虫剂而导致的重大环境问题和生态灾难，提出了滥用杀虫剂和化学药品给自然生态和人类健康带来的灾难性后果，揭开了环境保护运动的序幕。人类对生态环境的破坏直接影响到农业生产；受到污染的水源、土壤、空气，以及化学制品的滥用，使得生产出来的食物存在着严重的食品安全风险，进而导致人们生病和死亡①，而且，不断恶性循环。总之，生态环境破坏程度越深，食品安全风险越大，相应地对人们的生命健康所造成的危害也越深。

此次新冠疫情的暴发和大流行，再次让世界关注野生动物和公共卫生之间的关系；让人类重新审视野生动植物贸易领域的政策和措施，并反思人类与自然的关系。根据英国《自然》杂志的一项研究显示，全世界约60%的新发传染病是人畜共患疾病，而人畜共患疾病中超过70%源于野生动物；尽管目前新冠病毒的源头还未被找到，但世界卫生组织认为，已有的证据表明新冠病毒很可能也源自动物；病毒可能在人与动物互动的多个阶段传播，包括动物的捕获、买卖、运输、加工及存贮等；而国际野生动物贸易则可能会将野生动物及其制品携带的病原体带到新的环境。因此，不受管控的野生动物非法贸易将带来更大的人畜共患疾病传播风险。面对人畜共患疾病的威胁，人类应该更多地关注人与自然的关系。对动植物资源的过度开发会对人畜共患疾病的传播产生影响，因为人类“不断侵入野生动植物的栖息地，增加了与‘危险物种’及其携带病原体接触的可能性”。

正如十九大报告中指出的，坚持人与自然和谐共生，必须树立和践行

① 据世界卫生组织发布的数据显示，每年大约全球人口中的10%，即约6亿人患食源性疾病，其中42万人死亡，导致损失3300万健康生命年（WHO，2017）。美国每年有4800万人因食用受污染的食物而患病，其中12.8万人住院，3000人死亡，食源性疾病导致的损失高达约932亿美元（Scharff，2015）。

“绿色青山就是金山银山”的理念，实行最严格的生态环境保护制度，形成绿色发展方式和生活方式，为全球生态安全作出贡献。如今，人类社会正日益形成一个普遍共识：人因自然而生，人与自然是一种共生关系，对自然的伤害最终会伤及人类自身。人类必须尊重自然、顺应自然、保护自然，否则就会遭到大自然的报复，这个客观规律谁也无法抗拒。

因此，食品安全问题的解决需要从当前主流的食物体系和人与自然的关系等方面进行反思，转变传统理念，不断探索与创新。

三、食品安全治理的新探索

1. 替代性食物体系

在目前主流食物体系之下，生产者为了追求产量而过度依赖农药、化肥、除草剂和抗生素等化学合成物质；城市与农村分离；消费者与生产者之间的关系分割；高度信息不对称，信任全无；进而导致食品安全、环境污染、生态破坏等一系列问题。这些问题交织在一起，相互影响、密不可分，对人民身体健康、国民经济以及产业发展带来了严重的威胁，并成为人类共同面临的巨大挑战。

与此同时，对现代农业和主流食品体系的反思和批判也引发了一系列后现代思潮和社会运动，例如，20 世纪 60 年代，替代性食物体系（Alternative Food Networks）应运而生，意在建立新的食品生产、流通和消费结构，重新连接消费者和生产者，为解决以上问题提供一条替代性道路。

在此背景之下，为了应对工业化农业和现代食物体系所带来的种种弊端，世界各地积极开展替代性食物体系的探索与实践，先后涌现出诸多模式，其中，食品短链（Short Food Supply Chain，SFSC）应运而生，并得到了快速发展。在中国为了应对日益严峻的食品安全问题，食品短链的理念得以引进，其实践也得以推行。食品短链的具体形式多样，例如：农夫市集（Farmers' Markets）、社区支持农业（Community Supported Agriculture，CSA）、巢状市场（Nested Market）、农场商店（On-farm Shop）、农场到学校项目（Local School Food Schemes）、团购（Solidarity Purchasing Groups）、社会化电子商务（Social Commerce），等等，当然，食品短链的具体形式还在不断创新与发展。

2. 智慧农业

智慧农业（Smart Agriculture）是一个理念，是思想上的探索，使农业更加智能化、透明化、更加高效、更加多元连接，提升整体效益，农业农村可持续发展，是乡村振兴的重要载体。智慧农业是基于新一代ICT科技与农业农村现代化深度融合发展的集成体系。它充分利用大数据与云计算、智能传感系统、农业物联网与互联网、人工智能、技术、自动控制和互联网等现代信息技术，在农业的生产、加工、经营、管理和服务等各个环节实现“精准化种植”“可视化管理”“互联网销售”“智能化决策”和“社会化服务”等全程智能化管理。

智慧农业是利用智能科学的理论、技术、方法和云计算、物联网、移动互联、大数据、自动化、智能化等技术手段，实现农业科研、生产过程、农业机械装备、经营管理、决策和服务等全流程、全生命周期的数字化、网络化、智能化、绿色化，各种农业资源与信息资源整合和优化利用，实现信息流、资金流、物流、业务工作流的高度集成与融合的现代农业体系。智慧农业是信息化与农林牧渔业深度融合，具有创新力、生命力、竞争力和可持续发展的高度现代化的新型农业。

智慧农业的具体应用包括：智慧农场、智慧果园、智慧牧场、智能猪圈、沙漠生态治理大数据平台、基于大数据的农作物病虫害预测预警系统、智慧水利大数据平台、水果品质预测与价格监测大数据平台、农业产业链大数据平台、粮食生产大数据平台，等等。

其一，农业生产环境监控。通过布设于农田、温室、园林等目标区域的大量传感节点，实时地收集温度、湿度、光照、气体浓度以及土壤水分、电导率等信息并汇总到中控系统。农业生产人员可通过监测数据对环境进行分析，从而有针对性地投放农业生产资料，并根据需要调动各种执行设备，进行调温、调光、换气等动作，实现对农业生长环境的智能控制。

其二，食品安全。利用技术，建设农产品溯源系统，通过对农产品的高效可靠识别和对生产、加工环境的监测，实现农产品追踪、清查功能，进行有效的全程质量监控，确保农产品安全。物联网技术贯穿生产、加工、流通、消费各环节，实现全过程严格控制，使用户可以迅速了解食品的生产环境和过程，从而为食品供应链提供完全透明的展现，保证向社会提供优质的放心食品，增强用户对食品安全程度的信心，并且保障合法经营者的利益，提升可溯源农产品的品牌效应。

3. 区块链技术

近年来，区块链技术（Blockchain Technology）作为“第四次工业革命”

的重要成果，正在掀起一股科技革命和产业变革的浪潮，其已经在金融服务、供应链管理和健康医疗等领域逐步得到应用，并显示出其能够广泛应用于多样化场景的巨大潜力，应用前景十分广阔。

区块链是一种将数据区块以时间顺序相连的方式组合成的、以密码学方式保证不可篡改和不可伪造的分布式数据库。而且，区块链技术并非某种特定技术，而是由多种技术组合而成的技术体系或技术解决方案，主要涉及加密技术应用、分布式算法的实现、点对点网络设计和数据存储技术，甚至还可能涉及机器学习、物联网、虚拟现实和大数据等技术。

目前，已有许多公司致力于探索区块链技术在农业和食品领域的应用，积极开展实践。例如，阿里巴巴和京东等多家巨头企业都在积极落实区块链食品溯源项目，利用区块链技术追踪食品生产、加工、销售等全流程。2017 年 3 月，阿里巴巴与澳大利亚邮政牵手探索区块链打击食品掺假。2017 年 8 月，包括沃尔玛、雀巢、多尔和金州食品等在内的世界上 10 家最大的食品和快销品供应商与 IBM 达成合作，将区块链整合到其供应链中，以便可以更快速地帮助食品供应商追溯原料成分，帮助食品公司提高供应链的可视性和可追溯性，让食品更加安全。

2019 年 6 月，沃尔玛中国区块链可追溯平台正式启动。首批已有 23 种商品完成测试进入平台，后期将陆续上线超过 100 种商品，覆盖包装鲜肉、蔬菜、海鲜、自有品牌等 10 余个品类，助力沃尔玛践行商品可追溯战略。顾客通过扫描商品上的二维码，可以了解到商品供应源头及沃尔玛接收的地理位置信息、物流过程时间、产品检测报告等详细信息。

2019 年 5 月 9 日，中共中央、国务院发布了《关于深化改革加强食品安全工作的意见》，意见提出：推进“互联网+食品”监管；建立基于大数据分析的食品安全信息平台，推进大数据、云计算、物联网、人工智能、区块链等技术在食品安全监管领域的应用，实施智慧监管，提升监管工作信息化水平。

2019 年 10 月 24 日，中共中央政治局开展“区块链技术发展现状和趋势”第十八次集体学习，其中，习近平总书记强调，把区块链作为核心技术自主创新重要突破口，加快推进区块链技术和产业创新发展；要探索“区块链+”在民生领域的应用，积极推动区块链技术在商品防伪、食品安全、公益等领域的应用，为人民群众提供更加智能、更加便捷、更加优质的公共服务。

第五节　本 章 小 结

2020年是“十三五”规划和全面建成小康社会的收官之年。随着“十三五”国家食品安全规划的贯彻与落实，“十四五”国家食品安全规划的开启，以及全面实施国家食品安全战略和健康中国战略的推进，在政府、企业、消费者以及社会各界人士的共同努力下，我国食品安全水平不断提升，人民群众“舌尖上的安全”、身体健康和生命安全都能够得到切实保障，同时，农业和食品及其相关产业得到健康与可持续发展。

附　　录

附录一　ISO 22000：2005 食品安全管理体系

——食品链中各类组织的要求①

目　次

① 参见《ISO 22000：2005 食品安全管理体系——食品链中各类组织的要求》，内容有删减。

引　言

食品安全与食品在消费环节（由消费者摄入）食源性危害的存在有关。由于在食品链的任何阶段都有可能引入食品安全危害，因此，必需对整个食品链进行充分的控制，食品安全是要通过食品链中所有参与方的共同努力来保证。

食品链内的各类组织包括饲料生产者、初级生产者，及食品制造者、运输和仓储经营者，直至零售分包商和餐饮经营者（包括与其内在关联的组织，如设备、包装材料、清洁剂、添加剂和辅料的生产者）；也包括服务提供商。

为了确保在食品链内、直至最终消费的食品安全，本准则规定了食品安全管理体系的要求，该要求纳入了下列公认的关键原则：

——相互沟通；

——体系管理；

——前提方案；

——HACCP 原理。

为了确保食品链每个环节中所有相关的食品危害均得到识别和充分控制，沿食品链进行的沟通必不可少。这意味着组织在食品链中的上游和下游的组织间均需要进行沟通。与顾客和供方关于确定的危害和控制措施的沟通将有助于澄清顾客和供方的要求（如在可行性、需求和对终产品的影响方面）。

认识组织在食品链中的作用和所处的位置是必要的，这可确保在整个食品链中进行有效地相互沟通，以为最终消费者提供安全的食品。

最有效的食品安全体系在已构建的管理体系框架内建立、运行和更新，并将其纳入组织的整体管理活动中；这将为组织和相关方带来最大利益。本准则与 GB/T19001-2000 相协调，以加强两者的兼容性。附录 A 提供了本准则和 GB/T19001-2000 的对照表。

本准则可以独立于其他管理体系标准单独使用，其实施可结合或整合组织已有的相关管理体系要求，同时组织也可利用现有的管理体系建立一个符合本准则要求的食品安全管理体系。

本准则整合了国际食品法典委员会（CAC）制定的危害分析和关键控制点（HACCP）体系和实施步骤；根据本准则中可审核的要求，将 HACCP 计划与前提方案结合。进行危害分析将有助于整合建立控制措施有效组合所需的知识，所以，它是有效的食品安全管理体系的关键。

本准则要求对食品链内合理预期发生的所有危害，包括与各种过程和所用设施有关的危害进行识别和评价，因此，对已确定的危害，哪些需要由该组织控制而其他为什么不需要，本准则提供了确定并形成文件的方法。

在危害分析中，组织通过前提方案、操作性前提方案和 HACCP 计划的组合，确定采用的策略，以确保危害控制。

国际食品法典委员会（CAC）制定的危害分析和关键控制点（HACCP）原则和实施步骤与本准则对照见附件 B。

为促进本准则的应用，本准则已制定成为一个可用于审核的标准。但各组织可自由选择必要的方法和途径来满足本准则要求。为帮助各组织实施本准则，ISO /TS22004 提供了本准则的使用指南。

虽然本准则仅只对食品安全方面进行阐述，但本准则提供的方法同样可用于食品的其他特定方面，如风俗习惯、消费者意识等。

本准则允许组织（例如小型和（或）欠发达组织）实施由外部制定的控制措施组合。

本准则旨在食品链内协调全球范围的食品安全管理经营上的要求，尤其适合于寻求更有重点、更和谐和更完整的食品安全管理体系组织使用，而不仅是通常上的法规要求。它要求组织通过食品安全管理体系，满足与食品安全相关的适用的法律法规要求。

1　范围

本准则为食品链中需要证实有能力控制食品安全危害、确保食品人类消费安全的组织，规定了其食品安全管理体系的要求。

本准则适用于希望通过实施体系以稳定提供安全产品的所有组织，不论其涉及食品链中任何方面、也不论其规模大小。组织可以通过利用内部和/或外部资源来实现本准则的要求。

本准则规定了要求，使组织能够：

——策划、实施、运行、保持和更新食品安全管理体系，确保提供的产品按预期用途对消费者是安全的；

——证实其符合适用的食品安全法律法规要求；

——为增强顾客满意，评价和评估顾客要求，并证实其符合双方商定的、与食品安全有关的顾客要求；

——与供方、顾客及食品链中的其他相关方在食品安全方面进行有效沟通；

——确保符合其声明的食品安全方针；

——证实符合其他相关方的要求；

——为符合本准则，寻求由外部组织对其食品安全管理体系的认证或注册，或进行自我评价，自我声明。

本准则所有要求都是通用的，旨在适用于在食品链中的所有组织，无论其规模大小和复杂程度如何。

直接介入食品链中的组织包括但不限于饲料加工者，收获者，农作物种植者，辅料生产者，食品生产者，零售商，食品服务商，配餐服务组织，提供清洁和消毒服务、运输、贮存和分销服务的组织；其他间接介入食品链的组织包括但不限于设备、清洁剂、包装材料以及其他与食品接触材料的供应商。

本准则允许组织，如小型和/或欠发达组织（如小农场，小分包商，小零售或食品服务商）实施外部开发的控制措施组合。

注：ISO /TS 22004 提供了本准则的应用指南。

2　规范性引用文件

下列文件中的条款通过本准则的引用而成为本准则的条款。凡是注日期的引用文件，其随后所有的修改单（不包括勘误的内容）或修订版均不适用于本准则。凡是不注日期的引用文件，其最新版本适用于本准则。

GB/T19000-2000 质量管理体系 基础和术语（idt ISO 9000：2000）

3　术语和定义

GB/T19000-2000 确立的以及下列术语和定义适用于本准则。

为方便本准则的使用者，对引用 GB/T19000-2000 的部分定义加以注释，但这些注释仅适用于本特定用途。

注：未定义的术语保持其字典含义。定义中黑体字表明参考了本章的其他术语，引用的条款号在括号内。

3.1　食品安全 food safety

食品在按照预期用途进行制备和（或）食用时不会伤害消费者的概念。

注 1：改编自文献［11］。

注 2：食品安全与食品安全危害（3.3）的发生有关，但不包括其他与人类健康相关的方面，如营养不良。

3.2　食品链 food chain

从初级生产直至消费的各环节和操作的顺序，涉及食品及其辅料的生产、加工、分销、贮存和处理。

注 1：初级生产包括食源性动物饲料的生产和用于食品生产的动物饲料的生产。

注 2：食品链也包括用于食品接触材料或原材料的生产。

3.3　食品安全危害 food safety hazard

食品中所含有的对健康有潜在不良影响的生物、化学或物理因素或食品存在状况。

注 1：改编自文献［11］。

注 2：术语“危害”不应和“风险”混淆，对食品安全而言，“风险”是食品暴露于特定危害时对健康产生不良影响的概率（如生病）与影响的严重程度（死亡、住院、缺勤等）之间形成的函数。风险在 ISO /IEC 导则 51 中定义为伤害发生的概率和严重程度的组合。

注 3：食品安全危害包括过敏源。

注 4：在饲料和饲料配料方面，相关食品安全危害是那些可能存在或出现于饲料和饲料配料内，继而通过动物消费饲料转移至食品中，并由此可能导致人类不良健康后果的成分。在不直接处理饲料和食品的操作中（如包装材料、清洁剂等的生产者），相关的食品安全危害是指那些按所提供产品和（或）服务的预期用途可能直接或间接转移到食品中，并由此可能造成人类不良健康后果的成分。

3.4　食品安全方针 food safety policy

由组织的最高管理者正式发布的该组织总的食品安全（3.9）宗旨和方向。

3.5　终产品 end product

组织不再进一步加工或转化的产品。

注：需其他组织进一步加工或转化的产品，是该组织的终产品或下游组织的原料或辅料。

3.6　流程图 flow diagram

依据各步骤之间的顺序及相互作用以图解的方式进行系统性表达。

3.7　控制措施 control measure

能够用于防止或消除食品安全危害（3.3）或将其降低到可接受水平的行动或活动。

注：改编自参考文献［11］。

3.8　前提方案 PRP，prerequisite program

在整个食品链（3.2）中为保持卫生环境所必需的基本条件和活动，以适合生产、处置和提供安全终产品和人类消费的安全食品；

注 1：前提方案决定于组织在食品链中的位置及类型（见附录 C），等同术语例如：良好农业规范（GAP）、良好兽医规范（GVP）、良好操作规范（GMP）、良好卫生规范（GHP）、良好生产规范（GPP）、良好分销规范

（GDP）、良好贸易规范（GTP）。

3.9　操作性前提方案 operational prerequisite program（OPRP）

通过危害分析确定的、必需的前提方案 PRP（3.8），以控制食品安全危害（3.3）引入的可能性和（或）食品安全危害在产品或加工环境中污染或扩散的可能性。

3.10　关键控制点 critical control point（CCP）

（食品安全）能够施加控制，并且该控制对防止或消除食品安全危害（3.3）或将其降低到可接受水平是所必需的某一步骤。

注：改编自文献 [11]。

3.11　关键限值 critical limit（CL）

区分可接受和不可接受的判定值。

注 1：改编自文献 [11]。

注 2：设定关键限值保证关键控制点（CCP）（3.10）受控。当超出或违反关键限值时，受影响产品应视为潜在不安全产品进行处理。

3.12　监视 monitoring

为评价控制措施（3.7）是否按预期运行，对控制参数实施的一系列策划的观察或测量活动。

3.13　纠正 correction

为消除已发现的不合格所采取的措施。[GB/T19000-2000，定义 3.6.6]

注 1：在本准则中，纠正与潜在不安全产品的处理有关，所以可以连同纠正措施（3.14）一起实施。

注 2：纠正可以是重新加工，进一步加工，和（或）消除不合格的不良影响（如改做其他用途或特定标识）等。

3.14　纠正措施 corrective action

为消除已发现的不合格或其他不期望情况的原因所采取的措施。[GB/T19000-2000，定义 3.6.5]

注 1：一个不合格可以有若干个原因。

注 2：纠正措施包括原因分析和采取措施防止再发生。

3.15　确认 validation

〈食品安全〉获得通过 HACCP 计划和 OPRP 管理的控制措施能够有效的证据。

注：本定义基于文献［11］，比 GB/T19000 的定义更适用于食品安全（3.1）领域。

3.16　验证 verification

通过提供客观证据对规定要求已得到满足的认定。［GB/T19000-2000，定义 3.8.4］

3.17　更新 updating

为确保应用最新信息而进行的即时和（或）有计划的活动。

4　食品安全管理体系

4.1　总要求

组织应按本准则要求建立有效的食品安全管理体系，形成文件，加以实施和保持，并在必要时进行更新。

组织应确定食品安全管理体系的范围。该范围应规定食品安全管理体系中所涉及的产品或产品类别、过程和生产场地。

组织应：

a）确保在体系范围内合理预期发生的与产品相关的食品安全危害得以识别和评价，并以组织的产品不直接或间接伤害消费者的方式加以控制；

b）在食品链范围内沟通与产品安全有关的适宜信息；

c）在组织内就有关食品安全管理体系建立、实施和更新进行必要的信息沟通，以确保满足本准则要求的食品安全；

d）对食品安全管理体系定期评价，必要时进行更新，确保体系反映组织的活动，并纳入有关需控制的食品安全危害的最新信息。

针对组织所选择的任何影响终产品符合性的源于外部的过程，组织应确保控制这些过程。对此类源于外部的过程的控制应在食品安全管理体系中加以识别，并形成文件。

4.2　文件要求

4.2.1　总则

食品安全管理体系文件应包括：

a）形成文件的食品安全方针和相关目标的声明（见 5.2）；

b）本准则要求的形成文件的程序和记录（见 4.2.3）；

c）组织为确保食品安全管理体系有效建立、实施和更新所需的文件。

4.2.2　文件控制

食品安全管理体系所要求的文件应予以控制。记录是一种特殊类型的文件，应依据 4.2.3 的要求进行控制。

这种控制应确保所有提出的更改在实施前加以评审，以确定其对食品安全的作用以及对食品安全管理体系的影响。

应编制形成文件的程序，以规定以下方面所需的控制：

a）文件发布前得到批准，以确保文件是充分与适宜的；

b）必要时对文件进行评审与更新，并再次批准；

c）确保文件的更改和现行修订状态得到识别；

d）确保在使用处获得适用文件的有关版本；

e）确保文件保持清晰、易于识别；

f）确保相关的外来文件得到识别，并控制其分发；

g）防止作废文件的非预期使用，若因任何原因而保留作废文件时，确保对这些文件进行适当的标识。

4.2.3　记录控制

应建立并保持记录，以提供符合要求和食品安全管理体系有效运行的证据。记录应保持清晰、易于识别和检索。应编制形成文件的程序，以规定记录的标识、贮存、保护、检索、保存期限和处理所需的控制。

5　管理职责

5.1　管理承诺

最高管理者应通过以下活动，对其建立、实施食品安全管理体系并持续改进其有效性的承诺提供证据。

a）表明组织的经营目标支持食品安全；

b）向组织传达满足与食品安全相关的法律法规、本准则以及顾客要求的重要性；

c）制定食品安全方针；

d）进行管理评审；

e）确保资源的获得。

5.2　食品安全方针

最高管理者应制定食品安全方针，形成文件并对其进行沟通。

最高管理者应确保食品安全方针：

a）与组织在食品链中的作用相适应；

b）符合与顾客商定的食品安全要求和法律法规要求；

c）在组织的各层次得以沟通、实施并保持；

d）在持续适宜性方面得到评审（5.8）；

e）充分阐述沟通（5.6）；

f）由可测量的目标来支持。

5.3　食品安全管理体系策划

最高管理者应确保：

a）对食品安全管理体系的策划，满足 4.1 以及支持食品安全的组织目标的要求；

b）在对食品安全管理体系的变更进行策划和实施时，保持体系的完整性。

5.4　职责和权限

最高管理者应确保规定各项职责和权限并在组织内进行沟通，以确保食品安全管理体系有效运行和保持。

所有员工有责任向指定人员汇报与食品安全管理体系有关的问题。指定人员应有明确的职责和权限，以采取措施并予以记录。

5.5　食品安全小组组长

组织的最高管理者应任命食品安全小组组长，无论其在其他方面的职责如何，应具有以下方面的职责和权限：

a）管理食品安全小组（7.3.2），并组织其工作；

b）确保食品安全小组成员的相关培训和教育；

c）确保建立、实施、保持和更新食品安全管理体系；

d）向组织的最高管理者报告食品安全管理体系的有效性和适宜性。

注：食品安全小组组长的职责可包括与食品安全管理体系有关事宜的外部联络。

5.6　沟通

5.6.1　外部沟通

为确保在整个食品链中能够获得充分的食品安全方面的信息，组织应制定、实施和保持有效的措施，

以便与下列各方进行沟通：

a）供方和分包商；

b）顾客或消费者，特别是在产品信息（包括有关预期用途、特定贮存要求以及适宜时含保质期的说明书）、问询、合同或订单处理及其修改，以及包括抱怨的顾客反馈；

c）主管部门；

d）对食品安全管理体系的有效性或更新产生影响，或将受其影响的其他组织。

这种沟通应提供组织的产品在食品安全方面的信息，这些信息可能与食品链中其他组织相关；特别是应用于那些需要由食品链中其他组织控制的已知的食品安全危害。应保持沟通记录。

应获得来自顾客和主管部门的食品安全要求。

指定人员应有规定的职责和权限，进行有关食品安全信息的对外沟通。通过外部沟通获得的信息应作为体系更新（见8.5.2）和管理评审（见5.8.2）的输入。

5.6.2　内部沟通

组织应建立、实施和保持有效的安排，以便与有关的人员就影响食品安全的事项进行沟通。

为保持食品安全管理体系的有效性，组织应确保食品安全小组及时获得变更的信息，例如包括但不限于以下方面：

a）产品或新产品；

b）原料、辅料和服务；

c）生产系统和设备；

d）生产场所，设备位置，周边环境；

e）清洁和卫生方案；

f）包装、贮存和分销系统；

g）人员资格水平和（或）职责及权限分配；

h）法律法规要求；

i）与食品安全危害和控制措施有关的知识；

j）组织遵守的顾客、行业和其他要求；

k）来自外部相关方的有关问询；

l）表明与产品有关的食品安全危害的抱怨；

m）影响食品安全的其他条件。

食品安全小组应确保食品安全管理体系的更新（见8.5.2）包括上述信息。最高管理者应确保将相关信息作为管理评审的输入（见5.8.2）。

5.7　应急准备和响应

最高管理者应建立、实施并保持程序，以管理可能影响食品安全的潜在紧急情况和事故，并应与组织在食品链中的作用相适宜。

5.8　管理评审

5.8.1　总则

最高管理者应按策划的时间间隔评审食品安全管理体系，以确保其持续的适宜性、充分性和有效性。

评审应包括评价食品安全管理体系改进的机会和变更的需求，包括食品安全方针。

管理评审的记录应予以保持（见4.2.3）。

5.8.2　评审输入

管理评审输入应包括但不限于以下信息：

a）以往管理评审的跟踪措施；

b）验证活动结果的分析（见8.4.3）；

c）可能影响食品安全的环境变化（见5.6.2）；

d）紧急情况、事故（见5.7）和撤回（见7.10.4）；

e）体系更新活动的评审结果（见8.5.2）；

f）包括顾客反馈的沟通活动的评审（见5.6.1）；

g）外部审核或检验。

注：撤回包括召回。

资料的提交形式应能使最高管理者能将所含信息与已声明的食品安全管理体系的目标相联系。

5.8.3　评审输出

管理评审输出应包括与如下方面有关的决定和措施：

a）食品安全保证（见4.1）；

b）食品安全管理体系有效性的改进（见8.5）；

c）资源需求（见6.1）；

d）组织食品安全方针和相关目标的修订（见5.2）。

6　资源管理

6.1　资源提供

组织应提供充足资源，以建立、实施、保持和更新食品安全管理体系。

6.2　人力资源

6.2.1　总则

食品安全小组和其他从事影响食品安全活动的人员应是能够胜任的，并具有适当的教育、培训、技能和经验。

当需要外部专家帮助建立、实施、运行或评价食品安全管理体系时，应在签订的协议或合同中对这些专家的职责和权限予以规定。

6.2.2　能力、意识和培训

组织应：

a）识别从事影响食品安全活动的人员所必需的能力；

b）提供必要的培训或采取其他措施以确保人员具有这些必要的能力；

c）确保对食品安全管理体系负责监视、纠正、纠正措施的人员受到培训；

d）评价上述 a）b）和 c）的实施及其有效性；

e）确保这些人员认识到其活动对实现食品安全的相关性和重要性；

f）确保所有影响食品安全的人员能够理解有效沟通（见 5.6）的要求；

g）保持培训和 b）、c）中所述措施的适当记录。

6.3　基础设施

组织应提供资源以建立和保持实现本准则要求所需的基础设施。

6.4　工作环境

组织应提供资源以建立、管理和保持实现本准则要求所需的工作环境。

7　安全产品的策划和实现

7.1　总则

组织应策划和开发实现安全产品所需的过程。

组织应实施、运行策划的活动及其更改，并确保有效；这些活动和更改包括前提方案以及操作性前提计划和（或）HACCP 计划。

7.2　前提方案（PRP（s））

7.2.1　组织应建立、实施和保持前提方案（PRP（s）），以助于控制：

a）食品安全危害通过工作环境进入产品的可能性；

b）产品的生物、化学和物理污染，包括产品之间的交叉污染；

c）产品和产品加工环境的食品安全危害水平。

7.2.2　前提方案（PRP（s））应

a）与组织在食品安全方面的需求相适宜；

b）与运行的规模和类型、制造和（或）处置的产品性质相适宜；

c）无论是普遍适用还是适用于特定产品或生产线，前提方案都应在整个生产系统中实施；

d）并获得食品安全小组的批准。

组织应识别与以上相关的法律法规要求。

7.2.3　当选择和（或）制订前提方案（PRP（s））时，组织应考虑和利用适当信息（如法律法规要求、顾客要求、公认的指南、国际食品法典委员会的法典原则和操作规范，国家、国际或行业标准）。

注：附录C提供了相关法典的出版物清单。

当制定这些方案时，组织应考虑如下：

a）建筑物和相关设施的布局和建设；

b）包括工作空间和员工设施在内的厂房布局；

c）空气、水、能源和其他基础条件的提供；

d）包括废弃物和污水处理的支持性服务；

e）设备的适宜性，及其清洁、保养和预防性维护的可实现性；

f）对采购材料（如原料、辅料、化学品和包装材料）、供给（如水、空气、蒸汽、冰等）、清理（如废弃物和污水处理）和产品处置（如贮存和运输）的管理；

g）交叉污染的预防措施；

h）清洁和消毒；

i）虫害控制；

j）人员卫生；

k）其他适用的方面。

应对前提方案的验证进行策划（见7.8），必要时应对前提方案进行更改（7.7）。应保持验证和更改的记录。

文件宜规定如何管理前提方案中包括的活动。

7.3　实施危害分析的预备步骤

7.3.1　总则

应收集、保持和更新实施危害分析所需的所有相关信息，并形成文件。应保持记录。

7.3.2　食品安全小组

应任命食品安全小组。

食品安全小组应具备多学科的知识和建立与实施食品安全管理体系的经验。这些知识和经验包括但不限于组织的食品安全管理体系范围内的产品、过程、设备和食品安全危害。

应保持记录，以证实食品安全小组具备所要求的知识和经验（见6.2.2）。

7.3.3　产品特性

7.3.3.1　原料、辅料和与产品接触的材料应在文件中对所有原料、辅料和与产品接触的材料予以描述，其详略程度为实施危害分析所需（见 7.4）。

适用时，包括以下方面：

a）化学、生物和物理特性；

b）配制辅料的组成，包括添加剂和加工助剂；

c）产地；

d）生产方法；

e）包装和交付方式；

f）贮存条件和保质期；

g）使用或生产前的预处理；

h）与采购材料和辅料预期用途相适宜的有关食品安全的接收准则或规范。

组织应识别与以上方面有关的食品安全法律法规要求。

上述描述应保持更新，包括需要时按照 7.7 要求进行的更新。

7.3.3.2　终产品特性

终产品特性应在文件中予以描述，其详略程度为实施危害分析所需（见 7.4），适用时，包括以下方面的信息：

a）产品名称或类似标识；

b）成分；

c）与食品安全有关的化学、生物和物理特性；

d）预期的保质期和贮存条件；

e）包装；

f）与食品安全有关的标识和（或）处理、制备及使用的说明书；

g）分销方法。

组织应识别与以上方面有关的食品安全法律法规的要求。

上述描述应保持更新，包括需要时按照 7.7 要求进行的更新。

7.3.4　预期用途

应考虑终产品的预期用途和合理的预期处理，以及非预期但可能发生的错误处置和误用，并应将其在文件中描述，其详略程度为实施危害分析所需（见 7.4）。

应识别每种产品的使用群体，适用时，应识别其消费群体；并应考虑对特定食品安全危害的易感消费群体。

上述描述应保持更新，包括需要时按照 7.7 要求进行的更新。

7.3.5　流程图、过程步骤和控制措施

7.3.5.1　流程图

应绘制食品安全管理体系所覆盖产品或过程类别的流程图。流程图应为评价食品安全危害可能的出现、增加或引入提供基础。

流程图应清晰、准确和足够详尽。适宜时，流程图应包括：

a）操作中所有步骤的顺序和相互关系；

b）源于外部的过程和分包工作；

c）原料、辅料和中间产品投入点；

d）返工点和循环点；

e）终产品、中间产品和副产品放行点及废弃物的排放点。

根据 7.8 要求，食品安全小组应通过现场核对来验证流程图的准确性。经过验证的流程图应作为记录予以保持。

7.3.5.2　过程步骤和控制措施的描述

应描述现有的控制措施、过程参数和（或）及其实施的严格度，或影响食品安全的程序，其详略程度为实施危害分析所需（见 7.4）。

还应描述可能影响控制措施的选择及其严格程度的外部要求（如来自顾客或主管部门）。

上述描述应根据 7.7 的要求进行更新。

7.4　危害分析

7.4.1　总则

食品安全小组应实施危害分析，以确定需要控制的危害，确保食品安全所需的控制程度，以及所要求的控制措施组合。

7.4.2　危害识别和可接受水平的确定

7.4.2.1　应识别并记录与产品类别、过程类别和实际生产设施相关的所有合理预期发生的食品安全危害。

这种识别应基于以下方面：

a）根据 7.3 收集的预备信息和数据；

b）经验；

c）外部信息，尽可能包括流行病学和其他历史数据；

d）来自食品链中，可能与终产品、中间产品和消费食品的安全相关的食品安全危害信息；应指出每个食品安全危害可能被引入的步骤（从原料、生产和分销）。

7.4.2.2　在识别危害时，应考虑：

a）特定操作的前后步骤；

b）生产设备、设施/服务和周边环境；

c）在食品链中的前后关联。

7.4.2.3　针对每个识别的食品安全危害，只要可能，应确定终产品中食品安全危害的可接受水平。确定的水平应考虑已发布的法律法规要求、顾客对食品安全的要求、顾客对产品的预期用途以及其他相关数据。确定的依据和结果应予以记录。

7.4.3　危害评价

应对每种已识别的食品安全危害（7.4.2）进行危害评价，以确定消除危害或将危害降至可接受水平是否是生产安全食品所必需的；以及是否需要控制危害以达到规定的可接受水平。应根据食品安全危害造成不良健康后果的严重性及其发生的可能性，对每种食品安全危害进行评价。应描述所采用的方法，并记录食品安全危害评价的结果。

7.4.4　控制措施的选择和评价

基于7.4.3的危害评价，应选择适宜的控制措施组合，预防、消除或减少食品安全危害至规定的可接受水平。

在选择的控制措施组合中，应根据7.3.5.2中的描述，对每个控制措施控制确定的食品安全危害的有效性进行评审。

应对所选择的控制措施进行分类，以决定其是否需要通过操作性前提方案或HACCP计划进行管理。

选择和分类应使用包括评价以下方面的逻辑方法：

a）相对于应用强度，控制措施控制食品安全危害的效果；

b）对该控制措施进行监视的可行性（如及时监视以便能立即纠正的能力）；

c）相对其他控制措施该控制措施在系统中的位置；

d）该控制措施作用失效或重大加工的不稳定性的可能性；

e）一旦该控制措施的作用失效，结果的严重程度；

f）控制措施是否有针对性地制订，并用于消除或将危害水平大幅度降低；

g）协同效应（即，两个或更多措施作用的组合效果优于每个措施单独效果的总和。

属于HACCP计划管理的控制措施应按照7.6实施，其他控制措施应作为操作性前提方案（OPRP（s））按7.5实施。

应在文件中描述所使用的分类方法和参数，并记录评价的结果。

7.5　操作性前提方案的建立

操作性前提方案（OPRP（s））应形成文件，针对每个方案应包括如下信息：

a）由方案控制的食品安全危害（见 7.4.4）；

b）控制措施（见 7.4.4）；

c）有监视程序，以证实实施了操作性前提方案（OPRP（s））；

d）当监视显示操作性前提方案失控时，采取的纠正和纠正措施（分别见 7.10.1 和 7.10.2）；

e）职责和权限；

f）监视的记录。

7.6　HACCP 计划的建立

7.6.1　HACCP 计划

HACCP 计划应形成文件；针对每个已确定的关键控制点，应包括如下信息：

a）关键控制点（见 7.4.4）所控制的食品安全危害；

b）控制措施（CCPs）（见 7.4.4）；

c）关键限值（见 7.6.3）；

d）监视程序（见 7.6.4）；

e）关键限值超出时，应采取的纠正和纠正措施（见 7.6.5）；

f）职责和权限；

g）监视的记录。

7.6.2　关键控制点（CCPs）的确定

对于由 HACCP 计划（见 7.4.4）控制的每个危害，针对已确定的控制措施确定关键控制点。

7.6.3　关键控制点的关键限值的确定

对于每个关键控制点建立的监视，应确定其关键限值。

应建立关键限值，以确保终产品（见 7.4.2）食品安全危害不超过其可接受水平。

关键限值应可测量。

应将选定关键限值合理性的证据形成文件。

基于主观信息（如对产品、过程、处置等的感官检验）的关键限值，应有指导书、规范和（或）教育及培训的支持。

7.6.4　关键控制点的监视系统

对每个关键控制点应建立监视系统，以证实关键控制点处于受控状态。该系统应包括所有针对关键限值的、有计划的测量或观察。

监视系统应由相关程序、指导书和表格构成，包括以下内容：

a）在适宜的时间框架内提供结果的测量或观察；

b）所用的监视装置；

c）适用的校准方法（见 8.3）；

d）监视频次；

e）与监视和评价监视结果有关的职责和权限；

f）记录的要求和方法。

当关键限值超出时，监视的方法和频率应能够及时确定，以便在产品使用或消费前对产品进行隔离。

7.6.5　监视结果超出关键限值时采取的措施

应在 HACCP 计划中规定关键限值超出时所采取的策划的纠正和纠正措施。这些措施应确保查明不符合的原因，使关键控制点控制的参数恢复受控，并防止再次发生（见 7.10.2）。

应建立和保持形成文件的程序，以适当处置潜在不安全产品，确保评价后再放行（见 7.10.3）。

7.7　预备信息的更新、描述前提方案和 HACCP 计划的文件的更新

制订操作性前提方案（见 7.5）和（或）HACCP 计划（7.6）后，必要时，组织应更新如下信息：

a）产品特性（见 7.3.3.）；

b）预期用途（见 7.3.4）；

c）流程图（见 7.3.5.1）；

d）过程步骤（见 7.3.5.2）；

e）控制措施（见 7.3.5.2）。

必要时，应对 HACCP 计划（见 7.6.1）以及描述前提方案（见 7.2）的程序和指导书进行修改。

7.8　验证策划

验证策划应规定验证活动的目的、方法、频次和职责。验证活动应确保：

a）操作性前提方案得以实施（见 7.2）；

b）危害分析（见 7.3）的输入持续更新；

c）HACCP 计划（见 7.6.1）中的要素和操作性前提方案（见 7.5）得以实施且有效；

d）危害水平在确定的可接受水平之内（见 7.4.2）；

e）组织要求的其他程序得以实施，且有效。

该策划的输出应采用适于组织运作的形式。

应记录验证的结果，且传达到食品安全小组。应提供验证的结果以进行验证活动结果的分析（见 8.4.3）。

当体系验证是基于终产品的测试，且测试的样品不符合食品安全危害的可接受水平时（见 7.4.2），受影响批次的产品应按照 7.10.3 潜在不安全产品处置。

7.9　可追溯性系统

组织应建立且实施可追溯性系统，以确保能够识别产品批次及其与原料批次、生产和交付记录的关系。

可追溯性系统应能够识别直接供方的进料和终产品首次分销途径。

应按规定的时间间隔保持可追溯性记录，足以进行体系评价，使潜在不安全产品和如果发生撤回时能够进行处置。可追溯性记录应符合法律法规要求、顾客要求，例如可以是基于终产品的批次标识。

7.10　不符合控制

7.10.1　纠正

根据终产品的用途和放行要求，组织应确保关键控制点（见 7.6.5）超出或操作性前提方案失控时，受影响的终产品得以识别和控制。

应建立和保持形成文件的程序，规定：

a）识别和评价受影响的产品，以确定对它们进行适宜的处置（见 7.9.4）；

b）评审所实施的纠正。

在已经超出关键限值的条件下生产的产品是潜在不安全产品，应按 7.10.3 要求进行处置。对不符合操作性前提方案条件下生产的产品，在评价时应考虑不符合原因和由此对食品安全造成的后果；并在必要时，按 7.10.3 的要求进行处置。评价应予记录。

所有纠正应由负责人批准并予以记录，记录还应包括不符合的性质及其产生原因和后果以及不合格批次的可追溯性信息。

7.10.2　纠正措施

操作性前提方案和关键控制点监视得到的数据应由具备足够知识（见 6.2）和具有权限（见 5.4）的指定人员进行评价，以启动纠正措施。

当关键限值发生超出（见 7.6.5）和不符合操作性前提方案时，应采取纠正措施。

组织应建立和保持形成文件的程序，规定适宜的措施以识别和消除已发现的不符合的原因；防止其再次发生；并在不符合发生后，使相应的过程或体系恢复受控状态，这些措施包括：

a）评审不符合（包括顾客抱怨）；

b）对可能表明向失控发展的监视结果的趋势进行评审；

c）确定不符合的原因；

d）评价采取措施的需求以确保不符合不再发生；

e）确定和实施所需的措施；

f）记录所采取纠正措施的结果；

g）评审采取的纠正措施，以确保其有效。

纠正措施应予以记录。

7.10.3　潜在不安全产品的处置

7.10.3.1　总则

组织应采取措施处置所有不合格产品，以防止不合格产品进入食品链，除非可能确保：

a）相关的食品安全危害已降至规定的可接受水平；

b）相关的食品安全危害在产品进入食品链前将降至确定的可接受水平（7.4.2）；

c）尽管不符合，但产品仍能满足相关食品安全危害规定的可接受水平。

可能受不符合影响的所有批次产品应在评价前处于组织的控制之中。

当产品在组织的控制之外，且被确定为不安全时，组织应通知相关方，采取撤回（见7.10.4）。

注：术语撤回包括召回。

处理潜在不安全产品的控制要求、相关响应和权限应形成文件。

7.10.3.2　放行的评价

受不符合影响的每批产品应在符合下列任一条件时，才可在分销前作为安全产品放行：

a）除监视系统外的其他证据证实控制措施有效；

b）证据表明，针对特定产品的控制措施的组合作用达到预期效果（即达到按 照 7.4.2 确定的可接受水平）；

c）抽样、分析和（或）其他验证活动证实受影响批次的产品符合相关食品安全危害确定的可接受水平。

7.10.3.3　不合格品处置

评价后，当产品不能放行时，产品应按如下之一处理：

a）在组织内或组织外重新加工或进一步加工，以确保食品安全危害消除或降至可接受水平；

b）销毁和（或）按废物处理。

7.10.4　撤回

为能够并便于完全、及时地撤回确定为不安全的终产品批次：

a）最高管理者应指定有权启动撤回的人员和负责执行撤回的人员；

b）组织应建立、保持形成文件的程序，以：

1）通知相关方（如：主管部门、顾客和（或）消费者）。

2）处置撤回产品及库存中受影响的产品，和

3）采取措施的顺序。

被撤回产品在被销毁、改变预期用途、确定按原有（或其他）预期用途使用是安全的或重新加工以确保安全之前，应在监督下予以保留。

撤回的原因、范围和结果应予以记录，并向最高管理者报告，作为管理评审（见5.8.2）的输入。

组织应通过使用适宜技术验证并记录撤回方案的有效性（例如模拟撤回或实际撤回）。

8　食品安全管理体系的确认、验证和改进

8.1　总则

食品安全小组应策划和实施对控制措施和控制措施组合进行确认所需的过程，并验证和改进食品安全管理体系。

8.2　控制措施组合的确认

在实施包含于操作性前提方案OPRP和HACCP计划的控制措施之前，及在变更后（见8.5.2），组织应确认（见3.15）：

a）所选择的控制措施能使其针对的食品安全危害实现预期控制；

b）控制措施和（或）其组合时有效，能确保控制已确定的食品安全危害，并获得满足规定可接受水平的终产品。

当确认结果表明不能满足一个或多个上述要素时，应对控制措施和（或）其组合进行修改和重新评价（7.4.4）。

修改可能包括控制措施（即生产参数、严格度和（或）其组合）的变更，和（或）原料、生产技术、终产品特性、分销方式、终产品预期用途的变更。

8.3　监视和测量的控制

组织应提供证据表明采用的监视、测量方法和设备是适宜的，以确保监视和测量的结果。

为确保结果有效性，必要时，所使用的测量设备和方法应：

a）对照能溯源到国际或国家标准的测量标准，在规定的时间间隔或在使用前进行校准或检定。当不存在上述标准时，校准或检定的依据应予以记录；

b）进行调整或必要时再调整；

c）得到识别，以确定其校准状态；

d）防止可能使测量结果失效的调整；

e）防止损坏和失效。

校准和验证结果记录应予保持。

此外，当发现设备或过程不符合要求时，组织应对以往测量结果的有效性进行评价。当测量设备不符合时，组织应对该设备以及任何受影响的产品采取适当的措施。这种评价和相应措施的记录应予保持。

当计算机软件用于规定要求的监视和测量时，应确认其满足预期用途的能力。确认应在初次使用前进行。必要时，再确认。

8.4　食品安全管理体系的验证

8.4.1　内部审核

组织应按照策划的时间间隔进行内部审核，以确定食品安全管理体系是否：

a）符合策划的安排、组织所建立的食品安全管理体系的要求和本准则的要求；

b）得到有效实施和更新。

策划审核方案要考虑拟审核过程和区域的状况和重要性，以及以往审核（见 8.5.2 和 5.8.2）产生的更新措施。应规定审核的准则、范围、频次和方法。审核员的选择和审核的实施应确保审核过程的客观性和公正性。审核员不应审核自己的工作。

应在形成文件的程序中规定策划和实施审核以及报告结果和保持记录的职责和要求。

负责受审核区域的管理者应确保及时采取措施，以消除所发现的不符合情况及原因，不能不适当地延误。跟踪活动应包括对所采取措施的验证和验证结果的报告。

8.4.2　单项验证结果的评价

食品安全小组应系统地评价所策划的验证（见 7.8）的每个结果。

当验证证实不符合策划的安排时，组织应采取措施达到规定的要求。该措施应包括但不限于评审以下方面：

a）现有的程序和沟通渠道（见 5.6 和 7.7）；

b）危害分析的结论（见 7.4）、已建立的操作性前提方案（见 7.5）和 HACCP 计划（见 7.6.1）；

c）PRP（s）（见 7.2）；

d）人力资源管理和培训活动（见 6.2）有效性。

8.4.3 验证活动结果的分析

食品安全小组应分析验证活动的结果，包括内部审核（见 8.4.1）和外部审核的结果。应进行分析，以：

a）证实体系的整体运行满足策划的安排和本组织建立食品安全管理体系的要求；

b）识别食品安全管理体系改进或更新的需求；

c）识别表明潜在不安全产品高事故风险的趋势；

d）建立信息，便于策划与受审核区域状况和重要性有关的内部审核方案；

e）提供证据证明已采取纠正和纠正措施的有效性。

分析的结果和由此产生的活动应予以记录，并以相关的形式向最高管理者报告，作为管理评审（见 5.8.2）的输入；也应用作食品安全管理体系更新的输入（见 8.5.2）。

8.5 改进

8.5.1 持续改进

最高管理者应确保组织采用沟通（见 5.6）、管理评审（见 5.8）、内部审核（见 8.4.1）、单项验证结果的评价（见 8.4.2）、验证活动结果的分析（见 8.4.3）、控制措施组合的确认（见 8.2）、纠正措施（见 7.10.2）和食品安全管理体系更新（见 8.5.2），以持续改进食品安全管理体系的有效性。

注：GB/T19001 阐述了质量管理体系的有效性的持续改进。GB/T19004 在 GB/T19001 之外提供了质量管理体系有效性和效率持续改进的指南。

8.5.2 食品安全管理体系的更新

最高管理者应确保食品安全管理体系持续更新。

为此，食品安全小组应按策划的时间间隔评价食品安全管理体系，继而应考虑评审危害分析（7.4）、已建立的操作性前提方案 PRP（s）（7.5）和 HACCP 计划（7.6.1）的必要性。

评价和更新活动应基于：

a）来自5.6中所述的内部和外部沟通的输入；

b）来自有关食品安全管理体系适宜性、充分性和有效性的其他信息的输入；

c）验证活动结果分析（8.4.3）的输出；

d）管理评审的输出（见5.8.3）。

体系更新活动应予以记录，并以适当的形式报告，作为管理评审的输入（见5.8.2）。

附录A（略）

（资料性附录）

本准则与GB/T19001-2000之间的对照

表A.1 本准则与GB/T19001-2000之间的对照

表A.2 GB/T19001-2000与本准则之间的对照

附录B（略）

（资料性附录）

HACCP与本准则的对照

表B1 HACCP与本准则的对照

附录C（略）

（资料性附录）

提供控制措施（包括前提方案）实例的CAC参考文献及其选择使用指南

参考文献

[1] ISO 9001：2000质量管理体系要求。

[2] ISO 9004：2000质量管理体系业绩改进指南。

[3] ISO 10012：2003测量管理体系测量过程和测量设备的要求。

[4] ISO 14159：2002设备安全设备设计的卫生要求。

[5] ISO 15161：2001食品和饮料行业ISO 9001：2000应用指南。

[6] ISO 19011：2002质量和/或环境管理体系审核导则。

[7] ISO /TS 22004，食品安全管理体系-ISO 22000：2005应用指南。

[8] ISO /TS 22005，饲料和食品链的可追溯性-体系设计和开发的通用原

理和指南。

[9] ISO /IEC 导则 51：1999，安全方面——包括在标准内的指南。

[10] ISO /IEC 导则 62：1996，质量体系评审和认证/注册机构通用要求。

[11] 国际食品法典卫生学基本读本．联合国粮农组织-世界卫生组织．罗马，2001。

[12] 参考网址：http：//www. iso. org-http：//www. codexalimentarius. net。

附录二　全球食品安全倡议(GFSI)(第五版)

The Global Food Safety Initiative
全球食品安全倡议
(GFSI)
GFSI
Guidance Document
指导文件
第五版

全球食品安全倡议（GFSI）为根据比利时法律创建的非盈利性基金会。食品商业论坛（CIES）承担该基金会的日常管理工作。食品商业论坛（CIES）已竭力确保本刊物信息准确，但 CIES 将不对合同中或因本出版物或其所含内容而出现的损害（包括但不局限于业务损失或利润损失），抑或因阅读本出版物及其信息后采取的行为和做出的决定负有任何责任。本文件中体现的基本原则经过连续审查以反映零售商和供应商的要求。当立法对某一特定行业部门有更高标准的要求时，本文件无意取代任何法律、法规要求。本文件将适时进行定期审核、修订。

目　录

6.0　合规食品安全管理标准要求（关键要素）

6.1　关键要素：食品安全管理体系

6.2　关键要素：良好生产实践（GMP）、良好农业实践（GAP）、良好分销实践（GDP）

6.3　关键要素：危险分析与关键控制点（HACCP）

第三部分，食品安全管理系统递送要求

7.1　简介

7.2　认证管理机构指南

7.3　授权

7.4　授权范围

7.5　审计期限和频度

7.6　食品证书——类别

7.7　审计员资格、培训、经验和能力

7.8　利益冲突

7.9　审计报告的最低要求

7.10　评估

7.11　非合规行为的纠正

7.12　认证决定

7.13　审计报告访问权限

第一部分　附录1

方案所有者的空白基准矩阵

第一部分　附录2

方案所有者对照参考列表

第二部分　附录1

关键要素：良好生产实践、良好农业实践、良好分销实践

第一部分　食品安全管理方案要求

1. 简介——全球食品安全倡议（GFSI）

2000年5月，全球食品安全倡议（GFSI）由食品商业论坛（CIES）协助成立。由零售商和生产商咨询人员共同推动的GFSI基金董事会将为全球食品

安全倡议提供战略指导并检查其日常管理。只有受到邀请，方可加入全球食品安全倡议董事会，具备会员资格。

GFSI 的使命旨在持续改善食品安全管理体系以确保为消费者提供可靠食品。

GFSI 的目标：

（1）如本指导文件概要所述，维持食品安全管理方案的基准审核流程，以实现食品安全标准的统一。

（2）通过全世界零售商公认且普遍接受的 GFSI 标准，提高整个食品供应链的成本效率。

（3）为全球利益相关者提供一个独特的平台，利于他们进行网络沟通、知识交流及分享最佳食品安全实践和信息。

GFSI 基金董事会也将管理技术委员会——一个拥有 50 多个食品安全专家的关注全球多种利益相关者的小组。技术委员会向所有零售商和其他受邀人员开放。技术委员会每年将对 GFSI 基金董事会批准的特定项目负责以完成 GFSI 的使命。

2. 范围

指导文件按照食品安全管理方案要求列出了食品生产中的关键要素，并对寻求符合要求的方案提供指导。在此（指导文件）框架内可对食品安全管理方案进行评估。因此，GFSI 指导文件本身不是标准，不参与任何认证或授权活动。

此外，指导文件设定了递送合规方案的要求，并包括获取证书的流程操作指导。指导文件根据本文件设定了向 GFSI 提交年度报告的流程；以及根据本文件新版本设定了审核方案的流程。

所有食品供应链供应商均可申请合规食品安全管理方案。零售商和供应商对于该方案适用何种产品具有决断力。不同的公司政策、基本规章要求、应履行义务和产品可靠性决定了方案的适用情况也有所相同。

GFSI 对本指导文件的制定和维护负责。本指导文件至少每五年推出一套新版本，且附录内容有可能增加。利益相关者将受邀提交评论和建议。新版本草案将在利益相关者之间流通。

3. 定义

授权

权威机构对根据国际标准提供认证服务的认证机构给予正式认可的程序。

授权机构

有权正式认可提供认证服务的认证机构能力的代理机构。

过敏原

经过免疫学药物测试引起不良反应的食品。

审计

通过系统的、功能性的独立检查以判定其活动和相关结果是否符合合规方案；检查应涵盖本方案涉及的所有因素，例如对供应商手册和相关程序以及生产设施进行检查。

审计员

有资格为认证机构或代表认证机构执行审计的人员。

基准审核

食品安全相关方案与 GFSI 指导文件进行对比。

认证

授权认证机构在审计的基础上提供书面或等价的担保，以确保食品安全管理体系及其执行情况符合要求。

认证机构

经授权机构授权提供认证服务的机构。

认证方案

根据适用于相同特别方案的相关具体流程的方案，包括认证标准和认证体系。认证方案应至少包括以下子项：

(1) 一个标准

(2) 一个明确定义的范围

(3) 一个认证体系，包括

——合格审计员的要求

——访问的大致期限和频率的说明

审计报告的最基本内容

认证标准

即根据共识达成的、及获得公认机构批准的标准化文件。该文件为活动及其结果提供了通用和可重复使用的规则、指导或特点，旨在符合最佳适用规则。

认证体系

实施认证的一套特有的程序和管理体系。

利益冲突

当认证机构或审计员受他人委托行使判断时，面临干扰他们作出判断的利益或义务（无论财务上还是其他方面）。

合规方案

完全符合基准程序的食品安全管理方案。

评估

对生产设施进行检查，以便查证其符合要求。

食品安全管理方案

旨在提高食品安全的认证方案。

食品安全管理标准

旨在提高食品安全的认证标准。

非合规

违反特定要求的产品或流程，缺失或未能实施和维持一个或多个管理系统元素，或者有客观证据可以对供应商所提供事项的合规性进行质疑。

初级产品

食品类似于纯天然的或处于纯天然的状态，但可能

经过包装

经过清洗

经过修整（但没有切碎）

未经过属于"加工食品"经过的任何加工

加工食品

经过以下改变食品性质的加工过程：

· 无菌装	· 热装
· 烘焙	· 照射
· 装瓶	· 微过滤处理
· 酿造	· 微波处理
· 装罐	· 制粉
· 涂层/滚上面包屑/打碎	· 混合/搅拌

续表

·烹调	·改变大气包装
·固化	·真空包装
·切割/切片/切成小块	·加热杀菌法
·分割	·酸洗
·蒸馏	·净化
·烘干	·焙烧
·挤压	·腌制
·发酵	·屠宰

监督

后续审计以证实颁发的证书是有效性证书。

4. GFSI 指导文件概览

第一部分　食品安全管理方案要求

4.1　目录

全球食品安全倡议简介，GFSI 指导文件的目标、范围和定义以及食品安全管理基准审核申请程序。

4.2　关键要素基础

要素涵盖全套食品安全管理标准。为成功符合食品安全管理标准而编制的标准包括：

食品安全管理体系

良好实践

食品法规委员会或食品微生物标准国家顾问委员会规定的危险分析和关键控制点（HACCP）原则

关键要素详解

第二部分附录 1 中列举了更多“良好实践”的关键要素实例并明确了良好实践的要求。在零售商、生产商和其他相关利益相关者的帮助下，GFSI 制定了关键要素结构。这些关键要素将根据新的科学知识定期审核以确保持续完善。

食品认证体系递交要求

本文件第三部分规定了食品认证体系递送的要求。任何食品安全管理方案都应符合这些要求。

要素（第二部分）和食品认证体系递送要求（第三部分）共同作为食品安全管理方案基准和生产及消费国家食品法律要求形成的参考基础。如果法规要求更高的标准，这两部分将无意取代任何法律规定和要求。符合本文件要求并不意味着其符合国家关于食品安全的立法规定，也不意味着可以不遵循其他任何相关市场或管辖的合规要求。

5. 食品安全管理方案基准审核程序

5.1 简介

本章所含要求意在提供符合特定标准和 GFSI 指导文件相关认证体系的信心。

5.2 范围

该部分明确了食品安全管理方案所有者操作一个特定标准和其他标准化文件时应遵循的程序，以开展符合 GFSI 指导文件要求的基准审核。

主要要求是：方案在所有情况下对认证机构公开，当该方案为认证目的所用时也应对认证机构公开，没有任何成员或其他方面的限制（详见 5.7.3 款）

5.3 参考

（1）ISO 19011：用于质量和/或环境系统审核的 2002 指南

（2）ISO /IEC 指南 7：用于草拟合规评估标准的 1994 指南

（3）ISO /IEC 指南 65：用于机构操作产品认证系统的 1996 基本要求（状态：“国际标准将要进行修订，但目前还适用）

ISO /IEC 指南 2：2004 标准化和相关活动——基本词汇

ISO 9000：2005 质量管理标准——基础与词汇

5.4 认证体系

方案的认证体系应由已经获得或积极争取获得授权的单个认证机构操作实施。授权范围见本方案规定。

5.5 指导文件所有者

5.5.1 要素的维护

GFSI 将维持本文件中的关键要素和其他要求，但凡它们事关标准发展和必需的组织结构指标，以符合 ISO /IEC 指南 65 款 4.1 和 4.2 的要求。

5.5.2 食品安全管理体系递送要求的维护

5.5.2.1

GFSI 为食品安全管理体系的递送设定了要求。每个操作方案的认证机构都必须经过授权机构的授权。授权机构为国际授权论坛（IAF）的成员而且也是 ISO /IEC 指南 65 的多边安排（MLA）的一员（只要这种多边安排存在）。

5.5.2.2

GFSI 将确保 GFSI 指导文件提供清晰、明确和客观的指导。

5.6　合规方案

提交方案的所有者应确保该方案（标准和认证体系）的制定符合 ISO /IEC 指南 65。

5.7　基准审核程序

GFSI 将按照以下程序进行操作，以确保标准及其认证体系符合指导文件规定。另外，GFSI 将保证基准审核程序将以独立、公正、高技术和透明的方式实施。

5.7.1　申请程序

5.7.1.1

作为基准审核程序的部分要求（见第一部分，附录 1），GFSI 需向申请者提供 GFSI 指导文件和暂编文件。请访问 www.ciesnet.com 获得文件最新版本。

5.7.1.2

GFSI 要求合规方案所有者：

（a）对操作合规方案的认证机构的安排已作文件记录，并确保认证机构的操作符合 GFSI 指导文件和 ISO /IEC 指南 65 的要求

（b）仅对 GFSI 指导文件授予的合规范围作出遵循声明

（c）不得在遵循合规方案时作出有损 GFSI 荣誉的行为，不允许作出任何 GFSI 指导文件视为误导或未经认可的合规状态说明

（d）在吊销或撤销合规资格后，停止使用所有（受限）包含 GFSI 任何介绍的广告事项并交回任何要求交回的文件

5.7.2　方案所有者的申请

在提出基准审核方案申请时，方案所有者必须用英语直接向 GFSI 提出申请。如有翻译提供服务帮助申请，该官方认可的翻译人员需出具说明。

5.7.2.1

方案所有者应按照 GFSI 批准的格式标准提交报告：

（a）对标准、方案目标、发展细节和认证体系要求的操作程序的总述

（b）参照标准条款逐一进行对比，以验证申请是否符合 GFSI 指导文件第二部分和合规食品安全管理标准要求（要素）。这种逐一条款对比也应详细说明合规指标并对合规作出必要的论证（见第一部分，附录 2）

（c）寻求合规的认证系统要求必须参照第三部分和食品认证体系递送要求并符合同等或更严格要求的第三方审计元素和相关的认证元素。

（d）如在参照过程中，方案所有者发现明显与指导文件不符的地方，必须在提交基准审核前予以说明。

5.7.3　合规方案要求

方案应：

（a）已经在拥有较强技术能力的直接利益相关者的参与下制定完成或已经经过拥有较强技术能力的直接利益相关者的正式审核并作出相应的修改。

（b）在直接利益相关者的参与下至少每五年检查和更新一次。

（c）已经在法律鉴定机构获得版权或应对相应版权作出适当申请。

（d）方案措辞清晰、精确，有助于其正确、统一的解释并允许申请者对合规性作出评估。

应尽可能避免使用“足够”和“适当”等词语。

（e）在行业、适当管理机构或相关专业团体具有可信性。任何 GFSI 指导文件的新标杆分析方案必须得到两个零售商的书面支持。

（f）具有公开性，认证用途的方案应该公开，无成员资格约束或其他因素限制。为购买方案而征收的合理费用、实施方案的许可费用或方案申请的培训要求不视为一种约束或限制

（g）不允许合规方案下生产的产品以暗示其符合某种特定产品的标准或规格的方式进行标示、标记或描述

5.7.4　基准审核委员会

GFSI 将通过邀请成员组成一个基准审核委员会，成员是零售商、生产商和其他合适的专家组成的独立、公正和较高技术能力的合格人士或组织。该委员会将完成初步筛选，确保申请者符合 GFSI 规定的所有要求。委员会成员必须具有合规评估经验和至少五年食品行业相关经验（包括生产、零售、检查或执法领域的品质保证或食品安全功能工作）

如果初步筛选取得成功，将对所提交的申请展开更详细的审查。这种独立审查还包括与基准审核委员会的书面磋商。如需要可以与申请者进行一个说明会。基准审核委员会将对所有协商反馈和申请本身进行总结并制定一份包括至少以下一项建议的详细报告：

（ⅰ）合规被接受

（ⅱ）只有方案所有者根据基准审核委员会的建议完成修改后，合规才被接受

（ⅲ）拒绝申请

对于方案修正后方可接受的情况，方案所有者应向基准审核委员会提交一份在双方都可接受的时限内修改现有方案的书面提议。对于已在使用中的合规方案，方案使用者也应在供应商已经证实的情况下提出修改建议。

GFSI 董事会将建议进行审查，然后决定对申请是接受、修改后接受或是拒绝。如果 GFSI 董事会不接受推荐或存在异议，必须提供书面理由。

5.7.5　合规声明

如果食品安全管理方案符合规定，应该发布合规声明。如果不符合规定，无论如何要以书面形式告知申请者基准审核的结果。整个审核流程（从申请到最后决定）从方案提交之日起不应超过三个月。合规声明应该公开并明确表明：

a）GFSI 指导说明及其版本编号

b）合规方案，包括所有标准化文件、修订编号或日期。

5.8　上诉

如有要求，GFSI 应建立具有独立、公正和较高技术能力的上诉小组，申请者有权提出上诉。

5.9　透明

所有基准审核程序应透明化。如果申请成功，所有文件都应分向申请者和利益相关者和 GFSI 公开。

如果申请不成功，将仅与申请者进行直接交流而不公开文件。

5.10　成本

申请者最多交纳 5000 欧元的基准审核费用以分担 GFSI 的管理费用。

5.11　GFSI 指导文件和基准方案的审核和更新

合规方案如果出现任何可能导致和指导文件不符的变化，都应立即与 GFSI 进行。根据 5.7.4 和 5.7.5 款中规定的程序，修改后的方案应重新提交给 GFSI。如果出现偏差，方案所有者应在双方可以接受的期限内（不超过 1 年）对现有方案提出修改实施建议以保持方案合规状态。如指导文件发布新版本，GFSI 将按照现行合规标准对其进行初步基准筛选。标准所有者将被告知新版本中出现偏差的地方。为保持新版本符合要求，标准所有者必须在接受此建议一年内解决这些偏差。

5.12　合规方案递送的审核

GFSI 要求合规方案的标准所有者就其食品安全管理体系的执行情况提交年度报告，并向 GFSI 提供对方案的执行具有实质影响的新文件。

5.13　GFSI 标识

非经过 GFSI 书面允许，标准所有者不能在产品上标示 GFSI 标识或作为认证文件的一部分。

第二部分　合规食品安全管理标准要求（关键要素）

6.0　合规食品安全管理标准要求（关键要素）

任何食品安全管理标准都应该符合本部分所有要求。

6.1　关键要素：食品安全管理体系

6.1.1　基本要求

合规标准（以下称“标准”）应要求：供应商食品安全管理体系的元素应被记录、实施、维持和得到持续完善。食品安全管理体系应该：

（a）确定商品安全管理体系所需的流程

（b）决定这些流程的次序和相互作用

（c）决定确保这些流程得以有效操作和控制的指标和方法。

（d）提供信息以对这些流程的操作和监督给与必要支持

（e）测定、监督并分析这些流程并实施必要行动以实现计划结果和持续改善。

6.1.2　食品安全政策

标准要求：供应商应拥有一个明确、简练和备有证明文件的食品安全政策说明书和目标。说明书和目标应明确该组织的产品能够满足安全需要到什么程度。

6.1.3　食品安全手册

标准要求：供应商应拥有涵盖业务活动范围的食品安全手册或文件系统，包括文件程序或特定参考以及对相关流程的描述。

6.1.4　管理责任

标准要求：供应商应建立明确的组织结构。该组织结构需明确定义和记录工作功能、责任并表明工作攸关产品安全的员工间的关系。

6.1.5　管理承诺

标准要求：供应商的高级经理层应对食品安全管理体系的发展和完善作出承诺。

6.1.6　管理审查（包括 HACCP 核查）

标准要求：供应商的高级管理层应在计划期间审核食品安全管理体系和 HACCP 计划，确保其持续适用性、恰当和有效。如出现任何影响产品安全的变化，应对 HACCP 计划进行审核。这种审核应该就供应商的食品安全管理体系是否需要变更作出评估，包括食品安全政策和食品安全目标。

6.1.7　资源管理

标准要求：供应商的高级管理层应及时决定和提供实施和改善食品安全管理体系和促使顾客满意的所有资源。

6.1.8　基本文件要求

标准要求：为证明其操作有效合规、对流程进行控制、对产品安全进行管理，供应商应对生产流程记录在册，并确保在一定时期内妥善保存上述记录，以满足客户或立法要求。供应商应对上述所有记录进行有效控制，需要时能即时存取。

6.1.9　规格

标准要求：供应商应确保其所有售出/提供的、对产品安全会造成影响的项目和服务（包括设施、交通和维护）的规格都记录在册、得到妥善保存并在需要时能随时存取。此外，供应商还应制定一个规格审核流程。

6.1.10　程序

标准要求：对影响产品安全的所有流程和操作，供应商应制定并实施详细的程序/指示。

6.1.11　内部审计

标准要求：对产品安全造成重大影响的所有系统和程序，供应商应制定一个内部审计系统。

6.1.12　纠正行为

标准要求：当产品安全出现重大非合规情况时，供应商决定和实施修正行为的程序应记录在册，且所有文件都得到妥善保存并在需要时可以随时存取。

6.1.13　非合规控制

标准要求：供应商应确保不符合要求的产品都被清晰标识出来并得到控制，以避免无意中被使用或运出。供应商上述活动应记录在册，并得到妥善保存，在需要时能随时存取。

6.1.14　产品发布

标准要求：供应商应准备和实施适当的产品发布程序。

6.1.15　采购

标准要求：供应商应控制采购流程，确保所有外部采购项目符合要求。

6.1.16　供应商绩效监控

标准要求：供应商根据程序选择其供应商并进行持续监控。

6.1.17　可追溯性

标准要求：供应商发展并维护适当的程序和系统以确保：

鉴别所有外包产品、外包产品成分或服务情况；完整记录整个生产过程中的在加工批次或成品和包装；记录所有购买者和发货目的地。

6.1.18　投诉处理

标准要求供应商制定和实施一套有效的投诉管理和投诉数据系统以控制和纠正食品安全方面的缺陷。

6.1.19　重大事项管理

标准要求供应商为其提供的产品制定有效的事项管理程序并进行实施和定期测试。该管理程序应包括产品的回收和召回规划。

6.1.20　测定和监督装置控制

标准要求供应商明确攸关食品安全的度量、保证食品安全的测定和监控装置、对标度进行认可程度内的追溯。

6.1.21　产品分析

标准要求供应商制定并实施一套系统，确保开展了攸关产品安全的产品/成分分析，且分析标准与 ISO 17025 标准一致。

6.2　关键要素：良好生产实践（GMP）、良好农业实践（GAP）、良好分销实践（GDP）

6.2.1　简介

本条款规定了良好实践的要求，以保证食品的安全生产（良好生产实践，以下称为 GMP）。

第二部分附录 1 中列举了更多详细的实例。如需要，标准应该包括以下与 GMP 相关的项目。

6.2.2　设施环境

生产工厂或生产设施应设在固定场所并得到维护，以防止污染、确保安全生产。

6.2.3　本地环境

生产工厂或生产设施所在场所应建设完毕并得到维护，以达到需要的标准。

6.2.4　设施布局和产品流程

房屋地基、场所和/或工厂的设计、建造和维护能确保产品免遭污染的风险。

6.2.5　建造（原材料处理、准备、加工、包装和存储区域）

场所、建筑和设施的建造应该符合既定目的。

6.2.6　设备

设备应设计得当，符合计划目的；并得到合理使用，将食品安全风险降到最低。

6.2.7　维护

设定一套对产品安全至关重要的计划维护系统，该系统涵盖所有的设备。

6.2.8　员工设施

设计并运行员工设施，以将食品安全风险降至最低。

6.2.9　产品的物理、化学污染风险

应配备适当的设施和程序以控制产品的物理、化学和生物污染风险。进行适当的控制 - 例如使用金属探测器或 X 光装置 - 以避免外来物体的影响。

6.2.10　隔离与交叉污染

应该制定防止原材料、包装和成品污染和交叉污染的程序；该程序涵盖食品安全所有方面，如微生物、化学物质和过敏原等。

6.2.11　库存管理（回转）

设定程序确保材料和成分的正确使用，处于保质期内。

6.2.12　整理、清洁和卫生

制定出适当的整理、清洁和卫生标准，确保整个成产流程在各个阶段都清洁和卫生。

6.2.13　水质管理

与食品接触的水源，其质量应该得到定期监控，不会对产品安全带来风险。产品完工后的清洗用水应该为可饮用水。应该适时检查饮用水是否被污染。

6.2.14　废料管理

具有足够的整理、收集和处理废料的系统。

6.2.15　病虫害控制

具有控制或消除厂址或设施遭受病虫害风险的系统。

6.2.16　兽医药品（只针对 GAP）

具备一套系统保证采用恰当的药品，且不超过目的地国家公布的最大农残标准。

6.2.17 杀虫剂、除草剂和杀菌剂的控制（仅针对 GAP）

具备一套综合作物管理或相等系统，确保在作物生长和收获期间施用的化学药剂符合法律规定，并将残留物控制在目的地国家的最大农残标准之内。

6.2.18 运输

所有用于原材料（包括包装）、中间/半加工产品和成品运输的车辆（包括外包的车辆）应适合相应目的、获得良好的修理并保持干净。

6.2.19 个人卫生、防护衣和医用屏障

对根据产品污染风险采用的卫生标准记录在册，并开展相应的培训。提供恰当和适宜的保护衣。具备一个医用屏障程序。无论是承包人还是访客都需要遵循上述规定。

6.2.20 培训

具备一套系统保证所有雇员都得到足够的与他们工作相关的、有关食品安全原则和实践的培训、指导和监督。

6.3 关键要素危险分析和关键控制点（HACCP）

提交的标准应包含危险分析和关键控制点（以下称为 HACCP）系统或同等的系统，以便开展食品安全管理。HACCP 系统应该系统、全面、透彻，并遵循食品法规 HACCP 原则或和该原则类似的原则或国家咨询委员会的食品微生物指标（NACMCF）。若需要，危险分析应包括过敏原分析。HACCP 原则应适用于所有供应商。

HACCP 系统应规定每个产品、加工流水线/或加工地址和在食品链中的位置。

供应商的 HACCP 系统应该能够展示管理承诺，并得到供应商食品安全管理体系支持。

在特定情形下，尤其是不涉及准备、生产或食品加工的食品业务，似乎所有的危险都可以提前加以控制。在这种情况下，如果完成 HACCP 程序的第一步（危险分析），则无需进一步发展和实施其他的 HACCP 原则。

备注：HACCP 系统原则由食品法典委员会采用。其适用指南可以查询食品法典附录 CAC/RCP 1-1969。

在任何情况下，HACCP 或风险评估都必须与适用法律要求保持一致。

第三部分　食品安全管理系统递送要求

7.1　简介

鉴于评估和认证的程序和方法论都已预先建立，本部分的目的在于明确认证机构管理要求的最低数额，主要集中在食品安全认证流程。

7.2　认证机构管理指南

鉴定的基本要求规定见国际标准 ISO /IEC 指南 65——运行产品认证系统的机构的基本要求。这些要求适用于所有类型的认证，因此应根据食品安全要求和相关的食品技术类别予以解释。

7.3　授权

寻求与本文件保持一致的食品安全管理体系必须确保：证书需由认证机构颁发，该认证机构符合 ISO /IEC 指南 65 的要求，经 IAF 成员授权。

7.4　授权范围

授权范围应该在应用类别和合规食品安全管理方案的相关标准（包括修订编号和/或日期）中列明。对符合本文件要求的食品安全管理方案开展审计工作的认证机构，必须将本方案纳入他们的授权范围。如果授权机构发现鉴定机构有任何非合规行为，鉴定机构必须采取适当、及时的措施满意地解决问题。

在特定情况下，认证机构可能会向授权机构提出扩展授权范围的申请。然而，他们将拥有一个依据 ISO /IEC 指南 65 的现行授权。认证机构必须拥有食品安全管理方案所有者关于此情况的书面通知。

一个机构提供的认证服务范围必须比所授权范围要宽。因此，应就授权范围应予以明确。超出授权范围的服务应该与授权内的服务有所区别。

7.5　审计期限和频度

7.5.1　认证机构必须尽可能精确地定义审计期限。审计期由供应商提供的关于营业的规模和复杂程度以及审计的范围等信息来确定。标准所有者必须明确表示决定审计期限的基础。

在对被审计对象进行访问的初期，应审查审计期限是否合理。

尽管审计期限因风险评估内容不同而有所不同，但至少需要一天半的时间。审计的期限可能由于一系列因素而有所不同，例如审计历史、严重程度、审计类型和非合规情况的数量、促使 HACCP 改变的流程修改、能力显著增长、结构变更和公司管理的变化。

通过对供应商手册和相关程序以及生产设施的检查，对标准涵盖的所有部分都进行审核。

7.5.2　认证机构必须确定对每个工厂开展审计的频率，并明确定义决定方案审计频率的基本原理。

至少每 12 个月开展一次审计。

审计频率可能受到一系列因素的影响，例如之前的审计历史、产品的季节性、生产能力显著增加、结构变更、生产技术变更或生产类型的变更。

在审计季节性产品时允许有限制的灵活性。但在这种情况下，供应商每个产品季节都应接受审计。

7.6　食品认证——类别

下列表格中列出食品类别。申请授权或授权范围拓展的组织应使用这些类别进行申请。然而，在标准制定过程中可能出现新食品种类，例如在远东地区。如果食品产品不完全适合下列类别，必须明确定义新的类别。

生产

1. 鸡蛋	2. 红肉——冷冻的和冰冻的
3. 家禽——冷冻的和冰冻的	4. 鱼——冷冻的和冰冻的
5. 农产品	6. 奶类
7. 肉产品和装料	8. 鱼产品和装料
9. 环境控制稳定密封包装	10. 即食或加热食品
11. 饮料	12. 焙烤和烘制产品
13. 风干货物	14. 糖果
15. 小吃和早餐谷类	16. 油和脂肪
17. 食品配料	

农业

1. 动物饲料生产
2. 新鲜作物的生长和生产
3. 新鲜作物的堆栈运行
4. 大范围农业作业
5. 咖啡的生长和生产

6. 鱼类的收获和精细农艺

7.7　审计员资格、培训、经验和能力

认证机构必须具备系统和程序，以确保开展评估的审计员具备 ISO 19001 和 ISO 22003（专门关于 GFSI 批准审计标准）描述的能力。

7.7.1　资格/教育

审计员需拥有和食品相关或生物科学学历或至少成功完成和食品相关或生物科学高等教育课程或类似课程。目前正在根据 GFSI 批准标准进行审计的审计员，如果他们能胜任工作，则不必要求达到这些资格要求。

7.7.2　整体工作经验

5 年食品行业的全职工作经验，包括至少拥有 2 年在食品生产或制造、零售、检查、执行或类似领域开展品质保证或食品安全功能工作的经验。

如果审计员通过由标准所有者设计和提供的测试，则其工作经验要求可以降至两年。

测试的内容至少应包括：

（1）有关方案的基本知识

（2）相关法规知识

（3）特定食品加工的知识与理解

（4）对品质保证、品质管理和 HACCP 原则的理解

7.7.3　正规审计员培训

（1）审计员需要成功完成基于 QMS 或 FSMS 的审计技术培训——期限：一周/40 小时或等同。

（2）成功完成基于食品法典原则的 HACCP 培训课程，理解 HACCP 原则并能进行运用。

（3）成功完成标准，达到有关标准要求，并令标准所有者感到满意。

7.7.4　初级培训

对每一审计员的培训项目应该包括：

（1）每一领域和分领域的知识和技能，评估领域的知识

（2）食品安全、HACCP 和前提项目的知识，能理解和应用相关法律和法规

（3）一期涵盖品质管理系统、HACCP、特定审计技术和特定类别知识的监督培训

（4）由指定监督员对培训项目的圆满完成给出书面说明。

7.7.5　范围扩充

为扩充审计范围，审计员必须参加新类别的理论培训项目，开展受监督的审计；审计员必须经认证机构评估并获得能力证明后，方可进行新类别的审计。

7.7.6　审计经验

初步审计经验

审计员必须根据相关GFSI批准标准，在不同审计组织内工作10个或15个审计日，在此期间接受系列工作培训。

维持审计经验

或1或CB必须开展一个年度项目，根据相关GFSI批准的标准，对不同审计组织开展5场审计，10个或15个审计日的现场审计，以保障审计类别和方案知识合乎标准并对通过审查的审计员签字认可。

7.7.7　继续培训

审计员必须掌握相关种类的最佳实践，可以理解和应用相应的法律和法规，并保留所有相关培训的书面记录。

7.7.8　品质和能力

认证机构必须具有一套体系确保审计员能够专业地展开工作。以下提供了所要求的行为范例。

（1）道德品质，即：公正、诚实、真诚、正直和谨慎

（2）思想开明，即：愿意考虑不同的想法或观点

（3）外交能力，即：很善于与人打交道

（4）遵纪守法，即：切实地意识到周边环境和活动

（5）有洞察力，即：本能地意识到或能够理解情势

（6）灵活变通，即：可以根据不同情况及时调整

（7）有韧性，即：始终如一地集中精力完成目标

（8）果断，即：在逻辑分析后及时得出结论

（9）自立，即：在与他人有效沟通的同时可以独立行动

（10）诚实、正直，即：意识到需要保密并遵守专业职业准则

7.8　利益冲突

认证机构和所雇用的审计员必须避免利益冲突，尤其是审计、培训和咨询方面，必须签署保密协议以对此作出承诺。

7.9　审计报告的最低要求

一份审计报告应至少包含：

1.	基本信息 —公司名称 —EAN. UCC 全球地址编号（GLN）（如果有） —地址 —认证机构名称 —地址 —工厂名称 —地址 —审计日期 —之前审计日期和进行审计的认证机构名称 —食品安全管理方案的名称和版本 —审计范围（详细描述流程/产品） —产品类别 —参与审计的关键人员名单 —公司代表的名称/签字 —审计员名称/签字
2.	审计结果概要 —HACCP/食品安全管理体系描述 —现有证书细节 —评估流程概括 —审计总结 —证书有效期
3.	非合规列表
4.	审计报告/样本细节 —HACCP 要求　　—每个关键要素的审计结果 —食品安全管理体系要求　　—每个关键要素的审计结果 —GMP/GAP/GDP 要求　　—每个关键要素的审计结果 —其他相关标注

7.10　评审

当进行评分、评级和对体系评级时，标准所有者必须作出明确解释。审计报告必须明确标注出符合与不符合标准之处。一旦审计员发现非合规处，必须处在审计报告中对非合规给出清晰和简明细节陈述。

7.11　非合规纠正行为

需针对第一部分第三节中定义的所有非合规，制定纠正行为计划；并将纠正行为实施证据提交认证机构，以证实申请者达到标准的要求。必须通过进一步现场评估或提交包括更新的程序、记录和图片等的书面文件来作进一步证实，并由认证机构内的技术人员或技术小组进行评估。在授予证书之前，认证机构须在标准定义的时间内归还所有纠正行为证明，并完成对纠正行为的验证。

7.12　认证决定

标准所有者要求在授予、吊销、收回或更新证书之前必须对审核报告进行完全的技术评估，以确保：

审核人员公正地理解好报告的技术内容

(1) 报告涵盖标准要求的所有内容，使用由合格的审计员做出的支持标注

(2) 报告的范围包含客户申请的范围，报告提供令人满意的证据证明所有需调查的领域

得到充分地调查

(3) 识别出所有领域的非合规点，并采取有效的纠正措施去解决这些非合规点

客户必须获知：他们能够对证书决定提出诉请。

7.13　审计报告访问权限

根据客户判断，审计报告可提供给获得授权方。客户拥有审计报告的所有权、细节决定权并可规定报告的访问权限。

第一部分，附录 1：方案所有者的空白基准矩阵

由方案所有者填写

	提交方案	
5.7.2	方案所有者应提供一份包含下列信息的报告，报告格式为 GFSI 批准的标准格式	
(a)	概述认证系统要求的标准、目标、发展细节和运行程序	

续表

	提交方案	
(b)	将指导文件第二部分标准和合规食品安全标准要求（关键要素）与寻求合规的方案的每个条款逐一进行对照。详细列明合规指标，如需要，对合规性做必要辩论。	（见第一部分，附录 2：交叉参考表）
(c)	将寻求合规的认证系统的要求与第三部分（食品认证系统递送要求）做交叉对照，找出同等或更严格的第三方设计要素和相关认证要素	（审计员资格、培训情况和经验；审计报告最低要求；访问的期间和频率）

N. B. 5.7.2.1 (d) 如果在交叉对照过程中，方案所有者发现有与指导文件中明显的不符点，必须在提交基准审核之前对这些不符合点予以说明。

	提交标准：	
5.7.3	合规方案的要求。该方案将：	
(a)	由直接利益相关者中技术合格代表参与制定，或已经经过该方正式审核并做出了适当修正	
(b)	至少每五年审核并更新一次，并有直接利益相关者代表的参与(5.11)	
(c)	具有法律实体拥有版权，或为获得该版权进行了适当法律实体名称的申请	
(d)	措辞清晰、明确以有助于做出精确统一的解释，并有助于对申请人进行合规评估。应尽可能避免使用“足够”和“适当”等词语	
(e)	在行业、监管机构或相关专业组织具有可信度。对照 GFSI 指导文件，基准评估的新方案必须得到两个零售商的支持	
(f)	对大众公开，用于认证目的也需对大众公开，且不受成员约束或其他限制。购买方案收取的合理费用、实施方案的许可证费用、方案申请的培训要求均不视为约束或限制	
(g)	不允许对在合规标准下生产的产品打上商标、标记或进行描述，以暗示其符合某种特定产品的标准或规格	

第一部分，附录 2：方案所有者对照参考列表

6.1 节　关键要素：食品安全管理体系

GFSI 协定（修订版 2）	提交标准：	GFSI 协定（修订版 2）	提交标准：
6.1.1	基本要求	6.1.12	纠正行为
6.1.2	食品安全政策	6.1.13	非合规控制
6.1.3	食品安全手册	6.1.14	产品发布
6.1.4	管理责任	6.1.15	采购
6.1.5	管理承诺	6.1.16	供应商业绩监控
6.1.6	管理审核	6.1.17	可追溯性
6.1.7	资源管理	6.1.18	投诉处理
6.1.8	基本文件要求	6.1.19	重大事件管理
6.1.9	规格	6.1.20	测定和监控装置控制
6.1.10	程序	6.1.21	产品分析
6.1.11	内部审计	6.1.22	

6.2 节　GAP、GMP、GDP 的关键要素

GFSI 协定（修订版 2）		GFSI 协定（修订版 2）	
6.2.2	设施环境	6.2.11	库存管理（循环）
6.2.3	本地环境	6.2.12	整理、清洁与卫生
6.2.4	设施布局和产品流程	6.2.13	水质管理
6.2.5	制造	6.2.14	废料管理
6.2.6	设备	6.2.15	病虫害控制
6.2.7	维护	6.2.16	兽医
6.2.8	人员设施	6.2.17	杀虫剂、除草剂和杀菌剂控制
6.2.9	物理和化学产品污染风险	6.2.18	运输
6.2.10	隔离与交叉污染	6.2.19	个人卫生、防护衣和医用屏障
		6.2.20	培训

6.3 节 HACCP 关键要素

7.食品认证体系递交要求			
7.2.1	授权	7.5.6	审计经验
7.2.2	授权范围	7.5.7	持续培训
7.3	审计频率/期限	7.5.8	品质与能力
7.4	食品证书——种类	7.6	利益冲突
7.5	审计员资格、培训、经验与能力	7.7	审计报告最低要求
7.5.1	资格/教育	7.8	评估
7.5.2	整体工作经验	7.9	非合规纠正行为
7.5.3	正规审计员培训	7.10	证书决定
7.5.4	初期培训	7.11	审计报告分发
7.5.5	范围扩展		

第二部分，附录1：关键要素　良好农业实践、良好生产实践、良好分销实践

以下为根据相关要素（6.2 章）制定的良好农业实践（GAP）、良好生产实践（GMP）、良好分销实践（GDP）的实例。该列表并非包括了所有的关键要素。

设施环境

GAP	GMP	GDP
设施与目的相适应	具有完备的安防安排	具有完备的安防安排
禁止废水无控制地流入灌溉设施和其他盆地	明确的界定场址范围	明确的界定场址范围
	做好周边地区病虫害控制	做好周边地区病虫害控制
	完备的排水设备	完备的排水设备

本地环境

GAP	GMP	GDP
所有新场址应经过环境污染和洪水风险评估	所有新场址应经过环境污染和洪水风险评估	所有新场址应经过环境污染和洪水风险评估
定期实行本地环境对食品安全的评估和食品安全对本地环境的影响评估	定期实行本地环境对食品安全的评估和食品安全对本地环境的影响评估	定期实行本地环境对食品安全的评估和食品安全对本地环境的影响评估

设施布局和产品流程

GAP	GMP	GDP
加工流程应记录在案以便于农产品包装	加工流程应合理并为单向系统	加工流程合理
	适当隔离高/低风险产品区域	对加工流程进行设计时，应考虑对污染进行预防
	如需要，应具备冷冻和冰冻设备	
对加工流程进行设计时，应考虑对污染进行预防	对加工流程进行设计时，应考虑对污染进行预防	
	具备隔离的设备清洗设施	
	场址的实验室如果存在潜在食品安全风险，则实验室应远离生产区域或外包给合格的实验室	

建造

GAP	GMP	GDP
在进行设计和建造时，应竭力将灰尘/残留物降至最低，以备将来在生产场地进行包装	在进行设计和建造时，应竭力将灰尘/残留物降至最低	在进行设计和建造时，应竭力将灰尘/残留物降至最低

续表

GAP	GMP	GDP
墙壁、地板和顶部应很容易接触到且便于清洗，不透水，以备将来在生产场地进行包装	墙壁、地板和顶部应很容易接触到且便于清洗，不透水	墙壁、地板和顶部应很容易接触到且便于清洗，不透水
	人造屋顶应有足够的接触空间便于清洗和病虫害管理	
	完备的排水设备，使高风险区域的废水流出	完备的排水设备
	保护照明，尽量避免使用玻璃制品	保护照明，尽量避免使用玻璃制品
	避免在生产区安装窗户，如果已有窗户，并且根据设计要求需要打开，就要采取保护措施，保障安全必要时过滤空气	避免在生产区安装窗户，如果已有窗户，并且根据设计要求需要打开，就要采取保护措施，保障安全必要时过滤空气
	高风险和低风险生产区域的压力应有所差别	
	完备的通风系统避免凝结	
	必要时，具备完备的灰尘控制系统	
提供足够的照明	提供足够的照明	提供足够的照明
	连接生产区的通往外部的门应该特别严丝合缝，并完全防水	连接生产区的通往外部的门应该特别严丝合缝，并完全防水

设备

GAP	GMP	GDP
设备与目的相适应并容易清洗	设备与目的相适应并容易清洗	不适用

续表

GAP	GMP	GDP
	设备放置场所应便于清洗和维护	
对设备状况进行定期评估	对设备状况进行定期评估。操作员/人员的运动应受到控制，尽可能降低交叉污染的风险	

维护

GAP	GMP	GDP
计划中的维护项目应该到位	计划中的维护项目应该到位	计划中的维护项目应该到位
承包商和内部维护小组应该清楚并坚持公司卫生标准	承包商和内部维护小组应该清楚并坚持公司卫生标准	承包商和内部维护小组应该清楚并坚持公司卫生标准

员工设施

GAP	GMP	GDP
人员设施应适当地进行安置，以方便进出成产区，卫生间除外。以备将来在生产场地进行包装	人员设施应适当地进行安置，以方便进出成产区，卫生间除外	
	提供足够的存物箱/储备设施	提供足够的存物箱/储备设施
	提供足够的洗手设施	提供足够的洗手设施
	提供适当的保护衣物、鞋和头盔	提供适当的保护衣物、鞋和头盔

续表

GAP	GMP	GDP
提供休息场所和就餐设施	提供休息场所和就餐设施	提供休息场所和就餐设施
	仅允许在指定区域吸烟	仅允许在指定区域吸烟
提供卫生间和洗手设施	提供卫生间，但不能直接对生产区域开放	提供卫生间，但不能直接对生产区域开放
	进入高风险生产区域应遵循指定的更衣设施和特定的程序	

外来物体/化学污染风险

GAP	GMP	GDP
	具备危险控制系统	具备危险控制系统
	在风险存在区域设置金属探测器	
	如已使用金属探测器，其能自动锁在一个上锁的容器内	
	控制刀具/刀片的分发，并定期检查使用状况	
	具备玻璃控制和破损程序	具备玻璃控制和破损程序
	应对玻璃制品进行注册和检查防止风险	应对玻璃制品进行注册和检查防止风险
	定期检查过滤器和筛网	具有维护签字程序
	具有维修签字程序	
	基于污染风险，检查进货	基于污染风险，检查进货
	控制返工的发生	
	化学品应储存在安全区域	化学品应储存在安全区域

续表

GAP	GMP	GDP
管理和控制使用在机械设备上的化学品	化学品使用人员应经过培训	化学品使用人员应经过培训
	如果可能，避免在生产区域使用木制品	
	所有措施应按适当频率实施并做全面记录	所有措施应按适当频率实施并做全面记录

整理、清洁和卫生

GAP	GMP	GDP
如需要，做好清洁日程安排和记录	做好清洁日程安排和记录	做好清洁日程安排和记录
化学品的使用应与计划目的相适应	化学品的使用应与计划目的相适应	化学品的使用应与计划目的相适应
	具有核实清洁状况和纠正行为程序的方法	执行卫生检查和记录检查结果
	如适宜，应明确注明并隔离清洁设备	

水质管理

GAP	GMP	GDP
具有适当的、可控灌溉水源		
成品清洗用水应为饮用水	使用饮用水并以适当的频率适时检查污染状况	不适用
	应对加工时使用的冰进行合理管理，防止交叉污染	

废料管理

GAP	GMP	GDP
控制废料，防止水源和土壤的污染	具有减少废料的系统	具有减少废料的系统
具有废物和化学容器处理项目	开展有效的废料管理	开展有效的废料管理
	外部废料容器应被覆盖并被定期清除	外部废料容器应被覆盖并被定期清除
	明确标注出内部用和外部用的垃圾桶，并对其进行定期清理	

病虫害控制

GAP	GMP	GDP
评估化学品对收获物土壤和水源的影响		
由声誉好的组织或内部受训人员开展病虫害控制工作	由声誉好的组织或内部受训人员开展病虫害控制工作	由声誉好的组织或内部受训人员开展病虫害控制工作
	应对周边和内外部建筑开展检查	应对周边和内外部建筑开展检查
	具备诱饵网	具备诱饵网
	根据风险情况，定期进行检查	根据风险情况，定期进行检查
	应对检查活动、建议和纠正活动做好记录	应对检查活动、建议和纠正活动做好记录
	在确保其安置正确恰当的前提下，电杀蝇器应处于永久运行状态	在确保其安置正确恰当的前提下，电杀蝇器应处于永久运行状态

续表

GAP	GMP	GDP
	检查购入物品，防止病虫害传染病	检查购入物品，防止病虫害传染病
	建筑完全防水	建筑完全防水

人员卫生

GAP	GMP	GDP
根据风险情况，采取的卫生标准应记录在册	根据风险情况，规定所有进入设施的人员应遵循的卫生标准，并进行培训。卫生标准应包括：洗手切割、打磨和蒸煮	根据风险情况，规定所有进入设施的人员应遵循的卫生标准，并进行培训。卫生标准应包括：洗手切割、打磨和蒸煮（非包裹产品）
	专门的吸烟区	专门的吸烟区
	隔离的餐饮区	隔离的餐饮区
	首饰和手表	首饰和手表
	化妆品	化妆品
	医用屏障程序见：保护衣	医用屏障程序见：保护衣
对人员就记录在册的卫生标准进行适当培训		
充分的切割、打磨和蒸煮		
对双手进行充分的清洁		
医用屏障措施防止生病工人进入厂区，直至生病员工病愈，不再会感染他人		

培训

GAP	GMP	GDP
对必要的技能进行培训	包括临时员工在内的人员培训，直至胜任相应的职责/活动	包括临时员工在内的人员培训，直至胜任相应的职责/活动
	培训效果验证	培训效果验证
	对培训需求进行审核	对培训需求进行审核
	做好培训记录	做好培训记录
	对新人员进行充分的监督	对新人员进行充分的监督

保护衣

GAP	GMP	GDP
如需要，为人员提供适用、适宜的保护衣	如需要，为人员、承包商和访客提供适用、适宜的保护衣	如需要，为人员、承包商和访客提供适用、适宜的保护衣
	使用并定期更换清洁的保护衣	使用并定期更换清洁的保护衣
	保护衣应进行清洁型洗涤	保护衣应由内部人员或批准的承包商进行清洁型洗涤
	保护衣应防止产品污染	
	高风险区域使用保护鞋套	

交叉污染风险

GAP	GMP	GDP
避免外部包装引起交叉污染	将原料和已加工产品分开，高/低风险生产区内的用具也要分开	不适用

续表

GAP	GMP	GDP
	确定和控制坚果和其他过敏原，防止交叉感染	
	控制返工	
	采取适当措施避免人员、承包商和访客的交叉污染	

隔离

GAP	GMP	GDP
不同产品类型应该隔离避免交叉污染风险	不同产品类型应该隔离避免交叉污染风险。为不合格/滞留产品设置检疫区	不同产品类型应该隔离避免交叉污染风险。为不合格/滞留产品设置检疫区

存储管理（循环）

GAP	GMP	GDP
如需要，采购的苗木应具有健康证书	本着先进先出的原则，对原材料、在加工材料、包装和产成品做好标注，以保证有效的存储流动	产品按照先进先出的原则发货
控制收获作物，确保正确运作	在认可的程度内，对原材料、在加工材料和产成品进行微生物污染检查	

医用屏障

GAP	GMP	GDP
在适用时期为员工和承包商提供医用屏障	在适用时期为员工和承包商提供医用屏障	在适用时期为员工和承包商提供医用屏障
设置疾病报告和返回报告工作程序	置疾病报告和返回报告工作程序	置疾病报告和返回报告工作程序

兽医药品

GAP	GMP	GDP
按治疗/控制要求适当用药并且在兽医监督和批准的情况下使用设定剂量的药物	对供应商进行适当的控制，确保在目的地国家的农作物残留物不超过最大农残标准	不适用
兽医药物应储存在上锁的房间和柜子里		
所有药物管理活动应记录在册		
禁止使用目的地国家禁用药物		
尽可能少的用药物来控制疾病和病虫害		
注明屠宰前停止用药期		

杀虫剂/除草剂/杀菌剂控制

GAP	CMP	GDP
采用综合作物管理技术或同等的技术，保证在生长和收获期间合理使用化学物质，以控制好残留物	对供应商进行适当的控制，确保农作物残留物不超过最大农残标准	不适用
如需要，适时对杀虫剂、除草剂和杀菌剂的管理和使用进行培训		

收获后处理

GAP	GMP	GDP
化学品使用适当，符合处理和控制要求	不适用	不适用
使用饮用水		

饲料

GAP	GMP	GDP
避免使用不适合人类食用的材料	不适用	不适用
新鲜原料应在使用前进行加热处理		
饲料成分定期检查		

参考文献

[1] 陈锡文，邓楠．中国食品安全战略研究［M］．北京：化学工业出版社，2004.

[2] 程方．良好农业规范实施指南(一)［M］.北京：中国标准出版社，2010.

[3] 董志龙．舌尖上的安全：破解食品安全危局［M］．北京：中国纺织出版社，2014.

[4] 弗兰克·扬纳斯．食品安全文化［M］．上海：上海交通大学出版社，2014.

[5] 顾海英，王常伟．食品安全：问题、理论与治理体系［M］．北京：中国农业出版社，2015.

[6] 国家食品安全风险评估中心，国内外食品安全法规标准对比分析［M］．北京：中国质检出版社，2014.

[7] 贺国铭．农业及食品加工领域：ISO 9000 实用教程［M］．北京：化学工业出版社，2008.

[8] 胡颖廉．大国食安［M］．昆明：云南教育出版社，2013.

[9] 黄恩．食品安全与质量管理［M］．北京：煤炭工业出版社，2017.

[10] 江虹、吴松江．《国际食品法典》与食品安全公共治理［M］．北京：中国政法大学出版社，2015.

[11] 姜福川．构建企业安全文化及基本知识问答［M］．北京：冶金工业出版社，2013.

[12] 金发忠．农产品质量安全管理技术规范与指南［M］．北京：中国农业科学技术出版社，2008.

[13] 克里斯廷·博伊斯罗伯特．确保全球食品安全：探索全球协调［M］．上海：上海交通大学出版社，2015.

[14] 李静．中国食品安全“多元协同”治理模式研究［M］．北京：北京大学出版社，2016.

[15] 李庆生．农产品质量安全实施技术［M］. 北京：中国农业出版社，2008.

[16] 李善同，刘志彪．“十二五”时期中国经济社会发展的若干问题关键问题政策研究［M］. 北京：科学出版社，2011.

[17] 刘治．中国食品工业年鉴 2016［M］. 北京：中国统计出版社，2017.

[18] 罗斌．国内外农产品质量安全标准检测认证体系［M］. 北京：中国农业出版社，2007. 6.

[19] 毛海峰．企业安全文化理论与体系化建设［M］. 北京：首都经济贸易大学出版社，2013.

[20] 戚维明．全面质量管理（第三版）［M］. 北京：中国科学技术出版社，2010.

[21] 任筑山，陈君石．中国的食品安全过去、现在与未来［M］. 北京：中国科学技术出版社，2016.

[22] 汪普庆，基于供应链的蔬菜质量安全治理研究［M］. 武汉：武汉大学出版社，2012.

[23] 汪普庆．食品安全治理机制研究：政府与供应链共生演化的视角［M］. 武汉：华中科技大学出版社，2016.

[24] 王硕．食品安全学［M］. 北京：科学出版社，2016.

[25] 王旭．食品安全典型案例（2015）［M］. 北京：知识产权出版社，2017.

[26] 吴建伟，祝天敏．ISO 9000：2008 认证通用教程［M］. 北京：机械工业出版社，2012.

[27] 吴林海，尹世久等．中国食品安全发展报告 2014［M］. 北京：北京大学出版社，2014.

[28] 信春鹰．中华人民共和国食品安全法解读［M］. 北京：中国法制出版社，2015.

[29] 旭日干，庞国芳．中国食品安全现状、问题及对策战略研究［M］. 北京：科学出版社，2015.

[30] 姚秀丽．食品安全与消费管理［M］. 北京：科学出版社，2011.

[31] 尹世久，吴林海，王晓莉，沈耀峰．中国食品安全发展报告 2016［M］. 北京：北京大学出版社，2017.

[32] 原英群．食品安全：全球现状与各国对策［M］. 北京：中国出版集团，2009.

[33] 张小莺等．食品安全学［M］. 北京：科学出版社，2017.

[34] 郑辉印. 食品安全与幸福生活 [M]. 北京：中国言实出版社，2013.
[35] 周小梅等. 基于企业诚信视角的食品安全问题研究 [M]. 北京：中国社会科学出版社，2014.
[36] 周长春，孙凤鸣. 质量管理国际标准应用导论 [M]. 北京：科学出版社，2010.
[37] 朱明春. 食品安全治理探究 [M]. 北京：机械工业出版社，2016.
[38] 纵伟. 食品安全学 [M]. 北京：化学工业出版社，2016.
[39] 阿依伯塔·赛力江. 论我国食品安全法律制度的完善 [D]. 乌鲁木齐：新疆大学，2014.
[40] 白帆. 对于我国食品安全法相关问题的思考 [D]. 上海：复旦大学，2013.
[41] 韩洪祥. 我国食品安全监管中的行政法律责任研究 [D]. 上海：复旦大学，2012.
[42] 韩鹏. 我国食品安全监管体系存在的问题及对策研究 [D]. 济南：山东大学，2010.
[43] 侯靖. 中国食品安全监管问题研究 [D]. 济南：山东大学，2015.
[44] 李爱秋. 我国食品安全监管法律问题研究 [D]. 徐州：中国矿业大学，2015.
[45] 李东山. 食品安全的刑法保护 [D]. 北京：中国政法大学，2011.
[46] 李风娟. 我国食品安全法律规制研究 [D]. 青岛：中国海洋大学，2014.
[47] 李琳. 食品安全监管体制改革研究 [D]. 上海：上海交通大学，2010.
[48] 刘录民. 我国食品安全监管体系研究 [D]. 西安：西北农林科技大学，2009.
[49] 刘真. 我国食品安全监管法律制度研究 [D]. 郑州：河南大学，2013.
[50] 鲁晓. 论我国食品安全法律法规体系之改革完善 [D]. 西安：西北农林科技大学，2013.
[51] 马敏. 论我国食品安全法律制度的完善 [D]. 保定：河北大学，2015.
[52] 潘登. 流浪儿童权利法律保护研究 [D]. 武汉：中南民族大学，2015.
[53] 钱俊竹. 乳品安全监管的立法探析 [D]. 成都：西南交通大学，2014.
[54] 苏昕. 我国农产品质量安全体系研究 [D]. 青岛：中国海洋大学，2007.
[55] 隋洪明. 风险社会背景下食品安全综合规制法律制度研究 [D]. 重庆：

西南政法大学，2014.
[56] 王华书．食品安全的经济分析与管理研究［D］．南京：南京农业大学，2004.
[57] 王楠楠．香水和土壤中邻苯二甲酸二乙酯的直接质谱分析研究［D］．南昌：东华理工大学，2014.
[58] 魏奎．我国食品安全标准法律制度研究［D］．保定：河北大学，2013.
[59] 徐珊．地方立法维度的食品安全监管法律制度构建研［D］．乌鲁木齐：新疆财经大学，2016.
[60] 杨宝路．食品放射性污染的监测与控制技术研究［D］．北京：农业科学研究院，2016.
[61] 易国．X 射线食品异物检测系统设计与图像处理方法研究［D］．长沙：湖南大学，2011.
[62] 张磊．中国食品安全监管权配置问题研究［D］．上海：复旦大学，2014.
[63] 张秀玲．中国农产品残留成因与影响研究［D］．无锡：江南大学，2013.
[64] 张怡．我国食品安全监管体制研究［D］．武汉：华中科技大学，2008.
[65] 赵正一．我国食品安全法律制度研究［D］．郑州：河南大学，2013.
[66] 曹艺耀，宣志强，俞顺飞等．食品中放射性核素 137 Cs 基于不同检测条件的方法选择研究［J］．浙江预防医学，2016，28（5）.
[67] 常云彩，孙晓莎，巩蔼等．光谱法在食品掺假检测中的应用研究进展［J］．粮油食品科技，2015，23（2）.
[68] 陈卫康，骆乐．发达国家食品安全监管研究及其启示［J］．广东农业科学，2009（8）.
[69] 程权等．顶空固相微萃取-全二维气相色谱/飞行时间质谱法分析闽南乌龙茶中的挥发性成分及其在分类中的应用［J］．色谱，2015，33（2）.
[70] 邓纲．我国食品安全监管体制改革的历史逻辑［J］．经济法论坛，2013（2）.
[71] 韩永红．加拿大食品安全法律制度的新发展：评析与启示［J］．广东外语外贸大学学报，2015（2）.
[72] 黄云辉，李忠，陈朝方等．食品中 131I、134 Cs 和 137 Cs 快速检测方法研究［J］．核电子学与探测技术，2014，34（6）.
[73] 姜俊，李培武，谢立华等．固相萃取-全二维气相色谱/飞行时间质谱同

步快速检测蔬菜中 64 种农药残留 [J]. 分析化学，2011，39 (1).
[74] 解卉，李军民．从欧洲“马肉丑闻”看全球形势下食品安全监管 [J]. 食品研究与开发，2013 (11).
[75] 李宁．我国食品安全风险评估制度实施及应用 [J]. 食品科学技术学报，2017，35 (1).
[76] 李硕，邓掌，曹进．从食用农产品产地准出和市场准入制度论我国食用农产品质量安全监管部门间的协调合作 [J]. 食品安全质量检测学报，2017 (7).
[77] 林卫华，吴志刚．我国近年食品毒理学应用与研究进展 [J]. 中国热带医学，2014，14 (8).
[78] 刘春梅．食品安全标准的制定 [J]. 商品储运与养护，2006，28 (2).
[79] 刘威，刘伟丽，魏晓晓等．核磁共振波谱技术在食品掺假鉴别中的应用研究 [J]. 食品安全质量检测学报，2016，7 (11).
[80] 刘艳辉，梁志超，陈倩．绿色食品质检机构能力验证 [J]. 中国食物与营养，2011 (09).
[81] 柳长君．注水牛肉行政处罚的法律问题 [J]. 中国动物检疫，2014 (3).
[82] 柳志刚．欧洲食品安全局发布科学战略 [J]. 中国食品学报，2012 (2).
[83] 罗志刚，贺玖明，刘月英．质谱成像分析技术方法与应用进展 [J]. 中国科学：化学，2014，44 (5).
[84] 吕冬梅，黄原，文慧等．DNA 条形码技术在食品鉴定中的应用 [J]. 食品科学，2015，36 (9).
[85] 吕佳，卢行安，刘淑艳等．MALDI-TOF-MS 技术鉴定食源性致病菌的影响因素 [J]. 分析仪器，2011 (2).
[86] 梁新歌．《食品安全法》实施过程中存在的问题与建议 [J]. 中国实用医药，2010，5 (36).
[87] 毛婷，路勇，姜洁等．食品安全未知化学性风险快速筛查确证技术研究进展 [J]. 食品科学，2016，37 (5).
[88] 牟少飞．食品安全监管体制改革后做好农产品质量安全工作的几点思考 [J]. 农产品质量与安全，2013 (6).
[89] 倪楠，徐德敏．新中国食品安全法制建设的历史演进及其启示 [J]. 理论导刊，2012 (11).
[90] 彭娟．论日本食品安全危机的法律应急机制 [J]. 商业文化：学术版，2011 (2).

[91] 宋丽萍，姜洁，李玮等．食源性致病菌快速检测技术研究进展［J］．食品安全质量检测学报，2015，6（9）．
[92] 宋丽萍，薛晨玉，路勇等．应用实时荧光PCR技术定量检测羊肉中的猪肉成分［J］．食品科技，2014，39（10）．
[93] 孙国俊，国外食品安全风险防范措施及对策［J］．企业活力，2013（11）．
[94] 孙晓智，吴绍强．食源性寄生虫病的危害及检测研究现状［J］．中国畜牧兽医，2007，34（8）．
[95] 汪普庆，瞿翔，熊航，汪志广．区块链技术在食品安全管理中的应用研究［J］．农业技术经济，2019（1）．
[96] 汪普庆等．供应链的组织结构演化与农产品质量安全［J］．农业技术经济，2015（8）．
[97] 汪廷彩等．印度食品安全监管体制简介［J］．中国食品卫生杂志，2009（2）．
[98] 王传干．从“危害治理”到“风险预防”——由预防原则的嬗变检视我国食品安全管理［J］．华中科技大学学报（社会科学版），2012（7）．
[99] 王娜．论危害食品安全行为的刑事规制——以上海“福喜事件”为切入点［J］．上海政法学院学报（法治论丛），2016（1）．
[100] 王云国，李怀燕．食品微生物检验内容及检测技术［J］．粮油食品科技，2010，18（3）．
[101] 吴林海．治理食品安全重在“治官”［J］．食品界，2015（8）．
[102] 吴林寰，陆震鸣，龚劲松等．高通量测序技术在食品微生物研究中的应用［J］．生物工程学报，2016，32（9）．
[103] 吴清平，寇晓霞，张菊梅．食源性病毒及其检测方法［J］．微生物学通报，2004，31（3）．
[104] 西林．劣质商品致死致残现象透视［J］．现代经济信息，1994（12）．
[105] 徐燕．共筑食品安全长效机制——就食品安全法实施访全国人大常委会法工委副主任信春鹰［J］．中国人大，2009（10）．
[106] 许泓，李淑静，何佳等．二维色谱-质谱联用检测食品中残留物的应用［J］．食品研究与开发，2013，34（6）．
[107] 姚允杰．论食品安全权的法律保障［J］．法制与社会，2011（26）．
[108] 俞良莉，陆维盈，刘洁等．食品非目标性检测技术［J］．食品科学技术报，2016，34（6）．

[109] 张迅雷．中外食品安全法律制度的比较研究——以完善我国食品安全监管体系为视角［J］．华北科技学院学报，2010（4）．
[110] 张艳艳．新《食品安全法》的正确打开方式［J］．饮食科学，2015（10）．
[111] 周珂，金铭．论风险预防原则在我国食品安全领域的适用［J］．南阳师范学院学报，2015，14（1）．
[112] 朱沅沅．食品安全监管的刑法规制［J］．上海政法学院学报（法治论丛），2011，26（6）．
[113] 宗和．把宣传贯彻《食品安全法》作为当前首要任务——沪上积极行动起来开展学习培训活动［J］．上海质量，2009（4）．
[114] 王玲．日本发布《第五期科学技术基本计划》欲打造“超智能社会”［N］．光明日报，2016-5-8（008）．
[115] 中国互联网信息中心．第45次中国互联网络发展状况统计报告［R］．2020.
[116] 何姗．食品安全丑闻频出，不止因为“缺管理”，更是因为“没文化”［EB/OL］．http：//baijiahao. baidu. com/s？id＝1578219368326479582&wfr＝spider&for＝pc，2017-9-17.
[117] Anibal C. V. D.，Ruisanchez I，Callao M P. High-resolution 1H Nuclear Magnetic Resonance spectrometry combined with chemometric treatment to identify adulteration of culinary spices with Sudan dyes［J］. Food Chemistry，2011，124（3）．
[118] Garcia-reyes J. F.，Hernando M. D.，Molina-diaz A.，et al. Comprehensive screening of target，non-target and unknown pesticides in food by LC-TOF-MS［J］. Tr AC Trends in Analytical Chemistry，2007，26（8）．
[119] Guo C. C.，Shi F.，Jiang S. Y.，et al. Simultaneous identification，confirmation and quantitation of illegal adulterated antidiabetics in herbal medicines and dietary supplements using high-resolution benchtop quadrupole-Orbitrap mass spectrometry［J］. Journal of Chromatography B，2014，967.
[120] LóPez M. I.，Trullos E.，Callao M. P.，Multivariate screening in food adulteration：Untargeted versus targeted modelling［J］. Food Chemistry，2014，147.
[121] Michel W. F.，Nielen J. H. and Rudolf K.，Advanced food analysis［J］.

Analytica & Bioanalytical Chemistry, 2014, 406 (27).

[122] Nerin C., Alfaro P., Aznar M., et al. The challenge of identifying non-intentionally added substances from food packaging materials: a review [J]. Analytica Chimica Acta, 2013, 775 (2).

[123] Peris M., Escuder-gilabert L., Electronic noses and tongues to assess food authenticity and adulteration [J]. Trends in Food Science & Technology, 2016, 58.

[124] Siddiqui A. J., Musharraf S. G., Choudhary M. I., Application of analytical methods in authentication and adulteration of honey [J]. Food Chemistry, 2017, 217.

[125] Thurman E. M., Ferrer I., Fernandez-alba A. R., Matching unknown empirical formulas to chemical structure using LC/MS TOF accurate mass and database searching: example of unknown pesticides on tomato skins [J]. Journal of Chromatography A, 2005, 1067 (1/2).

后　　记

本书于2018年3月完成初稿，随后，团队核心成员吴素春博士、汪普庆博士和黄恩博士先后赴美国南达科他州立大学（South Dakota State University）和密歇根州立大学（Michigan State University）访学，因此，他们希望通过在美国关于食品安全管理方面的所见所闻等亲身经历，对相关内容进行补充与完善。故书稿迟迟未能出版，直到2020年8月，书稿修改完毕才开始着手出版事宜。

本书的具体分工如下：王纯阳教授负责设计总体框架；汪普庆和龙子午负责撰写工作的组织与协调，负责统稿和总撰；初稿第一章由狄强撰写，第二章由龙子午和孔小妹撰写，第三章由叶金珠撰写，第四章由汪普庆撰写，第五章由黄恩撰写，第六章由李旻晶撰写，第七章由汪普庆和吴素春撰写。

2020年4—8月期间，吴素春对初稿进行了修改、补充和完善，并对部分数据进行了更新；研究生柳蓉薇对初稿的第四章和第五章进行了修订；研究生杨赛迪对初稿的第六章进行了修订，并对第一章部分数据进行了更新；汪普庆对第七章进行了重点修订与更新，并对书稿其他章节进行了修订。

本书得以顺利完成和出版，首先要感谢王纯阳教授，感谢他给予的指导、帮助以及对中国食品安全问题的关心，在他的帮助下，先后有邢慧茹、吴素春、汪普庆和汪成等多名教师赴美访学。其次，要感谢武汉轻工大学经济与管理学院的雷银生教授、祁华清教授、刘红红书记、杨孝伟教授、陈倬教授、张葵教授和王锐教授等同事的大力支持；感谢华中农业大学经济管理学院的周德翼教授；感谢上海交通大学农业与生物学院的史贤明教授；还要感谢为我们提供调研机会的相关人士：如意情集团股份有限公司的黄志农高级农艺师、周黑鸭国际控股有限公司质量保障中心总监郭成祥、双汇集团副总裁乔海莉、美国Smithfield公司的Anne Sherod女士等。此外，感谢国家教育部、国家留学基金管理委员会（China Scholarship Council，CSC）和武汉轻工大学经济与管理学院的大力资助。最后，感谢武汉大学出版社的编辑沈继侠等相关工作人员，正是她们的辛勤工作使得本书能够顺利出版。

总而言之，我们真心希望在包括政府、食品企业、学者、媒体和消费者等社会各界人士的共同努力下，中国食品安全水平能继续不断被提升，真正能够实现切实保障人民群众“舌尖上的安全”，保障人民群众身体健康和生命安全。

汪普庆

2020年10月于武汉南湖花园沁康园